U0148329

"十三五"职业教育国家规划教材

牛羊病防治

主编◎孙英杰

NIUYANGBING FANGZHI

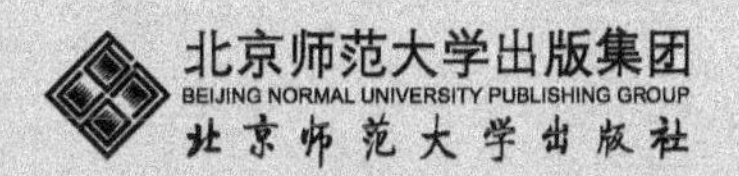
北京师范大学出版集团
BEIJING NORMAL UNIVERSITY PUBLISHING GROUP
北京师范大学出版社

图书在版编目（CIP）数据

牛羊病防治 / 孙英杰主编. -- 2版. -- 北京 ：北京师范大学出版社，2022.9
（“十三五”职业教育国家规划教材）
ISBN 978-7-303-22091-5

Ⅰ. ①牛… Ⅱ. ①孙… Ⅲ. ①牛病－防治－高等职业教育－教材②羊病－防治－高等职业教育－教材 Ⅳ. S858.2

中国版本图书馆 CIP 数据核字(2017)第 028108 号

营销中心电话 010-58802181 58805532
出版发行：北京师范大学出版社 www.bnupg.com
北京市西城区新街口外大街 12-3 号
邮政编码：100088
印　　刷：北京虎彩文化传播有限公司
经　　销：全国新华书店
开　　本：787 mm×1092 mm 1/16
印　　张：16.75
字　　数：350 千字
版 印 次：2022 年 9 月第 2 版第 6 次印刷
定　　价：39.8 元

策划编辑：华　珍　周光明　　责任编辑：华　珍　周光明
美术编辑：焦　丽　　装帧设计：焦　丽
责任校对：陈　民　　责任印制：赵　龙

版权所有　侵权必究
反盗版、侵权举报电话：010-58800697
北京读者服务部电话：010-58808104
外埠邮购电话：010-58808083
本书如有印装质量问题，请与出版部联系调换。
印制管理部电话：010-58804922

本书编审委员会

主　编　孙英杰(黑龙江职业学院)

副主编　王雪东(黑龙江职业学院)
　　　　　刘本君(黑龙江职业学院)

参　编　张久丽(黑龙江职业学院)
　　　　　杜　森(汤原县农业农村局)
　　　　　刘诗语(汤原县农业农村局)

主　审　孙洪梅(黑龙江职业学院)

内容简介

本教材遵循我国高职高专院校畜牧兽医等相关专业教学体系与课程设置模式及新型教材建设指导思想和原则，理论以“必需、够用”为度，突出常用技能知识。全书共9个学习情境，包括消化系统症状为主的牛羊病防治、呼吸系统症状为主的牛羊病防治、血液循环系统症状为主的牛羊病防治、泌尿系统症状为主的牛羊病防治、神经系统症状为主的牛羊病防治、生殖系统症状为主的牛羊病防治、以运动异常为主症的牛羊病防治、以皮肤和黏膜异常为主症的牛羊病防治和以损伤及损伤并发症为主症的牛羊病防治等内容。

本教材可供高职高专院校畜牧兽医专业及其他相关专业教学使用，也可作为基层畜牧兽医工作者及广大养殖户的参考书。

前　言

本教材是在《关于加强高职高专教育教材建设的若干意见》《关于加强高职高专教育教材建设的若干意见》和《关于全面提高高等职业教育教学质量的若干意见》等文件精神的指导下而编写。

在编写教材过程中，以习近平新时代中国特色社会主义思想为指导，遵循我国高职高专院校畜牧兽医等相关专业教学体系与课程设置模式及新型教材建设指导思想和原则，打破内、外、产、传、寄学科体系的界限，开发基于牛羊病诊治过程的系统化课程体系，以系统症状为主来设计教材内容。本书主要特点一：以实践性知识为主。牛羊病防治课程内容以实际应用的经验和策略的获得为主，以适度够用的概念和原理的理解为辅；主要特点二：以工作过程来序化课程内容。以工作过程为参照，将陈述性知识与过程性知识整合、理论知识与实践知识整合，针对行动顺序的每一个工作过程环节来传授相关的课程内容，实现实践技能与理论知识的有机结合。本教材根据高职高专的培养目标，遵循高等职业教育的教学规律，针对学生的特点和就业方向，注重对学生专业素质的培养和综合能力的提高，所有内容均最大限度地保证其科学性、针对性、应用性和实用性，并力求反映当代新知识、新方法和新技术。

编写人员分工为：孙英杰编写学习情境1和学习情境6，刘本君、杜森编写学习情境2和学习情境9，王雪东编写学习情境3和学习情境7，张久丽编写学习情境4、学习情境5和学习情境8。杜森、刘诗语参与课程思政元素挖掘，杜森编写羊衣原体病。全书由孙英杰统稿和校对。

本教材由孙洪梅教授主审，并对结构体系和内容等方面提出了宝贵意见；编者所在学校对编写工作也给予了大力支持。在此，一并表示诚挚的谢意。

本书配有资源，扫描封面二维码，注册后登陆学习平台获取。由于时间仓促，且编者水平有限，书中难免有不足之处，恳请专家和读者批评指正。

编　者

目　录

学习情境 1
消化系统症状为主的牛羊病防治

学习任务单

<table>
<tr><td>学习情境 1</td><td colspan="3">消化系统症状为主的牛羊病防治</td><td colspan="2">学时</td><td>32</td></tr>
<tr><td colspan="7">布置任务</td></tr>
<tr><td>学习目标</td><td colspan="6">1. 明确以消化道症状为主的牛羊病的种类及其基本特征。
2. 能够说出各病的病性和主要临床症状。
3. 能够通过一般检查、系统检查及与类症疾病鉴别，进行本类疾病的现场诊断。
4. 能够对诊断出的疾病予以合理治疗。
5. 能够根据养殖场具体情况，制定合理的防治措施并组织、实施防治措施。
6. 能够独立或在教师的引导下分析、解决各方面工作中出现的一般性问题。
7. 养成科学态度及团队协作、严谨工作能力。
8. 树立“三农”情怀，增强服务农业农村现代化的使命感和责任感。</td></tr>
<tr><td>任务描述</td><td colspan="6">对临床生产实践多发的消化道症状为主症的牛羊病作出诊断，予以治疗，制定及实施防治措施。具体任务如下：
1. 诊断与治疗口炎、咽炎、齿病、食道阻塞。
2. 诊治前胃弛缓、瘤胃酸中毒、创伤性网胃炎、奶牛酮血病、肝片形吸虫病。
3. 鉴别诊断前胃功能障碍为主的疾病。
4. 鉴别诊断腹围膨大为主的疾病。
5. 诊治瓣胃阻塞、皱胃变位、胃肠炎、肠便秘、肠变位、肠痉挛、腹膜炎。
6. 诊断与防治犊牛腹泻、羊梭菌性疾病、大肠杆菌病、沙门氏菌病、犊牛副伤寒、副结核、绦虫病、犊新蛔虫病、消化道线虫病、球虫病。</td></tr>
<tr><td>学时分配</td><td>资讯 4 学时</td><td>计划 2 学时</td><td>决策 2 学时</td><td>实施 20 学时</td><td>考核 2 学时</td><td>评价 2 学时</td></tr>
<tr><td>提供资料</td><td colspan="6">1. 孙英杰．牛羊病防治．北京：中国农业出版社，2011
2. 李玉冰．兽医临床诊疗技术．北京：中国农业出版社，2008
3. 牛羊病防治精品课网址：
http：//113.0.240.9：8080/book－show/flex/book.html? courseNumber＝587322</td></tr>
<tr><td>对学生要求</td><td colspan="6">1. 以小组为单位完成任务，体现团队合作精神。
2. 严格遵守兽医诊所和养殖场制度。
3. 严格遵守操作规程，避免安全事故发生。
4. 严格遵守生产劳动纪律，爱护劳动工具。</td></tr>
</table>

任务资讯单

学习情境1	消化系统症状为主的牛羊病防治
资讯方式	通过资讯引导，观看视频，到本课程的精品课网站、图书馆查询，向指导教师咨询。
资讯问题	1. 口炎、咽炎、齿病、食道阻塞的症状。 2. 前胃弛缓、瘤胃酸中毒、创伤性网胃炎、奶牛酮血病的临床特点、诊断方法、治疗原则及方案。 3. 瘤胃臌气、瘤胃积食、皱胃积食的诊断方法及鉴别诊断要点。 4. 瓣胃阻塞、皱胃变位、胃肠炎、肠便秘、肠变位、肠痉挛、腹膜炎的临床特点、诊断方法、治疗原则及方案。 5. 犊牛腹泻、牛瘟、牛病毒性腹泻/黏膜病、羊梭菌性疾病、大肠杆菌病、沙门氏菌病、犊牛副伤寒、副结核、绦虫病、犊新蛔虫病、消化道线虫病、球虫病的流行病学特点、病理变化、实验室诊断方案及综合防疫方案。
资讯引导	1. 在信息单中查询。 2. 进入牛羊病防治精品课 http：//113.0.240.9：8080/book － show/flex/book.html？ courseNumber ＝ 587322 网站查询。 3. 相关教材和网站资讯查询。

案例单

学习情境 1	消化系统症状为主的牛羊病防治	
序号	案例内容	诊断思路提示
案例一	一头 4 岁黑白花奶牛，主诉：一天前突然不吃铡碎的玉米秸，给整根的玉米秸，该牛仅吃玉米叶。 检查发现：该牛流涎，不断从口中流出牵丝状的唾液。用玉米秸试喂，该牛不吃硬秸，只吃软叶，采食小心、咀嚼缓慢，咀嚼几下又将食团吐出。进行口腔检查，见口腔黏膜潮红、肿胀，口腔散发酸臭气味，颊部、硬腭等处黏膜有烂斑。T. P. R. 无明显变化。	根据病牛仅采食软草及流涎、咀嚼障碍重点进行口腔检查。根据口腔病变可确诊。
案例二	一头初产黑白花奶牛，主诉：14 天前发病，吃草慢，经常吐草，找多个兽医诊治，用过抗菌药、健胃药不见效。 检查发现：该牛腹部卷缩，瘤胃空虚、内容物稀软。瘤胃及肠蠕动音增强、频繁，粪便内粗纤维多且混有未消化的饲料颗粒，用玉米秸试喂，该牛用鼻嗅闻但不吃。徒手打开口腔观察，口腔黏膜及舌无损伤、肿胀、增温等变化，牙齿平整。用一长镊子用力触动牙齿，发现左侧下颌最后第二臼齿松动。	根据病牛采食障碍、吐草、消化不良等进行口腔检查，特别是牙齿的检查。
案例三	一头 5 岁黑白花奶牛，主诉：吃院中堆放的土豆时畜主驱赶，拴系于圈内十几分钟后畜主发现该牛喂草不吃，摇头缩颈，不断地做空嚼、吞咽动作，大量流涎，病牛腹围急剧膨大，左肷部尤为明显，呼吸困难。 检查发现：在左侧颈静脉沟处发现局限性膨大部分，触诊引起患畜的疼痛反应，摸到一个拳头大小球形硬物。其上部食道膨大，触诊有波动感，低头时有大量唾液流出。瘤胃内积存大量气体，左肷部隆起，高于脊背，病牛张口呼吸，呼吸促迫，可视黏膜发绀。	本病牛有明确的病因，根据临床检查易于确诊。
案例四	一头三产奶牛，产后 2 个月，主诉：近 2 天吃得少，不爱吃精料，每天能见到 2～3 次反刍，每次反刍约二十几个草团，每个草团再咀嚼 20～30 下，泌乳量由未病前每天 30 kg 减少到每天不到 20 kg。	据其采食及胃肠蠕动状态可初步诊断为前胃弛缓，可试行治疗，同时仔细检查是否有其他疾病。

续表

学习情境1	消化系统症状为主的牛羊病防治	
序号	案例内容	诊断思路提示
案例四	检查发现：瘤胃蠕动音减弱，3～4 min蠕动一次，每次蠕动持续10～15 s。触诊瘤胃，其内容物稀软，呈轻度瘤胃臌气。排粪量少，粪便干硬、色暗、被覆黏液。体温、呼吸、脉搏无明显异常。其他未见异常。	根据症状可初步作出诊断为前胃弛缓
案例五	2008年7月16日，长勇村刘某因雨天不能从事田间劳动，牵自家4头奶牛到地边放牧约1小时，回来后发现有一头牛胀肚，马上找兽医诊治。 检查发现：该牛腹围膨大，左肷部凸出呈半球状高于脊背，按压瘤胃紧张而有弹性，瘤胃叩诊呈鼓音，听诊瘤胃蠕动音消失，反刍和嗳气停止。病牛表现不安、回顾腹部，呼吸频率加快，达80次/min，张口伸舌，黏膜发绀。心跳每分钟140次，颈静脉怒张。 在诊治此牛过程中发现另外3头牛相继出现相似症状。	根据症状可初步作出诊断，结合病史可确定为原发性疾病。
案例六	一头初产乳牛，产后7天，不吃草、不反刍。 检查发现：该牛卧地不起，强力驱赶站起后肌肉颤抖、走路摇摆，听诊胃肠蠕动音消失，腹泻，粪便中混有泡沫、酸臭，皮肤弹性下降、眼窝深陷，触诊瘤胃内容物稀软，冲击式触诊左侧下腹部有荡水音，叩诊左侧后部肋骨及左肷部配合听诊有钢管音，钢管音处穿刺胃肠内容物pH为5。	根据症状可初步作出诊断，穿刺可确诊。
案例七	一头5岁奶牛，妊娠7个月，主诉：呕吐、拉稀、不吃草、不反刍，发病2天。 检查发现：该牛频繁排水样黑色恶臭粪便，粪内混有黏液。病牛精神沉郁，可视黏膜潮红，口腔干燥、恶臭。皮肤干燥，弹力减退，眼窝凹陷，肚腹卷缩。病牛体温40.5℃，心率120次/分钟。胃肠蠕动音消失，皱胃区触诊有疼痛反应；于右侧最后2个肋骨间，从上至下的较窄范围内听诊配合叩诊，可听到钢管音。	根据症状可初步作出诊断，结合病史调查及病原检查可判断是否为传染病。

相关信息单

【学习情境 1】

消化系统症状为主的牛羊病防治

项目 1　以采食障碍为主症的牛羊病防治

一病牛，采食少、吃草慢、流涎、经常吐草。

任务 1　诊断病牛

临床检查

一般检查：测病牛体温、脉搏、呼吸数，观察其精神状态、饮食欲等。

系统检查：听诊、触诊、视诊等。

检查结果分析：

T. P. R. 无明显变化，根据其采食障碍，重点进行口、咽、食道的检查。

1.1　进行口腔检查时，病畜抗拒。口腔湿润，并见口腔黏膜潮红、肿胀，口温增高，口腔散发腥臭气味、腐败臭味，有的唇、颊、硬腭及舌等处有损伤、烂斑或水疱、脓疱、坏死或溃疡。→口炎

1.2　采食、咀嚼时较正常，吞咽时表现疼痛，将草团吐出。病牛头颈伸展，避免运动。触诊咽部温热、疼痛，病畜抗拒，伸颈摇头，并发生咳嗽。→咽炎

1.3　病牛有采食欲但不采食或吃草时咀嚼缓慢且不充分，采食时间长，有时突然停止咀嚼，张口吐出草团，有时空嚼。粪便内粗纤维多或混有未消化的饲料颗粒，病程长的畜体营养不良。口腔检查时发现赘生齿、牙齿松动、牙齿失位、牙齿磨灭不整(锐齿、过长齿、波状齿、阶状齿、滑齿)。→齿病

1.4　在采食中突然发病，停止采食，骚动不安，摇头缩颈，并不断地做空嚼、吞咽或呕吐等动作。腹围急剧膨大，左肷部尤为明显，甚至发生呼吸困难。进行食道触诊摸到硬物，并引起患畜的疼痛反应。或因咽下唾液的蓄积，有时可看到食道膨大，触诊有波动感，低头时有大量唾液流出。进行食道探诊时，胃管不能插至瘤胃内，食道内有阻塞物抵抗不能前进。→食道阻塞

任务 2　治疗病牛

2.1　口炎

在采食后用 0.1%高锰酸钾溶液冲洗口腔。

Rp：

青黛散　　1 副

DS：装入布袋内，热水润湿后衔于口内。吃草时取下，吃完再衔上，饮水时不必取下，每天换药一次。

2.2　咽炎

咽部冷敷每次 20 分钟，每日 3 次，连用 3 天。3 日后剪短咽部周围被毛涂鱼石脂。

Rp：

①口咽散 1副

DS：装入布袋内，热水润湿后衔于口内。吃草时取下，吃完再衔上，饮水时不必取下，每天换药一次。

②雄黄散 1副

DS：醋调外敷。

③青霉素G钠 160万IU×15支

注射用水 50 mL

DS：混合溶解后分2点肌注，每天2次，连用5天。

2.3 齿病

根据牙齿异常的种类及其情况分别选用下列疗法。

①对影响咀嚼的赘生齿及未脱落的乳齿可实施拔牙术。

②锐齿、牙齿失位可用齿锉适当修整尖锐部，过长的锐齿可先用齿剪或齿刨截去尖锐的齿尖，再用齿锉适当修整其断端。

③过长齿、波状齿、阶状齿可用齿剪或齿刨截除过长的齿冠，再用齿锉修整断端锐缘。

④牙齿失位及滑齿，无较好的治疗方法，只能加强饲养，给予易消化的富有营养的饲料。

2.4 食道阻塞

当牛因食道阻塞而引起重剧瘤胃臌气时，应先进行瘤胃穿刺放气，而后再选用下列方法除去食道内阻塞物。

①取出阻塞物。若牛采食马铃薯、甘薯等块根类饲料引起的颈部食道阻塞，可用两手从食道外部将阻塞物推向咽部，而后装上开口器，用光滑的铁丝套出阻塞物。

②将阻塞物推送入瘤胃。若块根类饲料引起胸部食道阻塞，可用胃管先将食道中蓄积的液体导出，然后向胃管内注入2%盐酸利多卡因溶液30～50 mL，经5～10分钟后，再注入液体石蜡或豆油150～300 mL。再用胃管将阻塞物小心推入胃中，推送时每次推动2～3 cm，将胃管适当向外拨出，再向内推送，以免阻塞物滚动导致胃管前端方向改变使食道破裂。若胃管过软，可于胃管内适当夹入硬物，如钢筋、长的枝条等。或接上打气筒，慢慢打气，边打气边推进胃管，直至将阻塞物送入瘤胃中。

③冲洗食道。若阻塞物为饼类或粉碎的饲料，可用胃导管插入食道，先导出其中的唾液，再注入适量的温水，然后再导出。如此反复进行洗出，常可达到治疗的目的。也可先导出食道中的唾液，再灌入油类200～300 mL及温水，然后接上打气筒打气，将阻塞物冲洗进入瘤胃。

④手术疗法。若经上述方法无法治疗坚硬异物引起的颈部食道阻塞，则采用手术治疗。

侧卧或站立保定，伸张头颈并固定头部。局部麻醉或全身麻醉。术部常规处理，于阻塞部颈静脉的上缘，沿颈沟切开皮肤12～15 cm，切开结缔组织及筋膜，钝性分离肌肉，根据阻塞物找到食道，钝性分离食道周围结缔组织，小心将食道拉出切口之外，下面垫灭菌纱布隔离，依阻塞物大小纵向切开食道的全层，取出异物，拭去唾液，冲洗创口，连续缝合食道黏膜，结节缝合食道肌肉，对食道外膜内翻缝合，结节缝合肌肉及筋膜创口，结节缝合皮肤。

必备知识

一、口炎

口炎是口腔黏膜的炎症。临床上以流涎、采食障碍、口臭及口腔黏膜的炎性病变为特征。

病因

因机械性、化学性、物理性刺激引起。或继发于某些传染病、中毒病、代谢病、舌的损伤、齿病和咽炎等。

症状

1. 流涎

唾液呈白色泡沫状附于口唇边缘或呈牵丝状流出，重症则唾液大量流出。

2. 采食障碍

病畜表现采食小心，拒食粗硬饲料，采食咀嚼缓慢，甚至吐草团。

3. 口腔黏膜的炎症

进行口腔检查时，病畜抗拒。口腔湿润，口腔黏膜潮红、肿胀，口温增高，舌面被覆多量舌苔，口腔散发腥臭或腐败臭味，有的唇、颊、硬腭及舌等处有损伤、水疱、坏死或溃疡。

4. 全身症状

多数病例全身症状轻微，重症口炎可引起不同程度的发热。

治疗

治疗原则为消除病因、净化口腔、收敛、消炎。

消除各种刺激性病因，禁止喂饲粗硬饲料，给予柔软的青草或优质干草。采食后冲洗口腔。可选用：1%硼酸溶液、0.1%高锰酸钾溶液、1%～2%明矾溶液、1%鞣酸溶液或0.1%新洁尔灭等；口腔有溃疡时可选用：0.2%～0.5%硫酸铜溶液、1%～5%蛋白银溶液。冲洗后于口腔黏膜溃疡处涂碘甘油或3%龙胆紫液等。

对严重口炎，冲洗口腔后可用磺胺明矾合剂或中药青黛散治疗。

①磺胺明矾合剂：长效磺胺粉 10 g，明矾 2～3 g，装入布袋衔于口内，每日更换一次。

②青黛散：青黛 15 g、黄连 10 g、黄柏 10 g、薄荷 5 g、桔梗 10 g、儿茶 10 g，研为细末装入布袋内，热水润湿后衔于口内。吃草时取下，吃完再衔上，饮水时不必取下，每天换药一次。

二、咽炎

咽炎是咽及其邻近部位黏膜及深层组织炎症的总称。临床上以吞咽障碍、咽部肿胀、触压时敏感和流涎为特征。

病因

机械性及理化性刺激，或继发于口炎、感冒、羊痘、口蹄疫和巴氏杆菌病等疾病中。

症状

1. 吞咽障碍和流涎

采食到口内的饲料经咀嚼形成食团后即表现伸展头颈、小心吞咽，甚至摇头不安、呻咿，常将食团吐出。口腔内往往蓄积大量黏稠唾液，呈牵丝状流出。

2. 咽部检查

病畜头颈伸展，避免运动。触诊咽部温热、疼痛，病畜抗拒，伸颈摇头，并发生咳嗽。

3. 全身症状

轻度咽炎全身症状轻微，病情严重时，体温增高，咽部及颌下淋巴结常肿胀。

治疗

治疗原则是加强护理、消除炎症。

保持病畜安静，注意保温及环境卫生。给予柔软的饲草，勤给温水。对不能吞咽的病畜，可静脉注射适量葡萄糖。禁止经口、鼻灌服营养物质及药物。

消除炎症有以下几种方法：

(1)物理疗法。炎症早期可于局部冷敷制止渗出，待局部热、痛缓解后用温水或白酒温敷，以促进炎性渗出物的吸收，每次20～30分钟，每日2～3次。

(2)在咽部涂擦刺激剂，如10%樟脑酒精、鱼石脂软膏等。

(3)口衔磺胺明矾合剂、青黛散或口咽散。

口咽散：青黛15 g、冰片5 g、白矾15 g、黄柏15 g、硼砂10 g、柿霜10 g、栀子10 g研为细末，装入布袋中，衔于口内，每天更换一次。

(4)外敷中药。雄黄散：雄黄、白芨、白蔹、龙骨、大黄各等份，研为细末，醋调外敷。

(5)重症病例，可全身应用抗菌药。

三、齿病

动物的齿病较常见的是齿发育异常和牙齿磨灭不整。

症状

1. 咀嚼障碍

咀嚼缓慢且不充分，采食时间长，常见流涎，并混有血色泡沫，有时突然停止咀嚼，张口吐出草团，有时空嚼。

2. 消化不良

粪便内粗纤维多或混有未消化的饲料颗粒，病程长的畜体营养不良。

3. 口腔检查

(1)赘生齿。因牙齿发育异常，在动物齿数定额以外所新生的牙齿均称为赘生齿，常引起口腔黏膜、齿龈等损伤。

(2)牙齿更换异常。在更换牙齿的时候(常为3～5岁)，恒齿并列地生长于乳齿的内侧而乳齿不脱落。

(3)牙齿失位。多因颌骨发育不良，齿列不整齐，使牙齿齿面不能正确相对。

(4)牙齿磨灭不整。

①锐齿。臼齿边缘磨损时变得特别尖锐，易伤及舌或颊部。

②过长齿。臼齿中有一个特别长，突出至对侧，常发生在对侧臼齿短缺的部位。

③波状齿或阶状齿。因臼齿磨灭不整而造成的上下臼齿咀嚼面高低不平，呈波浪状或阶梯状。过长的臼齿压迫对侧齿龈而产生疼痛，甚至引起齿槽骨膜炎。

④滑齿。臼齿失去正常的咀嚼面，不利于饲料的嚼碎，多见于老龄动物。

四、食道阻塞

食道阻塞是食道被块状饲料或其他异物阻塞引起的疾病。临床上以突然发生、咽下障碍和急性瘤胃臌气为特征。

病因

牛常因吞食块根、块茎或玉米棒和大块饼类等不经仔细咀嚼即强行咽下造成。特别是在采食过程中受到惊扰更易引起食道阻塞。也常继发于食道狭窄、食道痉挛、食道炎等病中。

症状

1. 突然发病

动物于采食中突然发病，停止采食，骚动不安，摇头伸颈，并不断地做空嚼、吞咽或呕吐等动作。

2. 流涎

大量流涎，有时呈泡沫状，屡有咳嗽。

3. 急性瘤胃臌气

食道完全阻塞时，由于嗳气障碍而引起急性瘤胃臌气，病畜腹围急剧膨大，左肷部尤为明显，呼吸困难，可于几小时之内因窒息导致死亡。

4. 食道检查

若阻塞物在颈部食道时，在左侧颈静脉沟处可发现局限性膨大部分，触诊可摸到阻塞物，并引起患畜的疼痛反应。若阻塞物在胸部食道时，因咽下唾液的蓄积，有时可看到食道膨大，触诊有波动感，低头时有大量唾液流出。动物即使能吃草、饮水，也不能咽下，食物和饮水进入食道后又从两侧鼻孔和口中逆出。进行食道探诊时，胃管插至阻塞部有抵抗感，不能前进。

项目2　以消化功能障碍为主症的牛羊病防治

一头三产奶牛，产后2个月，主诉：近2天吃得少，不爱吃精料，每天能见到2～3次反刍，每次反刍约二十几个草团，每个草团再咀嚼20～30下，泌乳量由未病前每天30 kg减少到每天不到20 kg。

任务1　诊断病牛

1.1　临床检查

一般检查：测病牛体温、脉搏、呼吸数，观察其精神状态、饮食欲、皮肤等。

系统检查：听诊、触诊、视诊等。

检查结果分析：

1.1.1　瘤胃蠕动音减弱，蠕动频率低，每次蠕动持续时间短。触诊瘤胃，其内容物稀软，呈轻度瘤胃臌气。排粪量少，粪便干硬、色暗、被覆黏液。体温、呼吸、脉搏无明显异常。其他不见异常。→前胃弛缓

1.1.2　瘤胃听诊听到一种潺潺的气体窜动音，瘤胃内容物稀软，冲击触诊有波动感和振水音，左侧腹壁叩诊常听到钢管音。粪便稀软或水样，散发酸臭味。机体脱水，皮肤

干燥，眼窝凹陷，排尿减少。精神沉郁、卧地不起、角弓反张。→初诊为瘤胃酸中毒

1.1.3 病牛按前胃弛缓治疗效果不佳，还表现为不愿吃精料、异嗜，快速消瘦，皮肤弹性减退，精神沉郁。体温、脉搏、呼吸正常，泌乳量显著减少。呼出气、乳汁、尿液均有烂苹果味。→初诊为奶牛酮血病

1.2 实验室诊断

1.2.1 尿中酮体的检验：取骆氏试剂约 0.1 g 于载玻片上或反应盘内，加新鲜尿 2～3 滴使粉剂完全被尿液浸透。粉剂呈紫红色为阳性反应，5 分钟后仍不显色者为阴性。根据显色快慢与色泽深浅亦可用(＋ →＋＋＋)号来表示。骆氏法尿酮＋＋以上。→确诊为奶牛酮血病

1.2.2 瘤胃穿刺液检查：瘤胃穿刺或导胃，取瘤胃内液体，pH 低于正常范围下限(6.4)。→确诊为瘤胃酸中毒

1.2.3 采取粪便进行寄生虫及虫卵的检查。→可确诊肝片形吸虫病、绦虫病、消化道线虫病

1.3 顽固性前胃弛缓治疗无效时考虑剖腹探查术进行确诊。→可确诊创伤性网胃炎、腹膜炎

任务 2 治疗病牛

2.1 前胃弛缓

Rp：

①25％葡萄糖注射液 1 000 mL
20％安钠咖注射液 20 mL
10％氯化钠注射液 500 mL
DS：一次静注，每日一次，连用三天。

②加味扶脾散 1 副
DS：开水冲，候温灌服，每日一副，连用三天。

2.2 瘤胃酸中毒

治疗初静脉放血 2 000 mL，放血后用药。

Rp：

5％碳酸氢钠注射液 1 500 mL
复方氯化钠注射液 1 500 mL
25％葡萄糖注射液 1 000 mL
10％维生素 C 注射液 50 mL
DS：一次静注，第一天间隔 10 小时用两次，第二天再用一次。

全身症状缓解后洗胃，然后进行生物接种、用药。

Rp：

①10％氯化钠注射液 300 mL
5％氯化钙注射液 100 mL
10％安钠咖注射液 20 mL
DS：混合一次静注。待酸中毒症状缓解后每日一次，反刍恢复后停用。

②加味扶脾散　　1副

DS：开水冲，候温灌服，每日一副，连用三天。

2.3　酮血病

Rp：

①25%葡萄糖注射液　　2 000.0 mL

氢化可的松注射液　　1.5 mL

5%碳酸氢钠注射液　　500.0 mL

DS：一次iv、1次/天。

②25%葡萄糖注射液　　1 500.0 mL

DS：一次iv、1次/天。

③VB_1　　0.5 mL

DS：一次iv。

④丙酸钠注射液　　200.0 mL

DS：混料或分两次口服，连用7天。

⑤加味扶脾散　　1副

DS：开水冲，候温灌服，每日一副，连用三天。

必备知识

一、前胃弛缓

前胃弛缓是反刍动物前胃兴奋性降低和肌肉收缩力减弱引起的消化机能障碍综合征，临床上以食欲减退，反刍和嗳气减少，前胃蠕动减弱或停止为特征。

病因

(1)原发性前胃弛缓主要是饲养管理不当引起。如长期采食大量粗硬难以消化的植物秸秆或长期饲喂柔软、缺乏刺激性的饲料；饲料突然改变、饲料配合和调制不当、品质不良、饲料中某种营养成分不足或过多；突然改变饲养方式、经常调换畜舍、环境恶劣、天气骤变、长途运输、使役过度、运动不足、应激反应等都可导致前胃弛缓的发生。

(2)继发性前胃弛缓可见于反刍动物可患的绝大多数疾病中。

症状

1. 饮食状态的变化

病畜食欲减退或废绝，反刍减少、短促、无力，嗳气减少并带酸臭味。

2. 瘤胃检查

瘤胃蠕动音减弱，蠕动次数减少，每次蠕动持续时间缩短。触诊瘤胃，其内容物稀软或上部坚硬下部呈粥状。呈不同程度的瘤胃臌气。

3. 排粪的变化

病初粪便变化不大，随后粪便变为干硬、色暗、量少，被覆黏液。

4. 全身症状

体温、呼吸、脉搏一般无明显异常。如果伴发胃肠炎或自体中毒时，病情急剧恶化，全身症状加剧。

继发性前胃弛缓有的表现为慢性型，日渐消瘦，有时可见原发病的症状。

治疗

治疗原则是恢复前胃蠕动机能，制止胃肠内容物腐败发酵及促进胃肠内容物的排出。

1. 兴奋胃肠蠕动机能

兴奋胃肠蠕动机能可选用以下几项进行治疗。

(1)五酊合剂：番木鳖酊 20 mL、豆蔻酊 20 mL、龙胆酊 20 mL、缬草酊 20 mL、橙皮酊 20 mL、常水 500 mL，混合一次性内服(牛)，每天 2 次，连用 2～5 天。

(2)加味扶脾散：党参 50 g、黄芪 50 g、茯苓 40 g、厚朴 40 g、陈皮 40 g、槟榔 50 g、枳壳 30 g、肉桂 20 g、苍术 30 g、白芍 30 g、甘草 20 g、神曲 50 g，研为细末，开水冲，候温灌服。凉后加入消化酶制剂适量，效果更好。

(3)用 10%氯化钠注射液或促反刍液静注。

促反刍液：10%氯化钠注射液 500 mL、20%安钠咖注射液 10 mL、10%的氯化钙注射液 100 mL，混合后每天一次静脉注射。

(4)用拟胆碱药：新斯的明 0.01～0.02 g 或氨甲酰胆碱 1～2 mg，皮下注射。但对心脏机能不全或妊娠母牛，禁用拟胆碱类药物，防止虚脱和流产。

2. 生物接种

对病程较长、瘤胃内 pH 发生改变的病牛，为改善瘤胃内生物学环境，提高纤毛虫的活力，可先对病牛洗胃，使瘤胃内 pH 达到正常范围，再接种健康牛的瘤胃内容物。可在健康牛反刍时抢取刚反出的草团 3～5 个，用温生理盐水 1 000～2 000 mL 稀释，弃去长草，给病牛灌服。也可用胃管先给健康牛灌服温生理盐水 8 000～12 000 mL，而后导出其瘤胃内容物，加适量温生理盐水混合后，用胃管灌服，效果良好。

3. 缓泻和止酵

可用硫酸镁(或硫酸钠)500 g、鱼石脂 20 g、75%酒精 100 mL、温水 8 000～10 000 mL，混合溶解后一次胃管投服(牛)。

4. 对症治疗

当出现心脏衰弱和自体中毒时，可用 25%葡萄糖注射液 1 000 mL、20%安钠咖注射液 20 mL、5%维生素 C 注射液 20 mL，混合后一次性静注(牛)，有强心、利尿、解毒作用。当瘤胃内容物 pH 降低，自体中毒明显时，静脉输入等渗糖盐水，配合应用 5%碳酸氢钠注射液 500 mL，静注(牛)，羊酌减。

护理

对前胃弛缓病牛，若瘤胃内容物较多可绝食 1～2 天，以后给予易消化的富有营养的饲料，如青草、优质干草、切碎的块根饲料等，减少或停喂精料。给予其充足饮水，并在水中适量添加食盐、食糖，愈后应逐渐增加精料、饲草的饲喂量，同时应适当运动。

二、瘤胃酸中毒

瘤胃酸中毒是反刍动物采食过量谷物精料，于瘤胃内产生大量乳酸等物质，引起以前胃机能障碍为主症的一种疾病。临床上以突然发病、病程短急、脱水、神经症状、酸中毒、死亡率高为特征。

病因

主要是由于采食大量的谷物，特别是加工粉碎的谷物引起。有的畜主在牛产后喂服小米粥也极易引起本病的发生；长期过量饲喂块根类饲料，如甜菜、马铃薯等，以及酸度过高或质量低劣的青贮饲料等；前胃弛缓病牛不及时减少精料，也是较常见的病因。

症状

1. 突然发病、病程短急

本病常呈急性经过，与饲料种类、性质、采食量等有关。最急性病例，多不见明显的症状，常在采食谷物饲料后3～5小时突然发病死亡。

2. 瘤胃检查

瘤胃蠕动音减弱或消失，有时可听到一种潺潺的气体窜动音，瘤胃胀满，内容物稀软，冲击触诊有波动感和振水音，左侧腹壁叩诊常可听到钢管音。穿刺或导胃，取瘤胃内液体，pH低于正常范围下限(6.4)。

3. 排粪的变化

粪便稀软或水样，散发酸臭味。

4. 全身症状

全身症状主要表现为脱水及神经症状。

治疗

本病治疗原则是缓解全身症状(纠正脱水和酸中毒，促进乳酸代谢，提高肝脏解毒能力)，尽快清除瘤胃有毒内容物，恢复消化机能。

1. 缓解全身症状

(1)纠正酸中毒。可应用5%碳酸氢钠注射液1 500～2 000 mL(剂量最好根据病畜血浆二氧化碳结合加以确定)，静注。

(2)解除机体脱水。可用复方氯化钠注射液、生理盐水、5%葡萄糖等，每天8 000～10 000 mL(牛)，分2～3次静注。

(3)提高肝脏解毒能力。可用高糖注射液和维生素C注射液静注。可用维生素B_1或复方B族维生素促进乳酸代谢。

2. 清除瘤胃内容物

待全身症状缓解后，为了清除瘤胃内有毒内容物，可根据病情选用以下两种方法。

(1)洗胃。用1%氯化钠溶液或1%碳酸氢钠溶液，或1∶5石灰水上清液，反复洗胃，直至瘤胃内pH接近7为止。

(2)手术。重症瘤胃酸中毒，尽快施行瘤胃切开术，取出瘤胃内容物，并移植健康瘤胃液2～4 L，加少量碎干草效果更好。

3. 促进胃肠蠕动

三、创伤性网胃炎

创伤性网胃炎是反刍动物采食时吞下尖锐的金属异物进入网胃内，刺伤网胃壁而引起的网胃炎症。临床上以顽固的前胃弛缓和网胃检查的疼痛表现为特征。

病因

本病的发生与牛的采食特点及生理解剖特点有关。牛用舌卷取食物，咀嚼不充分，食物与唾液混成食团进行吞咽。同时，口腔黏膜对机械性刺激敏感性较差，舌、颊黏膜上具有朝向后方的乳头，因此，易将混在饲料中的铁钉、钢丝、缝针等尖锐异物吞下。牛的网胃位于瘤胃前下方，吞入瘤胃的金属异物易落入网胃中，且网胃在收缩时几乎完全排空，在网胃强有力的收缩下，刺伤网胃壁而引起本病。

症状

1. 病畜呈现顽固性前胃弛缓症状

采食量少，瘤胃内容物少，常有慢性瘤胃臌气现象。按原发性前胃弛缓治疗使用胃肠兴奋剂后，病情不见减轻，有的病例反而加重。

2. 有些病牛呈现网胃炎的症状

病牛行动和姿势异常，站立时肘头外展，多取前高后低姿势，以缓解疼痛。不愿卧地，卧地时动作缓慢，且以后躯先着地，起立时则先起前肢，有的病牛在起卧的同时发出呻吟声。有的病牛在排粪、排尿时表现不安。触诊、叩击、抬压网胃区时，病牛表现疼痛不安、后肢踢腹、呻吟或躲避检查。

但有的病牛反应不明显或不出现疼痛表现。

3. 全身症状

病初体温升高，白血细胞总数增多，核左移，后期多恢复正常。

4. 如果异物穿过膈刺伤心包、心肌，则出现心包炎或心肌炎等症状

体表静脉怒张，下颌、胸前、腹下水肿，听诊心包摩擦音、心包拍水音或心音遥远甚至消失，发生心肌炎时心律不齐。

治疗

1. 手术疗法

早期施行瘤胃切开术，取出金属异物，剥离网胃与周围组织的粘连部分，涂油剂抗菌药，可望治愈，也是治疗本病的根本方法。

2. 药物疗法

主要是控制病情发展，每天应用抗菌药。同时配合使用牛胃铁质异物吸取器，若能取出瘤胃内的金属异物，在网胃与周围组织未粘连或粘连较少时可望收到治愈效果。

四、奶牛酮血病

奶牛酮血病是由于日粮中糖和生糖物质不足，以致脂肪代谢紊乱，大量酮体在体内蓄积所致的一种代谢病，又称牛醋酮血症，简称酮病。临床上以快速消瘦、顽固性消化紊乱、呼出气有酮气味和一定的神经症状为特征。生物化学的特征是血液、尿、乳中酮体增多，血糖降低。多散发或群发于3～6产、营养良好的高产奶牛，通常在产后两周左右发病，也有在泌乳末期或产后2～3天发病的。

羊的酮病多发生于怀孕末期，故又称为羊妊娠毒血症。绵羊、山羊都可能发病，绵羊发病较多，常发生于妊娠最后一个月内。

病因

饲喂富含蛋白质和脂肪的饲料过多，而含碳水化合物的饲料不足。同时母牛产后泌乳量快速增加，随乳汁大量消耗乳糖，此时机体代谢不完全适应泌乳，故使血糖较低而动用脂肪产生能量。内分泌失调时，可导致肾上腺分泌功能降低，糖皮质激素分泌不足，糖合成功能减弱，从而引发本病。牛过于肥胖，在体内能量不足时，很容易动用脂肪来产生能量，易引起本病的发生。

另外，牛患有影响消化功能的其他疾病时，易继发酮血病。

反刍动物吃入的含碳水化合物的饲料，作为葡萄糖被吸收的很少，绝大部分都在瘤胃

内被分解为挥发性脂肪酸，主要是乙酸、丙酸和丁酸。

其中丙酸可生成草酰乙酸。乙酸和丁酸生成乙酰辅酶A，大部分乙酰辅酶A与草酰乙酸缩合成柠檬酸，进入三羧酸循环氧化供能；一部分生成脂酰辅酶A，进一步合成脂肪；只有小部分缩合为乙酰乙酰辅酶A，进而形成乙酰乙酸，由乙酰乙酸变为丙酮和β-羟丁酸。乙酰乙酸、丙酮和β-羟丁酸统称为酮体，正常时其含量很少。

当长期大量饲喂富含蛋白质和脂肪的饲料或急剧地增喂精料，而粗饲料不足时，瘤胃内形成的乙酸和丁酸增多，丙酸相对减少；饥饿及患有其他影响消化功能的疾病时，也会导致丙酸不足。

因由丙酸产生的草酰乙酸不足，使由乙酸和丁酸生成的乙酰辅酶A的大部分不能进入三羧酸循环氧化供能，一方面，在体内蓄积，另一方面，由于能量的缺乏，使机体动用脂肪和蛋白质产生能量，而脂肪和蛋白质分解的中间产物乙酰辅酶A仍不能进入三羧酸循环。体内蓄积过多的乙酰辅酶A缩合为乙酰乙酰辅酶A，进而形成酮体。

体脂肪分解、氧化的场所是肝脏。当酮体在肝脏中生成后，易从肝细胞渗出，进入血液循环，随血液到其他组织，部分随呼气、汗液和尿液排出，并散发出酮味。酮体本身没有毒性，但它是有机酸，当体内蓄积浓度过高时，则导致代谢性酸中毒。当酮体中β-羟丁酸脱羧生成异丙醇时，可引起神经症状(兴奋不安)。脑组织缺糖，能使病牛呈现精神沉郁甚至进入昏迷状态。

症状

1. 临床型酮血病

病牛除呈现顽固的消化紊乱外，还表现为不愿吃精料，经常发生异嗜，呼出气有酮味及迅速消瘦，泌乳量显著减少。根据症状表现不同可分为消耗型和神经型两种。

(1)消耗型酮病。病初，食欲减退，产乳量下降。通常先拒食精料，尚能采食少量干草，继而食欲废绝。异嗜，患畜喜喝污水，舐食污物或泥土。有较重的前胃弛缓症状。快速消瘦，皮肤弹性减退，精神沉郁。体温、脉搏、呼吸正常；随病程延长，体温稍有下降，心跳增数，重症病牛尿量减少，呈淡黄色，易形成泡沫，有特异的丙酮气味。泌乳量明显减少，重症者突然骤减或无乳，乳中有丙酮气味。一旦泌乳量下降后，虽经治愈，多不能完全恢复到病前水平。病到后期，肝脏显著肿大，触诊肝区表现敏感，叩诊肝浊音区扩大。

(2)神经型酮病。经常突然发作，出现一定的神经症状。初期兴奋不安，听觉过敏，眼神狞恶，眼球震颤，空嚼磨牙，咬肌痉挛，背腰部皮肤敏感，有的横冲直撞，狂暴不安。不久即转为抑制，步态不稳，后肢轻瘫，不能站立，有时头颈曲于胸侧而呈昏迷状态。

羊妊娠毒血症的临床表现与牛神经型酮病相似。

2. 亚临床型酮血病

仅见酮体升高和低血糖，也有部分血糖在正常范围内的，缺乏明显的临床症状；或者仅见泌乳量有所下降，食欲减退。进行性消瘦是其重要特征，呈慢性病，病程可持续1～2个月，尿中酮体检测为阳性或弱阳性。

诊断

临床上根据病牛呼出气有酮味、前胃弛缓和一定的神经症状、快速消瘦等进行初步诊断。要进一步确诊需做血酮、尿酮及血糖测定。

治疗

治疗原则是消除病因、补糖降酮和对症治疗。具体的措施有以下几点。

1. 消除病因

减少或完全停喂富含蛋白质和脂肪的饲料，积极治疗其原发病。

2. 补糖

静注25%～50%葡萄糖溶液500～1 000mL，每天2～3次，对大多数病牛有明显效果。严重者可增加次数或少量多次地反复注射，以维持血糖的稳定。

3. 减少脂肪的分解

可在用大剂量葡萄糖的过程中，肌注维生素B_1 3～5 g，胰岛素100～150 IU，以增加肝糖原的储备和维持血糖的恒定，减少脂肪的分解。辅助应用维生素B_{12}，一般1日或隔日肌注1次，每次1～2 mg。

4. 增加体内生糖物质的来源

增加体内生糖物质可内服以下几种药物。

(1)丙酸钠，牛100～250 g，羊5～20 g，每天1～2次，连用7～10天。

(2)丙三醇(甘油)，牛500 mL，每天2次，连服2天，随后每天250 mL，连服数日。

(3)乳酸钠或乳酸钙，第一次720 g，随后每次360 g，每日1次，连用7天。

但应注意，反刍动物采用口服方法用葡萄糖无效或效果很小。

5. 促进糖元异生

对于体质较好的病牛，为了促进糖元异生作用，应用氢化考的松1.5 g，或促肾上腺皮质激素1 g，皮下注射，对缓解症状，效果理想。应用糖皮质激素来治疗酮病效果较好，但往往伴有一定的抑制泌乳作用，严重者可导致泌乳停止，但却有助于病迅速恢复。

6. 其他疗法

(1)水合氯醛，首次剂量为30 g，加水口服，继之再给予7 g，每天2次，连续几天。首次剂量较大，通常用胶囊剂投服，继则剂量较小，放在蜜糖或水中灌服。

(2)氯酸钾30 g溶于250 mL水中，每天2次，口服，但常引起严重的腹泻。

(3)硫酸钴，每天100 mg，放在水中或饲料中，可用于辅助治疗酮病。

7. 对症治疗

为解除酸中毒，可用5%碳酸氢钠溶液500～1 000 mL静注。对兴奋不安的病牛，可酌用镇静剂；为兴奋瘤胃蠕动，可酌用健胃剂。

五、肝片形吸虫病

肝片形吸虫病是由片形科片形属的吸虫寄生于动物和人的肝脏胆管引起的疾病。主要感染牛、羊。

病原

肝片形吸虫。

生活史

成虫寄生于终末宿主的肝脏胆管内，产出虫卵随胆汁入肠腔，再随粪便排出体外。虫卵在适宜的条件下，经10～25天孵出毛蚴。毛蚴游于水中，遇到中间宿主淡水螺，即钻入体内，在35～50天内发育为尾蚴。尾蚴离开螺体，在水面或植物叶上形成囊蚴，终末宿主吞食囊蚴而感染。

流行病学

患病动物和带虫动物不断向外界排出大量虫卵，是重要的感染源。牛、羊感染多在夏秋季节。在多雨或久旱逢雨的温暖季节可促使本病流行。幼虫病多在秋末冬初，而成虫病多见于冬末和春季。

症状

根据病期一般可分为急性型和慢性型。

1. 急性型

急性型肝片形吸虫病由幼虫引起，多见于绵羊和犊牛，多发于夏末、秋季和冬初。病初体温升高，精神沉郁，食欲减退，衰弱、易疲劳，迅速发生贫血。肝区扩大，触压和叩打有痛感。结膜由潮红黄染转为苍白黄染。消瘦，腹腔积水。重者在几天内死亡或转为慢性。

2. 慢性型

慢性型肝片形吸虫病由成虫引起，多见于初春和冬季。明显消瘦、贫血和低蛋白血症，可视黏膜苍白，被毛粗乱易脱落。眼睑、下颌及胸下水肿，早上明显，运动后可减轻或消失。间歇性瘤胃臌气和前胃弛缓，腹泻或腹泻与便秘交替发生。乳牛乳汁稀薄，产乳量下降，妊娠羊易流产。重者终因恶病质而死亡。

诊断

根据临床症状、流行病学、粪便检查和剖检等综合判定。

治疗

可选用以下药物配成混悬液灌服。

(1)三氯苯达唑(肝蛭净)：牛每千克体重 10 mg，羊每千克体重 12 mg，1 次口服，休药期 14 天。对急、慢性肝片形吸虫病均有效。

(2)溴酚磷(蛭得净)：牛每千克体重 12 mg，羊每千克体重 16 mg，1 次口服。对急、慢性肝片形吸虫病均有效。

(3)硝氯酚(拜耳 9015)：牛每千克体重 3～4 mg，羊每千克体重 4～5 mg，1 次口服。应用针剂时，牛每千克体重 0.5～1.0 mg，羊每千克体重 0.75～1.0 mg，深部肌注。主要适用于慢性病。

(4)硫双二氯酚(别丁)：牛每千克体重 50～70 mg，羊每千克体重 100 mg。主要适用于慢性病。

(5)硫溴酚：绵羊每千克体重 50～60 mg，山羊和水牛每千克体重 30～40 mg，奶牛和黄牛每千克体重 40～50 mg。主要适用于慢性病。

(6)丙硫苯咪唑(阿苯哒唑)：羊每千克体重 15～20 mg，牛每千克体重 10～15 mg。主要适用于慢性病。

(7)双酰胺苯氧醚：绵羊每千克体重 150 mg。只用于绵羊的急性型肝片形吸虫病。

预防

根据流行病学特点，采取综合性防治措施。

1. 定期驱虫

驱虫的时间和次数视流行区的具体情况而定。可于 3～4 月和 11～12 月进行两次驱虫。流行病严重地区，要注意对带虫动物的驱虫。驱虫后的粪便进行发酵处理。

2. 合理放牧

选择高燥地区放牧或兴建牧场。在感染季节放牧，应每经1.5～2个月轮牧一次。

3. 饲养卫生

避免饮用地表非流动水。在湿洼地收割的牧草，晒干后存放2～3个月再用。

4. 灭螺

可用烧荒、洒药、疏通水沟以及饲养水禽等措施灭螺。药物可用氨水、硫酸铜、石灰、五氯酚钠和血防－67(粗制氯硝柳胺)等。氨水适用于稻田，1 cm深的水层用20%的氨水按每平方米30 mL洒入。牧场用1∶5 000硫酸铜溶液按每平方米5 mL喷雾；水池、沼泽地按1 cm深水层每平方米2 g使用。水沟及泥沼地用石灰，用量为每平方米75 g。五氯酚钠用于水池时，按每立方米10～20 g投入；牧场按每平方米5～10 g配成溶液喷洒。血防－67用于水池时，每立方米按2 g投入；牧场按每平方米2 g使用。

5. 肝脏处理

废弃的患病动物肝脏经高温处理后再利用。

项目3 以腹围膨大为主症的牛羊病防治

一头三产奶牛，产后6天，主诉：近2天吃得少，不爱吃精料，每天能见到2～3次反刍，每次反刍约二十几个草团，每个草团再咀嚼约20～30下，泌乳量由未病前每天30 kg减少到每天不到20 kg。

任务1 诊断病牛

1.1 临床检查

一般检查：测病牛体温、脉搏、呼吸数，观察其精神状态、饮食欲、皮肤等。

系统检查：听诊、触诊、视诊等。

检查结果分析：

1.1.1 腹部膨大，左肷充满。触压瘤胃，内容物坚实，叩诊呈浊音，用力按压瘤胃，患畜有疼痛反应。瘤胃听诊，蠕动音减弱或消失。直肠检查，瘤胃扩张，容积增大，充满坚实内容物。重症后期，呼吸促迫，脉搏加快，可视黏膜发绀，并呈现脱水及心衰症状。→瘤胃积食

1.1.2 于采食后不久突然发病，最初嗳气增多，很快食欲废绝，反刍和嗳气停止。腹围急剧膨大，左肷部凸出，按压紧张有弹性；瘤胃叩诊呈鼓音；听诊时瘤胃蠕动音消失。病畜表现不安、回顾腹部、后肢踢腹及背腰拱起。严重时，呼吸困难，呼吸频率加快，张口伸舌呼吸，黏膜发绀。心搏动增强，心跳加快，静脉怒张。→瘤胃臌气

1.1.3 右侧第7～9肋、肩关节水平线附近的区域向外隆起，用指尖用力触压肋间，较瘦病牛若触及硬物，病牛表现疼痛不安或躲避，用力叩击右侧第7～9肋亦有疼痛表现。排粪少，粪便干而黑，甚至呈蒜瓣样或大算盘珠样，表面光亮、附有黏液，以后逐渐停止排粪。直肠检查，各段肠管均空虚，直肠内有时有大量蛋清状黏液。脱水并迅速加重，尿量减少，皮肤因脱水而弹力减退，被毛粗乱。→怀疑瓣胃阻塞

1.1.4 若反复发生前胃弛缓症状，于左侧(或右侧)肩关节水平线附近、第8～11肋骨区域内听诊，可听到一种局限性的带金属音调的流水音；于第8～11肋骨、肩关节水平线附近听

诊，配合在听诊器周围叩诊(用手指弹或用叩诊锤叩击附近肋骨)，听到高调的钢管音。冲击式触诊可听到清脆的液体振荡音。症状特别明显时，左侧肷窝凹陷，最后4～5肋局限性膨胀，甚至可扩展到肋弓后，触诊紧张、有弹性，于其后方可触到坚实的瘤胃。→皱胃变位

1.1.5 排粪迟滞或长期不见排粪。视诊右侧中下腹部肋骨弓的下方见到局限性隆起，最后两个肋间叩诊时出现鼓音或钢管音。于右侧肋弓下方触诊，触到漂浮状、稍呈坚实感硬物或在此处触诊，可触到紧贴腹壁较坚实的瘤胃样物。→怀疑皱胃积食

1.1.6 排粪迟滞或长期不见排粪。视诊右侧肷部局限性隆起，触诊有弹性，叩诊钢管音，冲击式触诊有荡水音。→怀疑盲肠扭转

1.1.7 两侧下腹部对称性增大，右下腹部冲击式触诊有荡水音。→怀疑腹膜炎

1.2 穿刺检查

1.2.1 怀疑瓣胃阻塞时在右侧第9肋间与肩端水平线交点。于第10肋骨上剪毛、消毒后，向前平移皮肤，用16号的盐水针头，沿第十肋骨前缘垂直刺透皮肤，再向对侧肘头方向刺入8～10 cm。进针阻力很大，经穿刺针向内推注生理盐水时，感到阻力很大，需注射较多生理盐水后，才可回抽出带草屑的液体。→瓣胃阻塞

1.2.2 怀疑皱胃变位时于钢管音处穿刺获得的胃液pH为1～4，淡黄色或黄绿色(与饲草颜色有关)，缺乏纤毛虫。→皱胃变位

1.2.3 怀疑皱胃积食时于右下腹部，最后肋骨后缘垂直切线后方穿刺胃肠内容物pH为1～4。→皱胃积食

1.2.4 怀疑腹膜炎时腹腔穿刺有大量的渗出液，浑浊、可析出絮状物。→腹膜炎

1.3 直肠检查

于骨盆腔右前部或耻骨前缘即可触到一含气大囊，其壁较薄。→盲肠扭转

任务2 治疗病牛

2.1 瘤胃积食

2.1.1 饥饿疗法。

2.1.2 药物治疗。

Rp：

①三仙硝黄散 1副

DS：开水冲，候温灌服。

②10%氯化钠注射液 300 mL

5%氯化钙注射液 100 mL

10%安钠咖注射液 20 mL

DS：混合一次静注。每日一次，连用三天。同时按摩瘤胃，每日三次。

2.1.3 重症病畜采取手术疗法。

2.2 瘤胃臌气

Rp：

鱼石脂 25 g

酒精 100 mL

水 2 000 mL

DS：混合，一次灌服。

2.3 瓣胃阻塞

Rp：

①硫酸钠 800 g
水 10 000 mL
DS：一次灌服。

②硫酸钠 200 g
液体石蜡 500 mL
盐酸普鲁卡因 2 g
硫酸链霉素 10 g
水 2 000 mL
DS：混合后分散注入瓣胃内。注射后充分饮水。

③促反刍液 1 000 mL
DS：一次静脉注射。

2.4 皱胃变位

手术整复固定皱胃后用药。

Rp：

①0.9%氯化钠注射液 1 000 mL
青霉素 G 钠 3 200 万 IU
DS：混合，一次静脉注射，每天一次，术后连用 7 天。

②0.9%氯化钠注射液 500 mL
青霉素 G 钠 3 200 万 IU
DS：混合，一次腹腔注射，每天一次，术后连用 5 天。

③25%葡萄糖注射液 1 000 mL
10%樟脑磺酸钠注射液 30 mL
复方氯化钠注射液 1 000 mL
10%氯化钠注射液 500 mL
DS：术后每天一次静注，反刍恢复后停用。

2.5 皱胃积食

洗胃、绝食。

Rp：

①硫酸钠 750 g
液体石蜡 1 000 mL
常水 10L
DS：一次胃管投服。

②生理盐水 500 mL
硫酸链霉素 10 g
DS：混合，一次瓣胃内注入。

③氨甲酰胆碱　　2 mg

DS：一次皮下注射，每隔6小时注射一次，连用4次。

④25%葡萄糖注射液　　1 000 mL

10%樟脑磺酸钠注射液　　30 mL

10%维生素C注射液　　50 mL

复方氯化钠注射液　　2 000 mL

DS：一次静注，每日一次，连用5天。

⑤加味扶脾散　　1副

磺胺脒　　20 g

DS：开水冲，候温加磺胺脒灌服，每日一副，连用5天。

必备知识

一、瘤胃积食

瘤胃积食是瘤胃内积滞大量饲料，致使瘤胃容积异常增大，伴有前胃运动机能障碍的疾病。中兽医称宿草不转。临床上以瘤胃膨满，触诊瘤胃内容物呈捏粉状或坚实状，听诊瘤胃蠕动音减弱或消失为特征。

病因

瘤胃积食主要原因是采食过量饲料。也可继发于前胃弛缓、创伤性网胃炎、瓣胃阻塞等多种疾病中。

症状

1. 饮食状态的变化

病畜食欲、反刍减少或停止，初期不断有酸臭的嗳气，以后嗳气停止。

2. 腹痛

通常有腹痛表现，病畜背腰拱起，两后肢频频交替负重，后肢踢腹，摇尾磨牙，有时呻吟，时起时卧。

3. 排粪的变化

排粪干少、色暗，有时排少量稀软恶臭的粪便。

4. 瘤胃检查

腹部膨大，左肷充满。触压瘤胃，内容物坚实，叩诊呈浊音，用力按压瘤胃，患畜常有疼痛反应。瘤胃听诊，蠕动音减弱或消失。直肠检查，瘤胃扩张，容积增大，充满坚实内容物。

5. 全身症状

重症后期，呼吸促迫，脉搏加快，可视黏膜发绀，并呈现脱水及心衰症状。鼻镜干燥。体温一般无明显变化。

诊断

根据采食过多的病史及瘤胃充满内容物、触压坚实等临床特征可以确诊。

治疗

本病治疗原则主要是排出瘤胃内容物，抑制发酵和恢复瘤胃蠕动机能。

1. 饥饿疗法

轻症病牛病初绝食1～2天，少量多次饮水，待瘤胃内容物排出，出现食欲、反刍时，逐渐给予柔软易消化的草料。如果吃的是大量易膨胀的饲料，则应限制饮水，全天少量多次饮水。

2. 灌服泻剂

对积食不是很重的病牛，为了排出瘤胃内容物，可洗胃或灌服泻剂。常用硫酸镁(或硫酸钠)500～800 g，加水配成5%～8%溶液，并加入鱼石脂20～30 g(若非水溶性鱼石脂可先用50～100 mL酒精溶解)一次灌服。

由谷物或豆类饲料引起的积食，可用油类泻剂，如液体石蜡油或植物油1 000～2 000 mL一次内服(禁用蓖麻油)。

3. 促进瘤胃蠕动

可参照前胃弛缓的治疗。在用药物的同时，配合按摩瘤胃，每天3～4次，每次20～30分钟，并适当进行牵遛运动。

4. 中药治疗

以健脾开胃，消食化积为主。可用三仙硝黄散：山楂90 g、麦芽90 g、神曲90 g、芒硝120 g(后下)、大黄60 g、牵牛子(炒)60 g、槟榔12 g、郁李仁60 g，共研细末，开水同调，候温灌服。

5. 手术疗法

若上述方法均无效或重症瘤胃积食病牛，应及时进行瘤胃切开术，取出瘤胃内过多的内容物。

6. 对症治疗

重症病牛伴有脱水和酸中毒时，可静注复方氯化钠溶液或5%葡萄糖生理盐水2 000～3 000 mL，每天2次，同时静注5%碳酸氢钠注射液500～800 mL。

二、瘤胃臌气

瘤胃臌气主要是反刍动物采食了大量容易发酵的饲料，在瘤胃内迅速产生大量气体而引起瘤胃急剧膨胀的一种疾病，临床上以腹围急剧增大、呼吸极度困难、触诊瘤胃紧张而有弹性、叩诊呈鼓音为特征。中兽医称为气胀。

病因

原发性瘤胃臌气主要是采食大量易发酵的饲料，如幼嫩多汁牧草或露水多的、被雨淋湿的青草，开花前的苜蓿、紫云英，青贮饲料、块根饲料、霉败饲料以及冰冻饲料等。舍饲的、长期喂干草的牛，突然改喂青草，采食过多。管理不当或突然改变饲养方式。

继发性瘤胃臌气可继发于前胃弛缓、创伤性网胃炎、牛醋酮血病等疾病中，一般为慢性轻度臌气。继发于食道阻塞时多为急性重度臌气。

症状

1. 原发性瘤胃臌气

(1)突然发病。多于采食后不久突然发病。

(2)饮食状态的变化。病的最初嗳气增多，很快食欲废绝，反刍和嗳气停止。

(3)瘤胃检查。腹围急剧膨大，左肷部凸出，甚至呈半球状，有的高于脊背；按压瘤胃紧张而有弹性；瘤胃叩诊呈鼓音，偶呈金属样音；听诊时瘤胃蠕动音消失。

(4)腹痛。病畜表现不安、回顾腹部、后肢踢腹及背腰拱起等腹痛症状。

(5)呼吸、循环的变化。严重时，呼吸困难，呼吸频率加快，可达60～80次/分钟，张口伸舌，黏膜发绀。心搏动增强，心跳加快，每分钟可达140次左右，静脉怒张，站立不稳，眼球突出，病畜呻吟，最后倒地不起。常因窒息或心脏麻痹而死亡。

2. 继发性瘤胃臌气

一般发生发展缓慢(食道阻塞除外)，呈轻度间歇性瘤胃臌气，多反复发作，病畜呈慢性前胃弛缓症状。

诊断

原发性瘤胃臌气根据突然发病及瘤胃的检查，结合病史可确诊。继发性瘤胃臌气应根据原发病的其他特征进行诊断。

治疗

本病的治疗原则是促进瘤胃内气体排出，缓泻制酵，恢复瘤胃机能。

1. 排出瘤胃内积气

根据病情轻重可选用下列方法。

(1)口衔木棒

轻度的原发性瘤胃臌气，让病牛取前高后低、抬头姿势，将小木棒横衔于口中，用绳拴在角根后部固定，可在小木棒上涂抹松馏油或大酱，使之不断咀嚼，促使嗳气。

(2)瘤胃穿刺

对瘤胃膨胀严重，腹围显著膨大，呼吸高度困难的病牛，要立即进行瘤胃穿刺放气急救。穿刺部位在左肷部的中央部或隆起的最高点处，使用套管针或数支长13～20 cm的盐水针头(牛用20号针头，羊用16号针头)穿刺瘤胃放气，刺入前术部与器械必须严格消毒。放气时，术者必须以手扶住针尾，以防针尖在瘤胃蠕动时划破胃壁。拔针时插入套管针针芯或用手指堵住长针针尾，以防针内污物流入腹腔。放气不宜过快，以防血压下降而引起休克。放气后，可由穿刺针注入来苏儿15～20 mL或福尔马林10～30 mL，或鱼石脂10～15 g用酒精溶解后加水适量。以制止继续发酵产气。

(3)洗胃

原发性瘤胃臌气及时洗胃疗效较好。

若为泡沫性瘤胃臌气，用降低泡沫表面张力的药物，动物用有机硅消泡剂(二甲基硅油干乳剂)10～20 g，或松节油30～40 mL，或豆油500 mL，加适量水灌服或通过穿刺针注入瘤胃内。使胃内以泡沫形式淤积的气体迅速混合，再选用上述排气措施。

2. 缓泻、制酵、恢复瘤胃机能

参见前胃弛缓。

3. 中药治疗

中药治疗宜消食理气，通肠利水。

(1)顺气散：莱菔子(炒)90 g、枳壳30 g、大黄60 g、芒硝120 g、香附24 g、川朴24 g、青皮30 g、木通18 g、滑石45 g，共研为细末同调灌服。

(2)针灸：针刺苏气、顺气、血印、脾俞等穴。

(3)验方：烟叶末100 g、松节油40～50 mL、液状石蜡500 mL、常水500 mL，同调内服。多在30分钟左右见效。

三、瓣胃阻塞

瓣胃阻塞，又称瓣胃秘结、百叶干。是由于前胃运动机能障碍，瓣胃收缩力减弱，其内容物不能顺利后送，水分被吸收而干涸，以致形成阻塞的一种前胃疾病。临床上以前胃弛缓、重度脱水、瓣胃蠕动音减弱或消失、触诊瓣胃区敏感性增高，排粪迟滞或停止为特征。

病因

瓣胃阻塞主要由于长期饲喂粗硬难以消化的饲料，使瓣胃排空缓慢；长期饲喂缺乏刺激性的谷糠等饲料，以致瓣胃的兴奋性和收缩力逐渐减弱；一次饲喂粉状饲料或碎草过多，向瓣胃内送入过快，使瓣胃内容物积聚而不能顺利排出。水分逐渐被吸收，以致内容物干涸、积滞。饮水不足时，易促使本病发生。草料内混有大量沙土、过劳及运动不足等也可促使本病发生。

症状

1. 前胃弛缓

本病一般发展比较缓慢，病初多呈现前胃弛缓的症状。

2. 特有症状

本病随着病情的发展逐渐表现出瓣胃阻塞特有的症状。

(1)瓣胃蠕动音减弱或消失。

(2)右侧第7～9肋、肩关节水平线附近的瓣胃区向外隆起，用指尖用力触压肋间，较瘦病牛可触及大而坚硬的瓣胃，病牛表现疼痛不安或躲避，用力叩击右侧第7～9肋亦有疼痛表现。

(3)排粪少，粪便干而黑，甚至呈蒜瓣样或大算盘珠样，表面光亮、附有黏液，以后逐渐停止排粪。

(4)直肠检查，各段肠管均空虚，直肠内有时有多量蛋清状黏液。

3. 脱水

本病从发生即出现脱水症状，并迅速加重，眼窝深陷，鼻镜干燥、结痂甚至龟裂，尿量减少，皮肤因脱水而弹力减退，被毛粗乱。病牛精神高度沉郁，有时出现空口咀嚼或磨牙。

4. 全身症状

本病体温、脉搏、呼吸在病初均无明显变化。后期由于发生瓣胃炎、瓣胃小叶坏死和败血症而体温升高，呼吸和脉搏加快。病畜体质衰弱，全身症状逐渐恶化而死亡。

诊断

临床上主要根据排粪干硬呈算盘珠状或停止排粪、迅速脱水、瓣胃区触诊敏感进行诊断。由于本病临床诊断比较困难，可结合瓣胃穿刺试验或瓣胃简易手术诊断法即可确诊。

治疗

治疗原则是增强胃肠收缩力，软化瓣胃内容物，促进其排出，恢复胃肠机能。

1. 缓泻

轻症或病的早期，可用硫酸钠或硫酸镁600～800 g、加水8 000～10 000 mL或液体石蜡1 000～2 000 mL，一次灌服。

2. 瓣胃注药疗法

对重症病例，于灌服泻药的同时，可采用瓣胃注药疗法。可用10%硫酸钠或硫酸镁溶液2 000～3 000 mL、液状石蜡300～500 mL、盐酸普鲁卡因2 g、硫酸链霉素8～10 g，混合后分散注入瓣胃内，可收到一定效果，为慎重起见，可先注入适量的生理盐水，并用注射器抽吸，如抽出黄色浑浊液体或草屑时，则证明确实注入瓣胃内，再注入所用药物。也可单用生理盐水2 000～3 000 mL稀释硫酸链霉素8～10 g，一次向瓣胃内分散注入。如果注射一次效果不明显时，次日或隔日可再注射一次。注射后还要充分饮水。

3. 中药疗法

中药疗法可用下方：当归200 g、肉苁蓉100 g、青皮50 g、陈皮50 g、大戟25 g、枳实75 g、大黄150 g、滑石50 g、麻仁50 g，水煎、候温，加芒硝100 g灌服。每日一剂，连用2～3剂。

4. 瓣胃冲洗按摩术

以上疗法均无效时，可施行瘤胃切开术，掏取瘤胃内多数内容物后，用拇指粗软胶管，通过网胃内右后上方的网瓣孔灌注1%温盐水，同时用手指松动干涸内容物，待手指触不到内容物后，改为从瘤胃内向右侧挤压按摩瓣胃，使其内容物软化、排出。

但应注意，在瓣胃大部分未按软之前，先不要按摩瓣胃前下方的瓣皱孔，以防止此部分先疏通开后，大量水灌入皱胃。

5. 对症治疗

适当配合强心补液等治疗措施。同时给以制酵剂和前胃兴奋剂，可参照前胃弛缓的治疗(选用拟胆碱药效果较好)。

四、皱胃积食

皱胃积食是皱胃滞积大量内容物，致使皱胃体积增大，胃壁扩张的一种疾病。临床上以皱胃区局限性隆起，触诊皱胃显著扩张、坚实，叩诊皱胃上方呈鼓音或钢管音及长期排粪迟滞或停止为特征。

病因

原发性皱胃积食主要是饲养管理失宜和使役不当，特别在冬季青饲料缺乏时，用铡得过短的谷草、麦秸、豆秸、玉米秆、高粱秆和稻草喂牛；劳役过度、运动不足、反刍时间短、饮水不足和气象应激时发病率较高；成年牛若吞食胎盘、毛球、麻线、破布、塑料后亦可发生皱胃机械性阻塞。

继发于前胃弛缓、幽门痉挛、小肠阻塞等病中。

症状

1. 前胃弛缓

本病发展较慢，病初呈现前胃弛缓，食欲、反刍减退或消失。胃、肠蠕动音减弱或消失，瘤胃内容物充满，腹壁臌胀或下垂。

2. 排粪的变化

排粪迟滞，常呈现排粪姿势，有时排出少量糊状棕褐色带恶臭的粪便。并发皱胃炎时粪中带血。有的长期不见排粪。

3. 逆呕

个别病牛有逆呕现象，吐出酸臭的瘤胃液。

4. 特有症状

症状较重的病例会出现皱胃积食的特有症状。

(1)视诊右侧中下腹部肋骨弓的下方可见局限性隆起。

(2)皱胃上方，最后两个肋间叩诊时出现鼓音或钢管音。

(3)皱胃区触诊。于右侧肋弓下方触诊，早期可触到漂浮状、稍呈坚实感的皱胃，即用力向内触压，可感到有硬物离开腹壁，再触感觉不明显，过十几秒后再触压有同样感觉。皱胃积食严重后，在此处触诊，可触到紧贴腹壁较坚实的皱胃。

触压皱胃，病牛有疼痛反应，表现拱背、退让、反抗和后肢踢腹。

5. 直肠检查

病情严重的病牛，直肠内没有粪便或仅有少量粪便，大部分肠管空虚，于腹腔右肷部前部，可触到一大囊的后壁，此囊坚实、壁厚。

6. 全身症状

病畜精神沉郁，体力衰弱，心跳加快。随着病期拖延，病情日趋恶化，呈现严重脱水症状。若治疗不当，多在2～5周内死亡。

诊断

根据排粪迟滞，右腹部皱胃区局限性隆起，触诊皱胃区坚实等症状可作出初步诊断。疾病早期可依穿刺确诊：于正常皱胃后缘(第11肋骨对应的肋弓下方)向后15 cm及以后的下腹壁，避开皮下大血管，用16号或20号静脉针头穿刺，从穿刺针点滴状流出的胃肠内容物的pH为1～4。因正常皱胃到不了此处，从此处穿刺到皱胃内容物，可证实皱胃体积变大，依此确诊。

治疗

治疗原则为促进皱胃内容物排出，防止皱胃炎，防止脱水及自体中毒，促进胃肠功能的恢复。

1. 药物治疗

皱胃积食的初期，皱胃蠕动机能尚未完全消失时，对病牛洗胃、绝食后综合应用以下措施。

(1)硫酸镁(或硫酸钠)500～750 g、鱼石脂20～30 g、75%酒精50 mL、液体石蜡(或植物油)500～1 000 mL、滑石粉、酵母粉各100 g，水10～15L，混合一次内服。以后每天灌油类泻剂1 000～2 000 mL，连用5～7天。但要注意，病的后期发生脱水时，忌用高浓度盐类泻剂。

(2)应用适量拟胆碱药，每天4～6次。

(3)用25%硫酸镁溶液1 000 mL、乳酸20 mL、稀盐酸20 mL，一次瓣胃内注射。

(4)按摩皱胃区。于右侧肋弓下方，缓慢用力按摩，每次20～30分钟，每天4～6次。

(5)治疗皱胃炎。

2. 手术治疗

药物疗法无效或皱胃积食严重的病牛，可施行皱胃切开术。

3. 对症治疗

适当配合强心补液等治疗措施。

五、皱胃变位

皱胃的正常解剖学位置改变，称为皱胃变位。可分为左方变位和右方变位，右方变位又分为逆时针扭转和顺时针扭转两种类型。多数临床工作者习惯上称右方变位为皱胃扭转，而对左方变位则称皱胃变位。

左方变位：是指皱胃通过瘤胃下方移行到左侧腹腔，嵌留在瘤胃与左腹壁之间，并将瓣胃牵引至网胃下方。

逆时针扭转：是指皱胃于瓣胃的下方向前向上扭转，经瓣胃前方移至瓣胃的前上方。

顺时针扭转：即皱胃于瓣胃的下方向后向上扭转，经瓣胃后方移至瓣胃的后上方，或沿自身纵轴，经瓣胃右侧向上翻转180°，并将瓣胃挤至右下腹部。

皱胃变位常见于产第1～2胎的乳牛，尤其在分娩后多见，妊娠末期的牛也易发本病。其他年龄的牛均可发病。

病因

皱胃变位的确切发病原因，目前尚无定论，但多数认为与下列因素有关。

运动缺乏；体位突然改变；精料饲喂过多或增料过快，而优质干草等容积性饲料缺乏；妊娠及分娩；可引起牛消化功能减退，胃肠弛缓的一些疾病，易引起皱胃变位的发生。产后子宫复旧不全、子宫内膜炎、骨软症、慢性消耗性酮血病等，在较长时间未能治愈的病牛也常继发皱胃变位。

症状

1. 发病规律

皱胃变位，大多数在妊娠末期或分娩后发病，其中左方变位和逆时针扭转的发病率较高，且可相互转变，症状较缓、病程长。顺时针扭转则较少发生，但发病急、病程短、症状重剧。

2. 皱胃左方变位及逆时针扭转

(1)全身症状轻微，呈现反复发作的前胃弛缓症状，一般在一次采食较多草料后即发生前胃弛缓：食欲减退，厌食精料，嗳气和反刍减少或停止，瘤胃蠕动音减弱，排粪量减少，腹泻或腹泻与便秘交替，个别病例伴有腹痛或轻度瘤胃臌气。经2～3天将瘤胃内容物多数排出后，常可恢复食欲，采食后又发病。随着病程的进展，尿酮反应多为阳性。

(2)特征症状。在发病过程中，其特征症状时有时无，表现出症状时有以下几种表现。

①皱胃左方变位，于左侧肩关节水平线附近、第8～11肋骨区域内听诊，可听到一种局限性的带金属音调的流水音；于第8～11肋骨、肩关节水平线附近听诊，配合在听诊器周围叩诊(用手指弹或用叩诊锤叩击附近肋骨)，可听到高调的钢管音。冲击式触诊可听到清脆的液体振荡音。该部穿刺获得的胃液pH为1～4，淡黄色或黄绿色(与饲草颜色有关)，缺乏纤毛虫。症状特别明显时，左侧肷窝凹陷，最后第4～5肋局限性膨胀，甚至可扩展到肋弓后，触诊紧张、有弹性，于其后方常可触到坚实状的瘤胃。

②皱胃逆时针扭转上述症状出现在右侧。

3. 皱胃顺时针扭转

(1)突然发生腹痛，不安、呻吟、踢腹或两后肢频频交替踏步。拒食、贪饮但迅速表现出脱水和碱中毒症状。

(2)其特征症状出现后不消失，于右侧第8～13肋骨覆盖部甚至肷部呈局限性膨胀，叩诊有明显的钢管音，冲击式触诊有明显的荡水音，穿刺的胃肠内容物呈酸性反应。皱胃液早期呈淡黄色或黄绿色，至后期因皱胃黏膜出血而呈暗褐色。排粪减少，并很快停止，后期排少量血样乃至黑色柏油样粪便。心率加快，每分钟100次以上，体温正常或低于正常。

诊断

1. 皱胃左方变位及逆时针扭转

根据反复出现的前胃弛缓可初步怀疑，若能发现钢管音，进行穿刺，穿刺物pH为

1～4即可确诊。症状特别明显时据其腹围变化与肷部触诊即可确诊。

2. 皱胃顺时针扭转

根据其明显的腹围变化与肷部触诊即可确诊。早期可根据钢管音、荡水音及穿刺，穿刺物为胃肠内容物、pH 为1～6 即可确诊。

治疗

1. 滚转复位法

滚转复位法仅限于病程短，病情轻的皱胃左方变位，但成功率不高，多数病例滚转后症状即消失，过一段时间再出现变位症状。其方法如下。

将病牛饥饿 1～2 天并限制饮水，使瘤胃容积缩小。将牛倒卧，缚住四蹄，然后转成仰卧，以背部为轴心，向左、右各 45°反复滚转若干次，使牛左侧卧，转成俯卧后使牛站立。检查，若仍未复位，再继续滚转，直至复位为止。

2. 皱胃变位整复固定术

皱胃变位整复固定术是治疗皱胃变位的确实疗法。

六、腹膜炎

腹膜炎是腹膜壁层和脏层各种炎症的总称。

病因

1. 原发性腹膜炎

原发性腹膜炎由血液或淋巴感染所引起，较少见。

2. 继发性腹膜炎

继发性腹膜炎继发于腹壁透创、剖腹术及瘤胃穿刺、瓣胃穿刺时消毒不严密，或穿刺拔针时未封闭针芯；胃肠炎、肠变位、顽固性肠便秘、创伤性网胃炎导致胃肠穿孔或破裂等；骨盆腔脏器的炎症如子宫内膜炎，膀胱破裂等也常可引起腹膜炎。特别是子宫内膜炎时，子宫内膜炎性产物不能顺利排出或冲洗子宫时灌注药量过多，使子宫内压力过大，炎性产物通过输卵管进入腹腔极易引起腹膜炎；一些全身性急性传染病，如巴氏杆菌病、炭疽等，病原微生物常侵入腹膜，而并发腹膜炎；某些变态反应性疾病可继发腹膜炎。

症状

1. 弥漫性腹膜炎

(1)全身症状。多不明显，病初可出现 1～2 天的发热，以后降为正常，只表现顽固性前胃弛缓，排粪逐渐停止，伴发中等程度的瘤胃臌气。急性弥漫性腹膜炎病程可达 7～10 天，或转为慢性，病程数周至数月不等。

(2)腹部变化。渗出液较多时，下腹部对称性增大，右侧下腹部冲击式触诊有荡水音，腹腔穿刺有大量的渗出液。若渗出较少或渗出液被吸收后，腹围变化则不明显，腹腔穿刺也不易穿刺出渗出物。

(3)直肠检查。病程长的病牛，腹腔脏器发生粘连，直肠检查时可感觉到肠管移动性差，甚至检手稍用力时有将较脆的组织分离的感觉。

2. 局限性腹膜炎

局限性腹膜炎常使腹腔脏器发生粘连，只表现顽固性前胃弛缓，排粪逐渐停止，伴发中等程度的瘤胃臌气，病程数周至数月不等。若由子宫内膜炎引起的腹膜炎，常于直肠检查时可摸到子宫角及其下方的某段肠管缺乏移动性。

诊断

(1)急性弥漫性腹膜炎，当渗出液较多时，根据腹围的变化及腹腔穿刺较易确诊。

(2)腹腔脏器发生粘连的腹膜炎，直肠检查时若能摸到粘连部位可以确诊。

(3)仅表现为顽固性前胃弛缓的病牛，经保守治疗无效，怀疑为腹膜炎的，可采取剖腹探查术进行确诊。

治疗

腹膜炎的治疗原则是抗菌消炎，制止渗出，增强全身机能，必要时采取手术治疗。具体措施如下。

1. 抗菌消炎

由于腹膜炎往往为混合感染，宜用大量广谱抗菌药或多种抗菌药联合使用。用药途径宜静注与腹腔注射配合给药。若腹腔内有大量液体积聚时，可进行腹腔穿刺排液及冲洗。

2. 制止炎性渗出

可用 10%氯化钙注射液 100～150 mL 或 10%葡萄糖酸钙注射液 200～500 mL，牛一次静注，每天一次。

3. 增强全身机能

可采取强心、补液、补碱、缓泻和对症治疗等综合措施，以改善心、肺机能，防止脱水，矫正电解质和酸碱平衡失调。

4. 手术治疗

对已经发生内脏器官粘连的病畜，及时地进行剖腹手术，剥离粘连部分是唯一有望治愈的方法。

项目 4　以排粪障碍为主症的牛羊病防治

一头二产奶牛，产后 10 天，主诉：3 天前突然不吃草料，回头顾腹，起卧不安，倒脚(两后肢频频交替负重)，不到 1 天后，以上表现消失，不见反刍，近 2 天不见排粪。

任务 1　诊断病牛

1.1　临床检查

一般检查：测病牛体温、脉搏、呼吸数，观察其精神状态、饮食欲、皮肤等。

系统检查：听诊、触诊、视诊等。

检查结果分析：

1.1.1　瓣胃阻塞。

1.1.2　皱胃积食。

1.1.3　贪饮、脱水，于右侧肩关节水平线附近、第 8～11 肋间听诊，配合在听诊器周围叩诊，听到高调的钢管音，冲击式触诊可听到清脆的液体振荡音。症状特别明显时，右侧肷窝前部分及最后 4～5 肋局限性膨胀，触诊紧张、有弹性。→皱胃变位(顺时针扭转)

1.1.4　粪便干硬、量少、被覆黏液。→怀疑肠便秘、腹膜炎、瓣胃阻塞、皱胃积食

1.1.5　粪便黏稠、量少、呈煤焦油(鱼石脂)样。→怀疑皱胃扭转、肠变位

1.2　直肠检查

1.2.1　直肠及能触到的肠管都空虚。→怀疑瓣胃阻塞、皱胃积食、皱胃变位(顺时针扭转)

1.2.2　直肠空虚，能触到较充实的某段肠管。→怀疑肠便秘、肠变位、腹膜炎

若能摸到病变部位有些疾病可确诊：

摸到某段肠管粗硬、指压留痕。→肠便秘

摸到某段肠管粗硬、有弹性。→肠套叠

摸到某段肠管或肠系膜紧张、呈绳索样。→肠扭转

摸到某段肠管充盈，其中有一紧张、细索状物。→肠绞窄

摸到某段或大部分肠管缺乏移动性。→腹膜炎

于骨盆腔右前部或耻骨前缘即可触到一含气大囊，其壁较薄。→盲肠扭转

1.3　穿刺检查

1.3.1　腹腔穿刺。右侧膝关节与脐连线的中点，避开皮下大血管，用20号静脉针头垂直刺透腹壁，观察有无穿刺液及穿刺液性状。

1.3.1.1　无穿刺液或仅有几滴清亮水样穿刺液。→瓣胃阻塞、肠便秘等非变位性疾病

1.3.1.2　多量淡黄色、淡红色、红色穿刺液，液体颜色均匀一致，暴露于空气中易凝固。→肠变位、皱胃变位

1.3.1.3　多量淡黄色、淡红色、红色混浊穿刺液，暴露于空气中易凝固、析出絮状物。→腹膜炎

1.3.1.4　流出胃肠内容物pH为1～4。→皱胃积食

1.3.2　诊断瓣胃阻塞、皱胃积食、皱胃变位等的穿刺。

1.4　剖腹探查

对排粪停止、病情较重又不能确诊的病牛应尽早进行剖腹探查术进行诊治。

任务2　治疗病牛

2.1　肠便秘

Rp：

①硫酸钠	800 g
常水	15L

DS：混合溶解后，牛一次胃管投服。

②25%葡萄糖注射液	1 000 mL
20%安钠咖注射液	20 mL
复方氯化钠注射液	1 000 mL

DS：牛一次静注，每天2次，连用3天。

当药物治疗无效时进行手术治疗。

2.2　肠变位

手术整复肠管，使其恢复到自然位置是本病治疗的根本措施，对不能恢复活性的肠管应予以切除。

2.3　腹膜炎

2.3.1　手术治疗。对已经发生内脏器官粘连的病畜，及时地进行剖腹手术，剥离粘连部分是唯一有望治愈的方法。

2.3.2　药物治疗

Rp：

①10%氯化钙注射液	100 mL
25%葡萄糖注射液	1 000 mL
10%樟脑磺酸钠注射液	20 mL
0.9%氯化钠注射液	1 000 mL
青霉素 G 钠	3 200 万 IU
复方氯化钠注射液	1 000 mL

DS：牛一次静注，每天一次，连用 5 天。

②0.9%氯化钠注射液	500 mL
青霉素 G 钠	3 200 万 IU

DS：牛一次腹腔注射，每天一次，连用 5 天。

必备知识

一、肠便秘

肠便秘，又称肠阻塞、肠梗阻等。是由于肠运动和分泌机能降低，肠内容物停滞，阻塞于某段肠腔而引起以腹痛、排粪迟滞为主症的一种疾病。

病因

(1)役用牛肠便秘主要由于饲喂劣质的含粗纤维较多的饲草引起。

(2)饲料中混有大量植物根须、被毛、泥沙等在肠腔内形成团块而阻塞肠腔。

(3)饮水不足、饲喂不当、运动不足、喂盐不足、天气突变等均可促使本病的发生。

(4)老龄、牙齿疾病、某些药物使用不当等以及各种能导致胃肠弛缓的疾病，对本病的发生也起着重要作用。

症状

1. 全身症状

病初体温、呼吸、心率多正常，病至后期，体温下降，心率增数，呼吸促迫，鼻镜干燥，眼球下陷，目光无神，卧地不起，头颈贴地，最后发生脱水、毒血症和心力衰竭而死亡。

2. 消化系统的症状

病初食欲、反刍减少，以后逐渐废绝，瘤胃及肠音微弱，瘤胃轻度臌气。通常不见排粪，频频努责时，仅排出一些胶冻样黏液。以拳冲击右侧腹壁往往出现荡水音，尤以结肠阻塞时明显。

3. 腹痛

多呈持续性腹痛，病初腹痛较轻，回顾腹部，两后肢频频交替踏地，摇尾不安，拱背、努责、呈排粪姿势，后肢踢腹。少数病例腹痛剧烈，两后肢下蹲，肘后、股前乃至全身肌肉振颤或卧地不起，四肢不断划动呈游泳状。晚期腹痛症状减轻或消失。

4. 直肠检查

肛门紧缩，直肠内干燥、空虚或有少量胶冻样黏液，小肠内有积液。有时可摸到阻塞的肠管，粗、硬、指压留痕，有移动性。

诊断

根据腹痛、不断努责并排出胶冻样黏液、右腹冲击时的振水音以及直肠检查不难诊断。但需注意与瓣胃阻塞、皱胃积食、皱胃扭转、肠变位、腹膜炎等疾病相鉴别。

治疗

治疗原则以通肠泻下为主，配合灌肠、补液、强心，当病情严重或药物治疗无效时，应尽早施行手术治疗。

1. 通肠泻下

在促进胃肠蠕动(参见前胃弛缓)的同时可用以下方法治疗。

(1)硫酸镁(钠)500～800 g，配成6%～8%浓度内服。

(2)若为结肠便秘，可采用温肥皂水1 000～1 500 mL，做深部灌肠。

(3)对顽固性便秘，可试用瓣胃注入液体石蜡500～1 000 mL。

(4)若直肠检查能摸到阻塞的肠管，可试行按压阻塞物，争取将阻塞物压散。

2. 补液强心

可用5%葡萄糖生理盐水1 000～3 000 mL，加入20%安钠咖10～20 mL，静注。

二、肠变位

肠变位是由于某一段肠管的自然位置发生改变，致使肠腔狭窄或闭塞的一种重剧性腹痛病。临床上以病程短急、排粪停止、病势重危、腹痛剧烈为特征。

分类

肠管自然位置发生改变，常见的有以下几种。

(1)肠缠结：一段肠管沿肠系膜根或其他肠管缠绕，或肠管被腹腔某些韧带(如膀胱圆韧带)所绞结，使肠腔闭塞。

(2)肠嵌闭：一段肠管坠入与腹腔相通的先天孔或后天的破裂孔内，肠管遭受挤压而堵塞。如小肠掉入腹股沟管、脐孔、大网膜孔、肠系膜破裂孔等。

(3)肠套叠：一段肠管及其肠系膜套入其相邻接的肠管内。多发生于空肠。

(4)肠扭转：肠管沿自身的纵轴发生扭转，或肠管连同肠系膜一并扭转。多发生于牛的盲肠、空肠等。

病因

病因尚缺乏透彻的研究，有可能与下列因素有关。

(1)饲养失宜，胃肠机能紊乱所致。如有的肠段蠕动增强，有的肠段蠕动减弱，致使肠管失去固有的运动协调性。

(2)肠管充盈度发生变化，如某段肠管因积气或积液而过度充盈，其邻接肠管过度空虚，致使肠管原来的相对位置发生改变。

(3)体位突然而剧烈的改变，如起卧、奔跑、跳跃，都可使肠管的位置发生改变。

(4)由于腹腔天然孔和病理裂口的存在，在难产、交配、瘤胃臌气等腹内压急剧增大的条件下，肠管有时可被挤入某孔穴而发生嵌闭。

症状

1. 腹痛

病牛顾腹、摇尾蹴腹、两后肢频频交替踏步、凹腰、呻吟，多于几小时之后变为安静。羊则疼痛不安、凹腰呆立或左右摇晃。

肠腔未完全闭塞的肠变位，腹痛程度比较轻，持续时间比较长。

2. 消化系统症状

食欲废绝，胃肠音减弱甚至消失，排粪减少乃至停止，病的后期可排少量鱼石脂样稀便。不完全闭塞的肠变位，肠音有时增强，排粪呈液状，恶臭，混有多量的黏液或少量血液。

3. 腹腔内积聚渗出液

肠变位后短时间内(2～4 小时)腹腔液开始增多，右侧腹部冲击式触诊出现荡水音，腹腔穿刺，病初为淡红黄色，以后变为红色血水样，内含多量纤维蛋白，易凝固。

4. 直肠检查

直肠内空虚，有较多的黏液或黏液块，检手前进时，感到阻力很大。通常可摸到局限性气胀的肠段，肠系膜紧张如索状。如果用力触压或牵动肠系膜，表现疼痛不安。若能摸到病变部位的肠管，由于肠变位形式不同，所摸到的结果也不一样。

(1)小肠扭转、缠结。可摸到肠系膜紧张或呈索状并呈螺旋状走向。

(2)肠套叠。可摸到圆柱形肉肠样肠管，并可能摸到套叠部。

(3)盲肠扭转。可于骨盆腔右前部或耻骨前缘触到一含气大囊的后壁，此囊壁较薄。

此外，盲肠扭转还有特征性的腹围变化，从右侧后部肷窝上部起向前下方局限性隆起，此范围内冲击式触诊有荡水音，叩诊可听到钢管音。

5. 全身症状

病至后期，多数病牛体温升高，并呈现脱水和心力衰竭症状。

诊断

根据有腹痛病史、排粪停止及腹腔穿刺的渗出液，可疑似为肠变位。若直肠检查能触及变位的肠段，可作出诊断。若直肠检查不能触及变位的肠段，必要时可进行剖腹探查手术，即可确诊。

盲肠扭转根据其特征性的腹围变化及直肠检查较易确诊。

治疗

手术整复肠管，使其恢复到自然位置是本病治疗的根本措施，对不能恢复活性的肠管应予以切除。为提高手术效果，应早期确诊，若对怀疑为肠变位的病牛不能确诊，应尽早进行剖腹探查手术。

项目5　以腹泻为主症的牛羊病防治

一头 4 岁奶牛，主诉：呕吐、拉稀、不吃草、不反刍发病 2 天。检查发现：该牛频频排水样黑色恶臭粪便，粪内混有黏液。

任务1　诊断病牛

1.1　临床检查

一般检查：测病牛体温、脉搏、呼吸数，观察其精神状态、饮食欲、皮肤等。

系统检查：听诊、触诊、视诊等。

检查结果分析：

1.1.1　胃肠蠕动音消失，皱胃区触诊有疼痛反应；于右侧最后2个肋间，从上至下的较窄范围内听诊配合叩诊，可听到钢管音。→胃肠炎

1.1.2　若呈间歇性腹痛、排粪次数增多、排稀粪或水样粪便，排粪量逐渐减少，病程长的病牛粪便酸臭味较大，并混有黏液。瘤胃蠕动音增强，持续不断，肠音高朗，连绵不断。有时可听到金属性肠音。触诊瘤胃内容物稀软。→肠痉挛

1.2　实验室检查

对大群发病或久治不愈的病牛应进行实验室检查。

1.2.1　针对牛瘟、牛病毒性腹泻/黏膜病、轮状病毒感染等疾病进行特异性的补体结合反应、琼脂扩散试验、中和试验、间接血凝试验、荧光抗体法等进行诊断。

1.2.2　针对大肠杆菌病、沙门氏菌病、结核、副结核等病进行细菌学检查或免疫学检查等进行诊断。

1.2.3　针对绦虫病、消化道线虫病、球虫病等疾病进行粪便的寄生虫虫卵、卵囊、孕卵节片的检查进行诊断。

任务2　治疗病牛

2.1　胃肠炎

Rp：

①链霉素　　8 g

0.9%氯化钠注射液　　100 mL

DS：牛一次瓣胃注射。

②白头翁汤1副，开水冲，候温加链霉素8 g，牛一次内服，1次/天，连用3天。

③0.9%氯化钠注射液　　1 000 mL

青霉素G钠　　3 200万IU

复方氯化钠注射液　　1 000 mL

25%葡萄糖注射液　　1 000 mL

DS：牛一次静注，每天2次，连用3天。

④0.9%氯化钠注射液　　500 mL

青霉素G钠　　3 200万IU

DS：牛一次腹腔注射，1次/天，连用3天。

2.2　肠痉挛

Rp：

①30%安乃近注射液　　30 mL

DS：牛一次肌注。

②硫酸钠　200 g
鱼石脂　15 g
姜酊　50 mL
酒精　500 mL
温水　2 L
DS：牛一次灌服。

必备知识

一、胃肠炎

胃肠炎是胃肠黏膜及其深层组织的炎症。临床上以病程短、重剧胃肠机能障碍和自体中毒为特征。

病因

1. 原发性胃肠炎

原发性胃肠炎发病原因较多，常见于以下几种。

(1)饲料质量不良，如饲料过于粗硬、发霉、虫蛀，或混有泥沙太多、霜冻等。

(2)草料加工调制不当，如饲草铡得过长，粗饲料与粉料搭配不均等。

(3)饮喂失宜，如饮水不足，影响消化液的分泌，水质不良不仅影响饮水量，而且水中的病原微生物可以致病。

(4)草料骤变或经常改变饮喂顺序，或饮喂不定时不定量等。

(5)劳逸不均、运动不足，或饲喂后立即重役，重役后立即饲喂等。

(6)误食有毒植物，灌服刺激性、腐蚀性药物剂量过大或浓度过高等。

(7)滥用抗生素造成胃肠道内微生物群系失调可引起胃肠炎。

2. 继发性胃肠炎

(1)继发于牙齿疾病、肠阻塞、肠变位和变态反应性疾病等病的过程中。

(2)继发于某些传染病，如结核、口蹄疫等。

(3)继发于某些中毒病，如棉籽饼中毒、砷中毒等。

(4)继发于某些寄生虫病，如球虫病、蛔虫病等。

症状

1. 全身症状

急性胃肠炎，病畜精神沉郁，食欲废绝，饮欲增加。可视黏膜潮红、黄染乃至发绀。口腔干燥、恶臭。常伴有轻微的腹痛、喜卧或回顾腹部。迅速呈现脱水症状，表现皮肤干燥，弹力减退，眼窝凹陷，肚腹卷缩，脉搏快而弱，往往不感于手，尿少色浓，血液浓稠色暗，红细胞数及血红蛋白量均增多，血沉变慢。白细胞总数增多，核左移。自体中毒明显，全身症状加剧。大多数病畜体温突然升高，少数病畜体温无改变或到后期才见发热。心音初期增强，心率增快。脉搏增速，以后很快变为细弱急速。随着病情的发展，病畜高度沉郁，全身无力。末期，病畜极度衰弱，全身肌肉震颤，出汗，甚至出现兴奋、痉挛或昏睡等神经症状。

2. 持续性腹泻

持续性腹泻是胃肠炎的主要症状。表现为频频排粥状以致水样恶臭或腥臭粪便。有时粪内混有数量不等的黏液、血液、脓液及坏死组织碎片。肛门松弛，排粪失禁；腹泻时间持续较长的患畜，尽管有痛苦的努责，并无粪便排出，呈里急后重现象。但当炎症主要侵害皱胃时，常表现便秘，粪呈球状，表面被覆黏液，间或腹泻，其炎性产物一般均匀地隐匿于粪便之中，粪便恶臭。

3. 皱胃及肠的检查

皱胃音及肠音在病的初期增强，后期减弱或消失；皱胃区触诊有疼痛反应；于右侧最后 2 个肋间，从上至下的较窄范围内听诊配合叩诊，常可听到钢管音。

4. 呕吐

有的病牛可出现呕吐症状，或仅表现呕吐症状。

5. 皱胃溃疡

病情加剧或病程长的病牛可引皱胃溃疡，表现为顽固的腹泻及前胃弛缓。伴发皱胃穿孔时可引起局限性或弥漫性腹膜炎。

6. 霉菌性胃肠炎

霉菌性胃肠炎因饲喂发霉的草料而发病。突然发病，症状迅速加重。病的后期和严重的病例，神经症状比较明显。排污泥样恶臭粪便，也有不断排淡红色腥臭水样粪便的。病情发展迅速，如治疗不及时，可在 1～2 天死亡。

7. 纤维素性肠炎

纤维素性肠炎多因变态反应性疾病引起，因肠道内炎性渗出液含大量纤维蛋白，与肠内容物混合、凝固，故在粪中混有灰白色或黄白色膜状管形或索状物，长短不一，与脱落的肠黏膜较像，故又称伪膜性肠炎。有的病畜在病的早期因炎性产物凝固使排粪停止，不易与肠变位、腹膜炎相鉴别。

8. 继发性胃肠炎

继发性胃肠炎先有原发病的症状，以后才出现急性胃肠炎症状。

诊断

(1)典型的胃肠炎，根据重剧腹泻、脱水、自体中毒及粪中含病理性产物可进行诊断。

(2)伪膜性肠炎早期排粪停止，不易与肠便秘、肠变位、腹膜炎相鉴别。多数病例可于保守治疗 1～2 天后，排出伪膜，即可确诊。或于病初采取积极措施进行剖腹探查术进行确诊。

(3)皱胃炎于右腹部常可检查到钢管音，注意与皱胃扭转、皱胃积食鉴别。

治疗

本病的治疗原则是抑菌消炎，掌握缓泻和止泻时机，结合补液、解毒、强心、加强护理。

1. 杀菌消炎

可根据病情，静注、腹腔注射抗菌药，特别是经口投服抗菌药，因多次、大量经口投服抗菌药会影响瘤胃内正常微生物群系，可经瓣胃注射给药。

口服或瓣胃注射给药可选用以下 4 种。

(1)0.1%～0.2%高锰酸钾溶液 2 000～3 000 mL，一次内服，1～2 次/天。

(2)磺胺脒，每日每千克体重 0.1～0.3 g，分 2～3 次内服。

(3)链霉素 5～8 g，牛一次内服，2～3 次/天。

(4)黄连素 3～5 g，牛一次内服，2～3 次/天。

2. 缓泻和止泻

缓泻和止泻分别用于胃肠炎的不同阶段。

(1)缓泻，是排出有毒物质，制止胃肠内容物腐败发酵，减轻炎性刺激，缓解自体中毒的重要措施。适用于排粪迟滞或排粥样恶臭粪便时。常用药物是硫酸钠或人工盐 300～400 g，鱼石脂 15～20 g，加水 5 000～8 000 mL，一次内服。对胃肠已经陷于弛缓的加剧病畜，可选用无刺激的油类泻剂，如液状石蜡等。

(2)止泻，可以防止机体因持续腹泻而致严重脱水。适用于肠内积滞的粪便已基本排出，粪的臭味不大而仍腹泻不止的非传染性胃肠炎时。常用的药物是木炭末或活性炭 100～200 g，加水 1 000～2 000 mL，配成悬浮液，一次内服。或用鞣酸蛋白 20 g，加水适量，一次内服。

(3)腹泻时间较长，粪有恶臭气味，并混有多量脓血时，既不宜应用泻剂，也不宜应用止泻剂。应着重抑菌消炎和补液解毒。

3. 补液、解毒、强心

补液、解毒、强心三者是相辅相成的，但以补液为主。在实施补液时应注意以下几个问题。

(1)药液的选择。胃肠炎引起的脱水，是混合性脱水，即水盐同时丧失，故常补给复方氯化钠注射液或生理盐水。注射 5%葡萄糖生理盐水，兼有补液、解毒和营养作用，效果良好。配合应用 6%低分子右旋糖酐注射液(一般一次静脉滴注 1 000～2 000 mL)还有维持血液渗透压，扩充血容量和改善微循环的作用。

(2)补液速度。视脱水程度和心、肾机能状态而定，脱水严重时，可按每千克体重每分钟 0.3 mL 的速度快速输液，待脱水症状缓解后改为半速输液。

(3)补液数量。可参考红细胞压积容量估算补液量，对于大家畜，红细胞压积容量每增加 1%应补液 800～1 000 mL，一般每次静脉注入液体量，牛 3 000～4 000 mL，羊 300～1 000 mL，每日 2～4 次。临床上需大量补液而心脏不能承受时，可在静脉输入一定量液体而肠系膜吸收功能有所改善后，配合腹腔补液，也可用 1%温食盐水内服和灌肠，牛每次 3 000～4 000 mL，隔 4～6 天一次。

(4)胃肠炎病程中，血钾往往降低，补液时适当补钾。一般用氯化钾溶液进行补充，有条件的可依据血钾测定数值，确定补钾量。若不能测定血钾含量，可于每 500 mL 输液中加入 10%氯化钾 10 mL。并应注意控制输液速度。

(5)纠正酸中毒，可静注 5%碳酸氢钠注射液，牛 1 000～2 000 mL，羊酌减。

(6)在补液的基础上，适当选用速效强心剂，如西地兰、洋地黄毒苷等维护心脏机能(参见急性心力衰竭的治疗)。

4. 对症治疗

(1)腹痛明显的大家畜，可肌注 30%安乃近注射液 20～30 mL。

(2)胃肠道出血时，可用 10%氯化钙注射液 200～250 mL，一次静注，或适当选用止血药。

(3)当炎症已基本消除时，可用各种健胃剂，以促进胃肠机能恢复。

二、肠痉挛

肠痉挛，中兽医称之为冷痛、伤水起卧等，多因寒冷刺激引起肠壁平滑肌痉挛性收缩的一种腹痛病。临床上以肠音高朗、间歇性腹痛为特征。

病因

1. 寒冷刺激

寒冷刺激主要是因为受寒冷刺激而引起，如出汗之后被雨浇淋，寒夜露宿，风雪侵袭，气温骤然下降，剧烈运动后暴饮大量冷水，以及采食霜草或冰冻的饲料等。

2. 化学性刺激

化学性刺激可引起本病的发生，如采食霉败饲料以及在消化不良病程中胃肠内的异常分解产物等刺激。

症状

1. 间歇性腹痛

间歇性腹痛一般在采食或饮水后1～2天发病，在发作时，病牛两后肢频频交替负重、后肢踢腹、回顾腹部、甚至起卧不安。进入间歇期，病牛似健康无病，往往照常采食饮水。

2. 排粪次数增多

由于肠蠕动加快，肠液分泌增多，病牛不断排粪，开始时粪便成形，以后排稀粪或水样粪便，排粪量逐渐减少，病程长的病牛粪便酸臭味较大，并混有黏液。

3. 胃肠音增强

瘤胃蠕动音增强，持续不断，肠音高朗，连绵不断。有时可听到金属性肠音。触诊瘤胃内容物稀软。

4. 全身症状

可视黏膜潮红，而体温、脉搏、呼吸等变化不大。

5. 继发其他疾病

若对症治疗，经数小时后，腹痛不见减轻而变为持续性腹痛，胃肠音迅速减弱，排粪停止的，可能是继发了肠变位或便秘，预后要慎重。

诊断

根据受寒冷刺激的病史以及间歇性腹痛、胃肠音增强、排粪次数增多等症状容易确诊。

治疗

本病多预后良好，有的病牛，只要暂时的限制饮食，可不治而愈。药物治疗原则为镇痛解痉、清肠制酵。

1. 镇痛解痉

选择用镇静药物。

(1)30%安乃近注射液，牛30～40 mL，一次肌注；羔羊2～6 mL肌注。

(2)安溴注射液100～200 mL，牛一次静注。

(3)白酒250～500 mL，加温水500～1 000 mL，牛一次内服。羔羊肠痉挛，用酒精或姜酊10～20 mL或复方樟脑酊5 mL加水灌服。

(4)阿托品0.025～0.05 g(防止剂量过大引起胃肠臌气)，牛一次皮下注射。

2. 清肠制酵

硫酸钠 200 g、鱼石脂 15 g、姜酊 50 mL、酒精 500 mL，加温水 2L，牛一次灌服。

三、牛瘟

牛瘟俗称烂肠瘟、胆胀瘟，是由牛瘟病毒引起的一种急性高度接触性传染病。其特征为体温升高、病程短，黏膜特别是消化道黏膜发炎、出血、糜烂和坏死。

病原

牛瘟病毒，属于副黏病毒科麻疹病毒属。

流行病学

牛瘟主要侵害牛和水牛，呈急性感染死亡。患病动物和带毒动物是本病的主要传染源，接触其分泌物、排泄物等可经消化道、呼吸道、眼结膜等感染发病。本病也可通过吸血昆虫或人员等机械传播。

症状

1. 病程

潜伏期 3～9 天，病程一般为 7～10 天，病重的 4～7 天死亡，甚至 2～3 天倒毙。

2. 全身症状

病牛体温高达 41～42.2℃，持续 3～5 天，精神沉郁、厌食、便秘，呼吸和脉搏增快，有时意识障碍。

3. 可视黏膜的变化

流泪，眼睑肿胀，结膜充血，有黏性鼻液。口腔黏膜充血，流涎，上下唇、齿龈、软硬腭、舌、咽喉等部形成伪膜或烂斑。

4. 肠道黏膜发炎

腹泻，混有血液、黏液、黏膜片、伪膜等，粪便具有恶臭味。尿少，色黄红或暗红。

5. 孕牛常有流产

绵羊和山羊发病后的症状表现轻微。

病理变化

1. 消化道黏膜

整个消化道黏膜，特别是皱胃幽门部附近，可见到灰白色上皮坏死斑、伪膜、烂斑等。小肠特别是十二指肠黏膜充血、潮红、肿胀、点状出血和烂斑，盲肠、直肠黏膜严重出血，集合淋巴结常发生溃疡。

2. 胆囊

显著肿大，充满黄绿或棕绿色的稀薄胆汁，黏膜上有出血、伪膜和糜烂。

3. 呼吸道黏膜

潮红肿胀，出血，鼻腔、喉头和气管黏膜覆有伪膜，其下有烂斑，或覆以黏脓性渗出物。

4. 阴道黏膜

充血、形成伪膜或烂斑。

诊断

根据临床症状、剖检变化和流行病学材料进行诊断，但在非疫区还必须进行病毒分离或血清学试验。常用的血清学诊断法有补体结合反应、琼脂扩散试验、中和试验、间接血凝试验、荧光抗体法等，其中以中和试验的准确性较高。

诊断时，应与口蹄疫、牛病毒性腹泻/黏膜病、牛巴氏杆菌病、恶性卡他热等作鉴别诊断。

预防

我国曾经使用过的疫苗有：牛瘟兔化弱毒疫苗、牛瘟山羊化兔化弱毒疫苗、牛瘟绵羊化兔化弱毒疫苗等。目前尚无治疗牛瘟病牛的有效化学药物，贵重种畜早期注射抗牛瘟高免血清，常可收到治疗效果。

四、小反刍兽疫

小反刍兽疫俗称羊瘟，又称为肺肠炎、口炎-肺肠炎复合症，是由小反刍兽疫病毒引起的一种急性病毒性传染病，主要感染小反刍动物，以发热、口炎、腹泻、肺炎为特征。属于一类疫病。

病原

小反刍兽疫病毒属副黏病毒科麻疹病毒属。病毒呈多形性，通常为粗糙的球形。

流行病学

本病主要感染山羊、绵羊等小反刍动物。主要通过直接接触传染，病畜通过分泌物和排泄物排出病毒，隐性感染的病羊是尤为危险的传染源。

症状

潜伏期为4～5天，最长21天。自然发病仅见于山羊和绵羊。山羊发病严重，绵羊也偶有严重病例发生。

一些康复山羊的唇部形成口疮样病变。

急性型体温可升至41℃，持续3～5天。口鼻干燥，食欲减退。流黏液脓性鼻液，呼出气体有恶臭气味。流涎。口腔黏膜充血，随后出现坏死病灶。初期口腔黏膜出现小的粗糙的红色浅表坏死病灶，以后变成粉红色。

后期出现带血水样腹泻，严重脱水，消瘦，随之体温下降。

出现咳嗽、呼吸困难。

在严重暴发时，发病率高达100%，死亡率为100%。在轻度发生时，死亡率不超过50%。幼年动物发病严重，发病率和死亡都很高。

防制

对本病尚无有效的治疗方法，发病初使用抗菌药可防止继发感染。在本病的洁净国家和地区发现病例，应严密封锁，扑杀患羊，隔离消毒。对本病的防控主要靠疫苗免疫，可应用：牛瘟弱毒疫苗；小反刍兽疫病毒弱毒疫苗；小反刍兽疫病毒灭活疫苗；重组亚单位疫苗；嵌合体疫苗等。

五、牛病毒性腹泻/牛黏膜病

本病简称为牛病毒性腹泻或牛黏膜病，是由牛病毒性腹泻/牛黏膜病病毒引起的一种传染病。其特征为黏膜发炎、糜烂、坏死，腹泻。

病原

牛病毒性腹泻病毒，又名牛黏膜病病毒。

流行病学

在自然条件下，牛、水牛、鹿对本病易感染，各种年龄的牛都可以感染，但犊牛易感性高。病畜和隐性感染病畜可从鼻液、泪水、粪便中排出病毒，主要通过消化道和呼吸道感染，也可通过胎盘感染。新疫区急性病例多，发病率通常不高，约为5%，其病死率为90%～100%，发病者多为6～18个月的犊牛。老疫区急性病例很少，发病率和病死率很低。本病常年均可发生，但易发生于冬春季节。

症状

(1)病牛突然发病，体温升高到40～42℃，持续4～7天，有的出现第二次升高。

(2)病牛有浆液性、鼻液，呼吸加快，轻度咳嗽，鼻镜及口腔黏膜表面糜烂，呼气带臭味。

(3)厌食，口腔黏膜糜烂，流涎，在口内发生损害之后，常发生严重腹泻，开始为水样，以后混有黏液和血液。

(4)急性病例恢复者少见，通常死于发病后1～2周。慢性病例的鼻镜上有糜烂，此种糜烂可在全鼻镜上连成一片。

(5)母牛在妊娠期间感染本病时，常发生流产或产出有先天性缺陷的犊牛，最常见的缺陷是小脑发育不全。

病理变化

本病主要病变在消化道和淋巴组织。鼻镜、鼻孔黏膜、口腔黏膜有糜烂和溃疡，特征性损害是食道黏膜糜烂，大小不等、呈直线排列。皱胃黏膜、肠黏膜糜烂及溃疡。

诊断

根据发热、腹泻、口腔糜烂、白细胞减少，结合剖检时发现食道、皱胃和肠糜烂及溃疡，可以初步诊断为本病。

确诊本病常用的血清学试验有血清中和试验和免疫扩散试验。

应注意与牛瘟、口蹄疫、恶性卡他热及水疱性口炎、蓝舌病等病相区别。

防治

本病目前尚无有效治疗方法。

目前应用弱毒疫苗和灭活苗来预防和控制本病，应用较多的是弱毒疫苗。发生时，应加强护理，采用收敛剂和补液疗法可缩短恢复期，用抗生素和磺胺类药物可减少继发细菌感染。

六、轮状病毒感染

轮状病毒感染是由病毒引起的多种幼龄动物的急性胃肠道传染病，在人类尤以儿童多发。临床以呕吐、腹泻为特征，成人及成年动物一般呈隐性感染。

病原

轮状病毒，属于呼肠孤病毒科轮状病毒属，为RNA型病毒。

流行病学

患病的动物、人和隐性感染的带毒者是重要的传染源，病毒随其粪便排出，经消化道易引起动物感染。多种幼龄动物如犊牛、猪仔、羔羊等和儿童均可自然感染而发病。本病多发于晚冬与早春季节。感染率最高可达90%～100%，但发病率和病死率均低。饲养管理不良和合并感染时，可使病情加剧，病死率增高。

症状

1. 牛

多发于3天至15周龄的犊牛，潜伏期18～96小时。病犊精神沉郁，体温正常或稍高，吃奶减少，特征症状为腹泻，粪便呈黄色、褐色或绿色液状，含有凝乳块、黏液和血液。腹泻可持续4～7天，病犊脱水明显，严重者常引起死亡，病死率可达50%。

2. 羔羊

羔羊主要症状为厌食、腹泻、脱水，一般经数日恢复。

3. 人

人感染发病后，主要表现腹痛、腹泻、呕吐等症状。多发生于婴儿及儿童，成人的隐性感染率很高。

诊断

1. 初步诊断

根据本病多发于寒冷季节，主要侵害幼龄动物，临床症状以腹泻为特征及剖检病变主要在消化道可作出初步诊断。

2. 实验室诊断

可确诊本病，一般在腹泻开始24小时内采取小肠及内容物或粪便，进行病毒抗原检查。方法有电镜法、免疫电镜法、琼脂扩散试验、对流免疫电泳实验、直接荧光抗体实验、酶联免疫吸附实验和放射免疫实验等。其中电镜法和荧光抗体实验最为常用。

3. 鉴别诊断

临床上犊牛轮状病毒感染应注意与犊牛大肠杆菌病、流行性腹泻相区别。

防治

预防本病主要依靠加强饲养管理，认真执行一般性防疫措施，增强母畜和仔畜的抵抗力。在疫区做到新生仔畜尽早吃到初乳，接受母源抗体的保护以减少或减轻发病。犊牛轮状病毒已有疫苗，婴幼畜可选择轮状病毒口服减毒重组活疫苗进行预防，其他动物尚无有效疫苗。由于动物的轮状病毒可交互感染，而交互保护性却不强，所以即使应用疫苗其保护性也极为有限。

七、大肠杆菌病

大肠杆菌病是由细菌引起的人兽共患传染病。其病型复杂多样。

(一)犊牛大肠杆菌病

犊牛大肠杆菌病是初生犊牛的一种急性传染病。临床上有败血症、肠毒血症和白痢(肠型)三种病型。

病原

引起本病的血清型，最常见的是O78，其次是O101、O9、O8、O111、O115、O15、O26等。

流行病学

本病主要见于生后10日龄以内的犊牛，日龄较大者少见。凡能使犊牛抵抗力降低的因素都可以促进本病的发生。如母牛体质不良，饲料中缺乏蛋白质或维生素，乳房部污秽不洁等。多发于冬春舍饲期间，呈地方流行性发生。

症状

潜伏期数小时。

1. 败血型

败血型呈急性败血症经过。病犊表现发热，精神沉郁，间有腹泻，常于出现症状后数小时至一天内死亡，有的未出现腹泻即死亡。可在血液和内脏中分离到病原菌。

2. 肠毒血型

肠毒血型较少见，常突然死亡。病程稍长者，可见到中毒性神经症状，先兴奋后沉郁，最后昏迷而死，死前多有腹泻症状。

3. 白痢型(肠型)

白痢型病初体温升高达40℃，数小时后开始腹泻，随腹泻的出现体温降至正常。粪便初为黄色粥样，后呈白色水样，内含气泡和凝乳块、血块，有酸臭气味。后期病犊腹痛，排粪失禁。病程长的有肺炎和关节炎。如及时治疗，一般可治愈，但发育迟缓。

病理变化

剖检急性败血型、肠毒血症死亡的犊牛，多无特异病变。有腹泻症状的病犊主要表现为急性胃肠炎病变，病程长的有肺炎和关节炎病变。

诊断

根据流行病学、症状和剖检变化，可怀疑为本病，确诊需进行细菌学检查。败血型采取血液和内脏；肠毒血型取小肠前段肠黏膜；白痢型取发炎的肠黏膜分离大肠杆菌并鉴定血清型。诊断中应注意和犊牛副伤寒鉴别。

治疗

白痢型病犊常用氯霉素、新霉素治疗(其他措施参见“胃肠炎”治疗)。

预防

平时注意改善母牛饲料质量及搭配，保持环境卫生和产房卫生。犊牛出生后要尽早吃到初乳。

(二)羔羊大肠杆菌病

羔羊大肠杆菌病是一种急性传染病。特征是呈败血症或剧烈腹泻。

病原

引起本病的血清型以O78最常见。

流行病学

本病发生于数日龄至6周龄的羔羊，也见于3～8月龄的羊。常发于冬春舍饲期间呈地方流行性或散发，放牧季节很少发生。

症状与病理变化

潜伏期数小时至1～2天。

1. 败血型

败血型主要发生于2～6周龄羔羊。病初体温升高达41.5～42℃，病羔精神沉郁，呼吸心跳加快，四肢僵硬，运动失调，头常歪向一侧，视力障碍，继而卧地磨牙，头向后仰，一肢或数肢做划水样运动，口吐泡沫，鼻流黏液，关节肿胀，多于发病后4～12小时死亡。有的地区3～8月龄的绵羊羔也发生败血型大肠杆菌病，发病急，死亡快，病原主要是那波里大肠杆菌(O78)。

剖检可见胸、腹腔和心包内有大量积液，内有纤维蛋白。某些关节，尤其是肘和腕关节肿大，滑液混浊，内含纤维素性脓性絮片。脑膜出血有小出血点，大脑沟常含有大量脓性渗出物。

2. 肠型

肠型主要发生于7日龄以下的羔羊。病初体温升高到40.5～41℃，不久腹泻，随腹泻的出现体温降至正常或稍高。粪便呈稀粥状至液状，由黄色变为灰色，含有气泡，有时混有血液和黏液。如不及时治疗，可经24～36小时死亡，病死率15%～75%。有时可见化脓性纤维素性关节炎。

剖检可见尸体严重脱水，皱胃、小肠和大肠内容物呈黄灰色稀粥状，黏膜充血，肠系膜淋巴结肿胀发红，有的病例肺呈初期肺炎病变。

诊断

根据流行病学，临床症状与剖检、细菌学检查(败血型采取血液或内脏组织、肠型取肠内容物分离病原菌并鉴定其血清型)可作出诊断。但应注意与由魏氏梭菌引起的羔羊痢疾相区别。羔羊痢疾在皱胃有凝血块，小肠(特别是回肠)黏膜充血发红，并有溃疡，病原体是魏氏梭菌。

防治

本病综合防治措施参见犊牛大肠杆菌病。对败血型可采用菌苗注射或大群气雾免疫预防。肠型大肠杆菌由于致病血清型较多而免疫效果不理想。

预防羔羊大肠杆菌病，多用两种菌苗，一是用那波里大肠杆菌(O78K80)制成的羊大肠杆菌甲醛菌苗，3个月以上的绵羊或山羊皮下注射2 mL，3个月以下的羔羊，皮下注射0.5～1 mL，免疫期6个月；另一种是用驯化的O78K80弱毒株制成的菌苗，接种方法为气雾免疫。

八、沙门氏菌病

沙门氏菌病又名副伤寒，是由沙门氏菌属细菌引起的人兽共患传染病。临床多表现败血症和肠炎，孕畜多发生流产。

病原

沙门氏菌属是一大属血清学相关的革兰阴性杆菌，分为5个亚属。

流行病学

患病动物和带菌动物是主要的传染源，病菌通过其粪、尿、乳及流产胎儿、胎衣和羊水等排出，污染饲料和饮水，经消化道引起感染，也可经交配或用患病公畜的精液人工授精以及胎盘发生感染，鼠类可传播本病。健康动物在其消化道、淋巴组织和胆囊内存在本菌，当机体抵抗力降低时，病菌繁殖引起内源性感染。连续通过易感动物，沙门氏菌毒力增强，可扩大传染。

人、家畜和家禽以及其他动物对沙门氏菌属中的许多血清型都有易感性，各种年龄畜禽均可感染，但以幼龄畜禽易感性高。

本病一年四季均可发生，成年牛多发于夏季放牧时期；育成期羔羊常于夏季和早春发病；孕羊主要在晚冬或早春季节发生流产。本病一般呈散发或地方流行性。凡能使动物机体抵抗力降低的因素如饲养管理不良、气候恶劣、长途运输、寄生虫病等均可诱发本病。

(一)牛沙门氏菌病

牛沙门氏菌病，也叫犊牛副伤寒，主要由鼠伤寒沙门氏菌和都柏林沙门氏菌引起，临床以腹泻为特征。多发于1月以内的犊牛，常呈地方性流行，死亡率较高。成年牛多为慢性经过或带菌者，多呈散发。

症状

1. 犊牛

犊牛多于出生1～2周后发病，体温升高达40～41℃，24小时后排灰黄色液状粪便，混有黏液和血液，恶臭，病程5～7天，病死率一般为5%～10%。多数病犊可恢复，病程长者，有腕关节和跗关节肿大，或有支气管肺炎症状。

2. 成年牛

感染后可呈隐性经过，症状轻者可自行恢复。急性病例多见于体弱牛，症状与犊牛相似，多于发病后1～5日死亡。若病程延长，则脱水、消瘦、剧烈腹痛。孕牛流产。

病理变化

1. 犊牛

犊牛在腹膜、皱胃、小肠末端及结肠黏膜有出血斑点。脾充血肿胀，肝颜色变淡，胆汁混浊，肝、脾、肾有时有坏死灶。肠系膜淋巴结水肿、出血。肺常有肺炎区。关节损害时，腱鞘和关节腔内含胶冻样液体。

2. 成年牛

成年牛呈急性出血性肠炎病变。肠黏膜潮红出血，大肠黏膜脱落，有局限性坏死区。肠系膜淋巴结水肿、出血。肝有脂肪变性和坏死灶。脾充血肿大。

诊断

根据流行病学、临床症状和剖检变化，可作出初步诊断，确诊需进行细菌学检查。采取发热期的血和乳，腹泻时取粪便，急性病例取脾和淋巴结等进行沙门氏菌的分离培养和鉴定。诊断时应注意与犊牛大肠杆菌病区别。

防治

1. 加强饲养管理

严格执行防疫卫生制度，消除发病诱因，增强机体抵抗力；初生犊牛应尽早吃初乳，断奶分群时，不要突然改变环境。

2. 隔离

发病后将病牛隔离治疗，被污染的圈舍、场地、用具应彻底消毒。耐过牛多数带菌，也应进行隔离。

(二)羊沙门氏菌病

羊沙门氏菌病主要由鼠伤寒沙门氏菌、羊流产沙门氏菌和都柏林沙门氏菌引起。多发于断乳和断乳后不久的羔羊。临床主要表现腹泻，孕羊流产。

症状

1. 腹泻型

腹泻型病羊体温升高达40～41℃，精神沉郁，食欲减退，排黏性带血恶臭稀粪，病羊精神沉郁，虚弱，卧地不起，经1～5日死亡。病死率达25%。

2. 流产型

流产型怀孕绵羊在怀孕后期发生流产。流产前病羊体温升高，有的腹痛，阴道有分泌物。产下病羔表现衰弱、不吮乳，常于生后1～7日死亡。病母羊可在流产后或无流产时死亡。流产和病死率可达60%。

病理变化

1. 腹泻型

腹泻型可见出血性卡他性胃肠炎病变，皱胃和肠道空虚，黏膜充血、水肿，附有黏液和小血块，胆囊黏膜水肿，肠系膜淋巴结充血肿大，心内外膜有小出血点。

2. 流产型

流产型可见流产胎儿呈败血症变化，组织充血水肿，肝、脾肿大并有坏死灶，胎盘水肿、出血。病死母羊有急性子宫内膜炎。

诊断

根据流行病学、症状及剖检变化可作出初步诊断，确诊需进行细菌学诊断。采取肠系膜淋巴结、脾、胆囊、心血、母羊阴道分泌物和流产胎儿组织等进行沙门氏菌的分离培养和鉴定。近年来，单克隆抗体技术已用来进行本病的快速诊断。

防治

参照牛沙门氏菌病。

九、羊梭菌性疾病

羊梭菌性疾病是由梭状芽孢杆菌属中的微生物引起的一类疾病，包括羊快疫、羊肠毒血症、羊猝疽、羊黑疫、羔羊痢疾等病。

(一)羊快疫

羊快疫主要是发生于绵羊的一种急性传染病，发病突然，病程极短，其特征为皱胃呈出血性炎症。

病原

羊快疫的病原是腐败梭菌。

流行病学

绵羊发病较为多见，山羊也可感染，但发病较少，发病羊年龄多在6～18个月。腐败梭菌广泛存在于低洼草地、熟耕地、沼泽地以及人畜粪便中，感染途径一般是消化道。

症状

(1)突然发病，病羊往往来不及出现临床症状就突然死亡。

(2)有的病羊死前有腹痛症状，瘤胃臌气，结膜显著发红，磨牙，最后痉挛而死；有的病羊表现虚弱；还有的病羊排黑色稀便或黑色软便。

(3)一般体温不高，死前呼吸极度困难，体温高到40℃以上，维持时间不久病羊即死亡。

诊断

羊快疫生前诊断比较困难，如果6～18月龄体质肥壮的羊只，突然发生死亡，剖检时在皱胃黏膜出现出血性坏死病灶，可怀疑为本病。确诊需要进行微生物学检查。

防治

由于病程短促，往往来不及治疗病羊即已死亡。因此，必须加强平时的防疫措施。

(1)发生本病时，将病羊隔离，对病程较长的病例试行对症治疗。

(2)当本病发生严重时，转移牧地，可收到减少和停止发病的效果。

(3)常发地区，每年可定期注射羊快疫、羊猝疽、羊肠毒血症三联苗，或羊快疫、羊猝疽、羊肠毒血症、羔羊痢疾、羊黑疫五联苗，三联苗免疫期为1年，五联苗的免疫期为半年。

(二)羊肠毒血症

羊肠毒血症主要是绵羊的一种急性毒血症，主要是D型魏氏梭菌在羊肠道中大量繁殖，产生毒素所致。死后肾组织易于软化，因此又常称此病为软肾病。本病在临床症状上类似于羊快疫，故又称类快疫。

病原

D型魏氏梭菌，又称产气荚膜杆菌。

流行病学

D型魏氏梭菌为土壤常在菌，也存在于污水中，羊采食被病原菌芽孢污染的饲料与水时，芽孢便随之进入羊的消化道，其中大部分被皱胃里的酸杀死，一小部分存活者进入肠道。羊肠毒血症的发生具有明显的季节性和条件性。本病多呈散发，绵羊发生较多，山羊较少。2～12月龄的羊最易发病，发病的羊多为膘情较好的。

症状

本病的特点为突然发作，很少见到症状，绵羊往往在出现症状后便很快死亡。出现症状的可分为以下两种类型。

1. 搐搦型

搐搦型在倒毙前，四肢出现强烈的划动，肌肉抽搐，眼球颤动，磨牙，流涎，随后头颈显著抽搐，往往于2～4小时死亡。

2. 昏迷型

昏迷型病程较缓，其早期症状为步态不稳、感觉过敏，继以昏迷、角膜反射消失。有的病羊发生腹泻，通常在3～4小时静静地死去。

导致搐搦型和昏迷型在症状上出现差别，是吸收毒素多少不同的结果。

诊断

确诊本病可根据肠道内发现大量D型魏氏梭菌；肾脏和其他实质脏器内发现D型魏氏梭菌；尿内发现葡萄糖。

防治

(1)当羊群中出现本病时，可立即转圈，转移到高燥的地区放牧。

(2)在常发地区，应定期注射羊快疫、羊猝疽、羊肠毒血症三联苗，或羊快疫、羊猝疽、羊肠毒血症、羔羊痢疾、羊黑疫五联苗。

(3)在牧区夏初发病时，应该少抢青，而让羊群多在青草萌发较迟的地方放牧；秋末发病时，可尽量到草黄较迟的地方放牧。

(4)在农区针对引起发病的原因，减少或暂停抢茬，少喂菜根菜叶等多汁饲料。

(5)加强羊只的饲养管理，加强羊只的运动。

(三)羊猝疽

病原

羊猝疽是由C型魏氏梭菌所引起的一种毒血症，以急性死亡、腹膜炎或溃疡性肠炎为特征。

流行病学

发生于成年绵羊，以1～2岁的绵羊发病较多。常见于低洼、沼泽地区，多发生于冬春季节，常呈地方流行性。

症状

C型魏氏梭菌随污染的饲料和水进入羊消化道后，在小肠(特别是十二指肠和空肠)里繁殖，产生β毒素，引起发病。病程短促，常未及见到症状即突然死亡。有时发现病羊掉群、卧地、不安、衰弱和痉挛，在数小时内死亡。

病理变化

本病主要见于消化道和循环系统。

(1)十二指肠和空肠黏膜严重充血、糜烂，有的区域可见大小不等的溃疡。

(2)胸腔、腹腔和心包腔积液，浆膜上有小出血点。

(3)病羊刚死时骨骼肌表现正常，但在死后8小时内，细菌在骨骼肌里增殖，使肌间隔积聚血样液体，肌肉出血，有气性裂孔，骨骼肌的这种变化与黑腿病的病变十分相似。

诊断

根据成年绵羊突然发病死亡，剖检见糜烂性和溃疡性肠炎，腹膜炎，体腔和心包腔积液，可初步诊断为羊猝疽。确诊需从体腔渗出液、脾脏取材作细菌的分离和鉴定，以及从小肠内容物里检查有无β毒素。

防治

可参照羊快疫和羊肠毒血症的防治措施进行。

(四)羊黑疫

羊黑疫又名传染性坏死性肝炎，是绵羊和山羊的一种急性高度致死性毒血症，病的特征是肝实质坏死。

病原和流行病学

病原为诺维氏梭菌。和羊快疫、羊肠毒血症、羊猝疽的病原一样，同属于梭状芽孢杆菌属。本菌分为A、B、C三型，广泛存在于土壤中，能使1岁以上的绵羊感染，以2～4岁的绵羊发生最多。发病羊多为营养良好的肥胖羊只，山羊也可感染，牛偶可感染。

本病主要在春夏发生于肝片形吸虫流行的低洼潮湿地区，经常与肝片形吸虫的感染密切相关。

症状

本病症状与羊快疫、羊肠毒血症等极其类似。

(1)病程十分急促，绝大多数情况是未见有病而突然发生死亡。

(2)少数病例病程稍长，可拖延1～2天，但不超过三天。病畜掉群，不食，呼吸困难，体温41.5℃左右，呈俯卧昏睡状态，并保持在这种状态下毫无痛苦地死去。

病理变化

病羊尸体皮下静脉显著扩张，其皮肤呈暗黑色外观(羊黑疫之名即由此而来)。胸部皮下组织经常水肿，浆膜腔有液体渗出，暴露于空气易凝固，液体常呈黄色，但腹腔液略带血色。肝脏充血肿胀，从表面可看到或摸到有一个到多个凝固性坏死灶，坏死灶的界限清晰，灰黄色，呈不规则圆形，周围常被一鲜红色的充血带围绕，坏死灶直径可达2～3 cm。羊黑疫肝脏的这种坏死变化具有诊断意义。这种病变和未成熟肝片形吸虫通过肝脏所造成的病变不同，后者为黄绿色，弯曲似虫样的带状病痕。

诊断

在肝片形吸虫流行的地区，发现急性死亡或昏睡状态下死亡的病羊，剖检见特殊的肝脏坏死变化，有助于诊断。必要时可做细菌学检查和毒素检查。

防治

预防此病首先在于控制肝片形吸虫的感染。我国已试制成功羊厌氧菌五联苗，能同时预防羊快疫、羊猝疽、羊肠毒血症、羔羊痢疾、羊黑疫。发生本病时，应将羊群移牧于高燥地区。对病羊可用抗诺维氏梭菌血清治疗。

(五)羔羊痢疾

羔羊痢疾是初生羔羊的一种急性毒血症，以剧烈腹泻和小肠发生溃疡为特征。

病原及流行病学

病原为B型魏氏梭菌，羔羊在出生后数日内，魏氏梭菌可通过羔羊吮乳、饲养员的手和羊的粪便而进入羔羊消化道，也可能通过脐带或创伤感染。在外界不良诱因的影响下，羔羊抵抗力减弱，细菌在小肠(特别是回肠)里大量繁殖，产生毒素(主要是β毒素)，引起发病。

促进羔痢发病的不良诱因主要是母羊怀孕期营养不良，羔羊体质瘦弱。气候寒冷，特别是大风雪后，羔羊受冻。哺乳不当，羔羊饥饱不均。本病主要危害7日龄以内的羔羊，其中又以2～3日龄的发病最多，7日龄以上的很少患病。

症状

1. 腹泻型

腹泻型病初精神沉郁，低头拱背，不吃乳。不久腹泻，粪便恶臭，有的稠如面糊，有的稀薄如水，后期含有血液，直到成为血便。病羔逐渐虚弱，卧地不起。若不及时治疗，常在1～2天内死亡，只有少数可能自愈。

2. 神经型

神经型有的病羔腹胀而不腹泻，或只排少量稀粪(也可能带血或呈血便)，但主要表现为神经症状，四肢瘫软，卧地不起，呼吸急促，口流白沫，最后昏迷，头向后仰，体温降至常温以下。病情严重，病程很短，若不及时救治，常在数小时到十几小时内死亡。

病理变化

1. 脱水

脱水现象严重。

2. 消化道病变

最显著的病理变化是在消化道，皱胃内往往存在未消化的凝乳块，小肠(特别是回肠)黏膜充血发红，常可见到多数直径为1～2mm的溃疡，溃疡周围有出血带环绕。有的肠内容物呈血色，肠系膜淋巴结肿胀充血，有的可见出血。

3. 心、肺病变

心包积液，心内膜有时有出血点，肺常有充血区域或瘀斑。

诊断

根据流行病学、临床症状和病理变化一般可以作出初步诊断，确诊需进行实验室检查，以鉴定病原菌及其毒素。

沙门氏菌、大肠杆菌和肠球菌也可引起初生羔羊腹泻，应注意区别。

防治

综合实施抓膘保暖、合理哺乳、消毒隔离、预防接种和药物防治等措施。

(1)每年秋季注射羔羊痢疾苗或羊快疫、羊猝疽、羊肠毒血症、羔羊痢疾、羊黑疫五联苗，产前2～3周再接种一次。

(2)羔羊出生后12小时内，灌服土霉素0.15～0.2 g，每日一次，连续灌服3天，有一定的预防效果。

(3)治疗羔痢的方法很多，各地应用效果不一，应根据当地条件和实际效果，试选用以下方法。

①土霉素0.2～0.3 g，胃蛋白酶0.2～0.3 g，加水灌服，每日两次。

②磺胺脒0.5 g，鞣酸蛋白0.2 g，次硝酸铋0.2 g，碳酸氢钠0.2 g，或再加呋喃唑酮0.1～0.2 g，加水灌服，每日三次。

十、绦虫病

绦虫病是由裸头科的多种绦虫寄生于绵羊、山羊、黄牛、水牛的小肠所引起的一种寄生虫病。临床上以逐渐消瘦、生长缓慢、腹泻为特征。

病原

病原体有莫尼茨属、曲子宫属和无卵黄腺属的绦虫。

生活史

病原体有莫尼茨属、曲子宫属和无卵黄腺属的绦虫。这三个属绦虫的发育规律相似。虫卵随粪散布并污染外界环境。虫卵被某些种类的地螨(无卵黄腺绦虫为长脚跳虫)吞食后，卵中的六钩蚴在中间宿主体内生长发育为似囊尾蚴。牛、羊等吞食了含有似囊尾蚴的中间宿主后，幼虫吸附在牛、羊的小肠黏膜上经40天左右发育为成虫。在牛、羊体内可寄生2～6个月。

流行病学

1. 莫尼茨绦虫

莫尼茨绦虫世界性分布。在我国的东北、西北和内蒙古的牧区流行广泛，在华北、华东、中南及西南各地也经常发生。农区不太严重。主要危害1.5～8月龄的羔羊和犊牛。

2. 曲子宫绦虫

曲子宫绦虫在我国许多省、区均有报道，动物具有年龄免疫性，4～5月龄以下的羔羊不感染曲子宫绦虫，故多见于6～8月龄以上及成年绵羊。当年出生的犊牛也很少感染，见于老龄牛。

3. 无卵黄腺绦虫

无卵黄腺绦虫主要分布于西北及内蒙古牧区，西南及其他地区也有报道。常见于6月龄以上的绵羊和山羊，多发生于秋季与初冬。

症状

(1)轻度感染时无明显临床症状。

(2)严重感染时，幼畜消化不良，便秘或腹泻。慢性臌气，贫血，消瘦。有的有神经症状，呈现抽搐、痉挛及强迫运动。有的由于大量虫体聚集成团，引起肠阻塞、肠套叠、肠扭转，甚至肠破裂。严重病例最后衰竭死亡。

诊断

根据流行地区资料，结合临床症状怀疑为本病时，应在打扫牛、羊圈舍时注意观察粪表面是否有黄白色孕卵节片，有者即可确诊，未发现者可取粪便用饱和盐水浮聚法检查虫卵。虫卵呈不正圆形、四角形、三角形，直径56～67μm，卵内有梨形器。

治疗

治疗绦虫病可选用下列药物。

(1)硫双二氯酚：牛每千克体重50 mg，羊每千克体重75～100 mg，1次口服。用药后可能会出现短暂性腹泻，但可在2天内自愈。

(2)氯硝柳胺(灭绦灵)：牛每千克体重50 mg，羊每千克体重60～75 mg，1次口服。

(3)丙硫咪唑：牛每千克体重10 mg，羊每千克体重15 mg，1次口服。

(4)吡喹酮：牛每千克体重5～10 mg，羊每千克体重10～15 mg，1次口服。

预防

1. 预防性驱虫

对羔羊和犊牛在春季放牧后4～5周进行成虫期前驱虫，间隔2～3周后再驱虫1次。成年牛、羊每年可进行2～3次驱虫。注意驱虫后粪便的处理。

2. 科学放牧

感染季节避免在低湿地放牧，尽量不在清晨、黄昏和阴雨天放牧，以减少感染。有条件的地方可进行轮牧。

3. 消灭中间宿主

对地螨孳生场所，采取深耕土地、种植牧草、开垦荒地等措施，以减少地螨的数量。

十一、绦虫蚴病

绦虫蚴病是由绦虫的中绦期幼虫所引起的疾病。对牛羊危害严重的主要有脑多头蚴病和细棘球蚴病。脑多头蚴病见神经系统疾病，此处仅介绍棘球蚴病。

病原

细粒棘球蚴，又称单房棘球蚴，是细粒棘球绦虫的幼虫。

生活史

细粒棘球绦虫的孕卵节片随食肉动物粪便排出体外，孕节蠕动或破裂而污染牧草、水源、畜舍等，当中间宿主羊、牛、骆驼、猪、马等 40 多种动物吞食了这种虫卵时，即感染棘球蚴病。虫卵在十二指肠内孵出六钩蚴，穿入肠壁黏膜的血管中，随血流带到肝、肺或其他组织器官中，但以肝和肺最易受棘球蚴的寄生，其他器官中较少见。犬等终末宿主吃了病畜的肝、肺，棘球蚴进入肠道后，其头节固定在肠壁上，约经 3 个月发育为成虫。成虫可在宿主肠道内生活 6 个月左右。人若误食虫卵，也可感染棘球蚴病。棘球蚴在人体内生长发育长达 10～30 年。

流行病学

棘球蚴病分布很广，全国各地均有报道。患病或带虫犬、狼、狐狸等肉食动物是感染来源，孕卵节片存在于粪便中。

症状

(1)轻度或初期感染都无症状。

(2)严重感染时有以下症状。

①绵羊对本病最易感染，严重感染时肥育不良，被毛逆立，易脱毛。肺部受累则连续咳嗽，卧地不能起立，病死率较高。

②牛肝脏受累时，营养失调，反刍无力，常发生瘤胃臌气，消瘦衰弱，叩诊肝浊音区扩大，触诊肝区表现疼痛；肺受累则咳嗽，如棘球蚴破裂则全身症状迅速恶化，通常会窒息死亡。

诊断

(1)对感染棘球蚴病的动物生前诊断比较困难，往往尸体剖检时才能发现。

(2)皮内变态反应检查法，动物和人均可采用，其操作方法是：取新鲜棘球蚴囊液，无菌过滤(使其不含原头蚴)，在动物颈部皮内注射 0.1～0.2 mL，注射 5～10 分钟观察皮肤变化，如出现直径 0.5～2 cm 的红斑，并有肿胀或水肿为阳性。应在距注射部位相当距离处，用等量生理盐水同法注射以作对照。

(3)间接血凝试验(IHV)和酶联免疫吸附试验(ELISA)对动物和人感染棘球蚴有较高的检出率。

治疗

1. 手术摘除

对棘球蚴手术摘除为最可靠有效的治疗方法是注意绝对不可使包囊破裂。

2. 药物治疗

可选用以下药物治疗。

(1)丙硫咪唑：每千克体重 60 mg，连服 2 次。

(2)吡喹酮：每千克体重 25～30 mg，1 次口服。

预防

1. 对牧羊犬和散养犬定期进行驱虫

氢溴酸槟榔碱按每千克体重 2 mg，或吡喹酮按每千克体重 5 mg，或甲苯咪唑按每千克体重 8 mg，均 1 次口服，排出的粪便发酵处理；对犬提倡拴养，以免粪便污染饲料和水。

2. 病料的处理

牛、羊宰后发现含有脑多头蚴、棘球蚴的脏器组织，要及时销毁或高温处理，防止犬吃入。

3. 人的预防

养成良好的卫生习惯，不让犬、猫与人同室，不与犬亲昵接吻，饭前洗手，不饮生水。

十二、犊新蛔虫病

犊新蛔虫病是由弓首科新蛔属的犊新蛔虫，寄生于犊牛小肠内引起的疾病。主要特征为肠炎、腹泻、腹部膨大和腹痛。初生犊牛大量感染时可引起死亡。

病原

犊新蛔虫，又称牛弓首蛔虫。

生活史

成虫寄生于犊牛小肠内，雌虫产出的虫卵随粪便排出体外，在适宜的条件下经20～30天发育为感染性虫卵，母牛吞食后，虫卵在小肠内孵出幼虫，穿过肠黏膜移行至母牛的生殖系统组织中。母牛怀孕后，幼虫通过胎盘进入胎儿体内。犊牛出生后，幼虫在小肠约需1个月发育为成虫。

流行病学

感染来源是患病或带虫犊牛，虫卵存在于粪便中。母牛经口感染，犊牛经胎盘或经口感染。

症状

被感染的犊牛一般在出生2周后症状明显，表现精神沉郁，食欲不振，吮乳无力，贫血。虫体损伤引起小肠黏膜出血和溃疡，继发细菌感染而导致肠炎，出现腹泻、腹痛、便中带血或黏液，腹部膨胀，站立不稳。虫体毒素作用可引起过敏、阵发性痉挛等。成虫寄生数量多时，可致肠阻塞或肠破裂引起死亡。出生后犊牛吞食感染性虫卵，由于幼虫移行损伤肺脏，因而出现咳嗽、呼吸困难等，但可自愈。

病理变化

小肠黏膜出血、溃疡。大量寄生时可引起肠阻塞或肠穿孔。出生后犊牛感染，可见肠壁、肝脏、肺脏等组织损伤，有点状出血、炎症。血液中嗜酸性白细胞明显增多。

诊断

根据5月龄以下犊牛多发等流行病学资料和临床症状进行初步诊断。通过粪便检查和剖检发现虫体确诊。粪便检查用漂浮法。

治疗

本病可根据病情选用以下药物治疗。

(1)枸橼酸哌嗪(驱蛔灵)：每千克体重250 mg，1次口服。

(2)丙硫咪唑：每千克体重10 mg，1次口服。

(3)左咪唑：每千克体重8 mg，1次口服。

(4)伊维菌素：每千克体重0.2 mg，皮下注射或口服。

(5)阿维菌素：每千克体重0.2 mg，皮下注射或口服。

预防

(1)对15～30日龄的犊牛进行驱虫，不仅可以及时治愈病牛，还能减少虫卵对外界环境的污染。

(2)加强饲养管理，注意保持犊牛圈舍及运动场的环境卫生，及时清理粪便进行发酵。

十三、消化道线虫病

寄生于牛、羊等反刍动物的皱胃及肠道内的线虫种类繁多，主要有毛圆科、钩口科、食道口科和毛尾科的一些线虫，引起牛羊发生以不同程度的胃肠炎、消化机能障碍为特征的疾病，严重者可造成畜群的大批死亡。

病原

1. 捻转血矛线虫

捻转血矛线虫寄生于牛羊的皱胃。

2. 仰口属线虫(又称钩虫)

仰口属线虫常见的有羊仰口线虫和牛仰口线虫，分别寄生在羊和牛的小肠。

3. 食道口线虫(又称结节虫)

食道口线虫寄生于羊和牛的食道口属的线虫主要有哥伦比亚食道口线虫、微管食道口线虫、粗纹食道口线虫及辐射食道口线虫。

4. 毛首属线虫(又称鞭虫)

毛首属线虫较常见的有羊毛首线虫，寄生于羊的大肠(盲肠)内。

生活史

1. 捻转血矛线虫

捻转血矛线虫随宿主粪便排出的虫卵污染土壤和草场，在适宜的温度、湿度下，经数日发育成感染性幼虫(第三期幼虫)。牛、羊吞食了感染性幼虫后，幼虫在皱胃里经半个多月左右直接发育为成虫。

2. 仰口属线虫

仰口属线虫虫卵在潮湿的环境和适宜温度下，可在4～8天形成幼虫，幼虫从壳内逸出，经2次蜕皮，变为感染性幼虫。牛、羊吞食后或幼虫钻进牛、羊皮肤而感染。经口感染时，幼虫直接在小肠内发育为成虫。经皮肤感染时，幼虫随血流到肺，在肺中进行一次蜕皮后上行到咽，到达小肠发育为成虫。

3. 食道口线虫

食道口线虫的发育规律似捻转血矛毛线虫，但感染性幼虫侵入宿主肠道以后，先钻进肠壁，引起发炎，形成结节。虫体在结节里生长，发育1周或更长的时间以后，再返回大肠肠腔，发育为成虫。

4. 毛首属线虫

毛首属线虫雌虫所产的虫卵随粪便排出，在适宜的条件下，经2～3周，卵内的胚胎可发育成感染性幼虫。被宿主吞食后，卵内的幼虫在盲肠里经1个月左右发育为成虫。

流行病学

1. 毛圆线虫病

毛圆线虫病在我国西北、内蒙古、东北广大牧区普遍流行，给养羊业带来严重损失，其中以捻转血矛线虫的致病性最强。

2. 仰口线虫病

仰口线虫病在我国各地普遍流行，对牛、羊危害很大可引起贫血，并可引起死亡。

3. 食道口线虫病

食道口线虫病在我国各地牛、羊中普遍存在，其中哥伦比亚食道口线虫危害最大，主要是引起肠的结节病变。

4. 毛首线虫病

毛首线虫病在我国各地的羊多有寄生，牛较少见，主要危害幼畜，严重时可引起死亡。

症状

牛、羊消化道内寄生的线虫种类甚多，数量不一，一般呈现慢性、消耗性疾病的症状。病畜被毛粗乱，消瘦，贫血，精神沉郁，放牧时离群。严重感染时出现腹泻，粪中多黏液，有时混有血液。但毛圆线虫病腹泻少见。最后多因极度衰弱而死亡。

诊断

本病无特征性症状，如果根据流行病学和慢性消耗性症状怀疑为寄生虫病时，应采取新鲜粪便检查虫卵或用幼虫分离法检查有无幼虫。

治疗

本病可根据病情选用以下药物治疗。

(1)左咪唑：每千克体重 6～10 mg，1 次口服。

(2)丙硫苯咪唑：每千克体重 10～15 mg，1 次口服。

(3)甲苯咪唑：每千克体重 10～15 mg，1 次口服。

(4)伊维菌素：每千克体重 0.2 mg，1 次口服或皮下注射。

(5)酚嘧啶(羟嘧啶)：每千克体重 2～4 mg。1 次口服。为驱除毛首线虫的特效药。

预防

加强饲养管理，建立清洁的饮水点，合理地补充精料和矿物质，增强牛、羊的抵抗力，并有计划地进行分区轮牧。在严重流行地区，每年进行牧后和出牧前的全群驱虫。

十四、球虫病

球虫病是由艾美耳科艾美耳属和等孢属的多种球虫寄生于牛、羊肠道上皮细胞内引起的疾病。牛以出血性肠炎为特征；羊以腹泻、消瘦、贫血、发育不良为特征。多危害犊牛和羔羊，严重者可引起死亡。

病原

1. 牛球虫

牛球虫有 10 余种，多数是艾美耳属球虫，少数为等孢属球虫。其中以邱氏艾美耳球虫致病力最强，牛艾美耳球虫致病力较强。二者均寄生于大肠和小肠上皮细胞内。

2. 绵羊球虫

绵羊球虫有 10 余种，其中阿撒他艾美耳球虫致病力最强，绵羊艾美耳球虫和小艾美耳球虫致病力中等，浮氏艾美耳球虫有一定的致病力。主要寄生于小肠上皮细胞内。

3. 山羊球虫

山羊球虫有 10 余种，其中雅氏艾美耳球虫致病力强，阿氏艾美耳球虫等具有中等或一定的致病力。主要寄生于小肠上皮细胞内。

艾美耳属球虫孢子化卵囊内有 4 个孢子囊，每个孢子囊内含 2 个子孢子。

生活史

牛、羊球虫的发育为直接发育型，不需要中间宿主。在牛、羊体内的发育过程有裂殖生殖和配子生殖，体外发育过程为孢子生殖。只有在体外发育为孢子化卵囊时才具有感染能力。

流行病学

感染来源是患病或带虫牛、羊，卵囊存在于粪便中。经口感染。各品种、年龄的牛、羊均易感，而犊牛和羔羊最易感，且发病较重。成年牛、羊多为带虫者，一般不发病或发病较轻。本病多发生于春、夏、秋较温暖的季节，特别是夏、秋多雨的季节容易发病。在潮湿、多沼泽的牧场上放牧时易感染发病。哺乳期乳房被粪便污染时，容易引起犊牛和羔羊发病。突然更换饲料、应激反应、肠道性疾病及消化道线虫病时均易诱发本病。

症状

1. 牛

牛潜伏期14～21天，犊牛多呈急性经过。病程一般为10～15天，严重者可在发病1～2天死亡。病初精神沉郁，体温略高或正常，粪稀稍带血液。约7天后，体温升至40～41℃，精神更加沉郁，消瘦，喜躺卧；瘤胃蠕动减弱，肠蠕动增强；排带血稀便，便中带有纤维素性薄膜，恶臭。后期粪便呈黑色，几乎全为血液；可视黏膜苍白，体温下降，衰竭而死。慢性型病牛一般在3～5天逐渐好转，但腹泻和贫血症状仍持续，病程可达数日，诊治不及时也可发生死亡。

2. 羊

羊人工感染的潜伏期为11～17天。急性型多见于1岁以下的羔羊，精神不振，食欲减退或废绝，体温升至40～41℃，消瘦，贫血，腹泻，便中带血并混有脱落的肠黏膜。慢性型表现长时间的腹泻，逐渐消瘦，生长缓慢。

病理变化

1. 犊牛

犊牛尸体消瘦，贫血，可视黏膜苍白。肛门松弛、外翻，后肢和肛门周围被血粪污染。直肠黏膜肥厚、出血，有数量不等的溃疡灶。直肠内容物呈褐色，有纤维素性薄膜和黏膜碎片。肠系膜淋巴结肿大。

2. 羔羊

羔羊病变主要在小肠。小肠黏膜上有淡白或黄色的圆形结节，有粟粒至豌豆大，常成簇分布，从浆膜面上就可以看到。十二指肠和回肠有卡他性炎症，有点状或带状出血。

诊断

根据流行病学特点、临床症状、剖检变化及粪便检查进行综合诊断。粪便检查采用漂浮法，须检出大量卵囊才能确诊。

治疗

(1)氨丙啉：每千克体重25 mg，每天1次口服，连用5天。

(2)莫能菌素或盐霉素：按每千克饲料添加20～30 mg混饲。

也可选用磺胺喹噁啉等其他一些抗球虫药物。还需配合抗菌消炎、止泻、强心、补液等对症疗法。并要注意更换药物，以免产生抗药性。

预防

幼龄与成年牛、羊分开饲养。及时清理粪便并进行发酵。哺乳母牛和母羊的乳房要经常擦洗，保持清洁。饲草和饮水避免被粪便污染。更换饲料时要逐渐过度。在发病季节应进行药物预防。

材料设备动物清单

<table>
<tr><td>学习情境1</td><td colspan="7">消化系统症状为主的牛羊病防治</td></tr>
<tr><td>项目</td><td>序号</td><td>名称</td><td>作用</td><td>数量</td><td>型号</td><td>使用前</td><td>使用后</td></tr>
<tr><td rowspan="13">所用材料设备</td><td>1</td><td>保定栏</td><td>保定动物</td><td>6个</td><td></td><td></td><td></td></tr>
<tr><td>2</td><td>听诊器</td><td>听诊</td><td>6个</td><td></td><td></td><td></td></tr>
<tr><td>3</td><td>水桶</td><td>导胃、投药</td><td>6个</td><td></td><td></td><td></td></tr>
<tr><td>4</td><td>开口器</td><td>开口、投药</td><td>6个</td><td></td><td></td><td></td></tr>
<tr><td>5</td><td>胃管</td><td>导胃、投药</td><td>6个</td><td></td><td></td><td></td></tr>
<tr><td>6</td><td>漏斗</td><td>给药</td><td>6个</td><td></td><td></td><td></td></tr>
<tr><td>7</td><td>注射器</td><td>给药</td><td>6个</td><td></td><td></td><td></td></tr>
<tr><td>8</td><td>点滴管</td><td>给药</td><td>6个</td><td></td><td></td><td></td></tr>
<tr><td>9</td><td>消毒棉球</td><td>消毒</td><td>若干</td><td></td><td></td><td></td></tr>
<tr><td>10</td><td>骆氏试剂</td><td>尿酮体检验</td><td>若干</td><td></td><td></td><td></td></tr>
<tr><td>11</td><td>穿刺针</td><td>瘤胃、瓣胃等穿刺</td><td>6支</td><td></td><td></td><td></td></tr>
<tr><td>12</td><td>pH试纸</td><td>测pH</td><td>6条</td><td></td><td></td><td></td></tr>
<tr><td>13</td><td>常规手术器械</td><td>手术治疗</td><td>2套</td><td></td><td></td><td></td></tr>
<tr><td rowspan="2">所用动物</td><td>14</td><td>牛</td><td>诊治</td><td>6头</td><td></td><td></td><td></td></tr>
<tr><td>15</td><td>羊</td><td>诊治</td><td>6只</td><td></td><td></td><td></td></tr>
<tr><td colspan="2">班级</td><td></td><td>第　组</td><td>组长签字</td><td></td><td>教师签字</td><td></td></tr>
</table>

计 划 单

学习情境1	消化系统症状为主的牛羊病防治		学时		32
计划方式	小组讨论、同学间互相合作共同制订计划				
序号	实施步骤			使用资源	备注
制订计划说明					
计划评价	班 级		第 组	组长签字	
	教师签字			日 期	
	评语：				

决策实施单

<table>
<tr><td>学习情境1</td><td colspan="7">消化系统症状为主的牛羊病防治</td></tr>
<tr><td colspan="8">计划书讨论</td></tr>
<tr><td rowspan="6">计划对比</td><td>组号</td><td>工作流程的正确性</td><td>知识运用的科学性</td><td>步骤的完整性</td><td>方案的可行性</td><td>人员安排的合理性</td><td>综合评价</td></tr>
<tr><td>1</td><td></td><td></td><td></td><td></td><td></td><td></td></tr>
<tr><td>2</td><td></td><td></td><td></td><td></td><td></td><td></td></tr>
<tr><td>3</td><td></td><td></td><td></td><td></td><td></td><td></td></tr>
<tr><td>4</td><td></td><td></td><td></td><td></td><td></td><td></td></tr>
<tr><td>5</td><td></td><td></td><td></td><td></td><td></td><td></td></tr>
<tr><td colspan="8">制订实施方案</td></tr>
<tr><td>序号</td><td colspan="4">实施步骤</td><td colspan="3">使用资源</td></tr>
<tr><td>1</td><td colspan="4"></td><td colspan="3"></td></tr>
<tr><td>2</td><td colspan="4"></td><td colspan="3"></td></tr>
<tr><td>3</td><td colspan="4"></td><td colspan="3"></td></tr>
<tr><td>4</td><td colspan="4"></td><td colspan="3"></td></tr>
<tr><td>5</td><td colspan="4"></td><td colspan="3"></td></tr>
<tr><td colspan="8">实施说明：</td></tr>
<tr><td>班　　级</td><td></td><td>第　　组</td><td>组长签字</td><td colspan="4"></td></tr>
<tr><td>教师签字</td><td colspan="2"></td><td>日　　期</td><td colspan="4"></td></tr>
<tr><td>决策评价</td><td colspan="7">评语：</td></tr>
</table>

作 业 单

<table>
<tr><td>学习情境 1</td><td colspan="6">消化系统症状为主的牛羊病防治</td></tr>
<tr><td>作业完成方式</td><td colspan="6">课余时间独立完成。</td></tr>
<tr><td>作业题 1</td><td colspan="6">分析案例一，给出诊断结果及治疗方案。</td></tr>
<tr><td>作业解答</td><td colspan="6"></td></tr>
<tr><td>作业题 2</td><td colspan="6">分析案例三，给出诊断结果及治疗方案。</td></tr>
<tr><td>作业解答</td><td colspan="6"></td></tr>
<tr><td>作业题 3</td><td colspan="6">总结前胃消化障碍为主、腹围膨大为主、排粪异常为主牛羊病的鉴别诊断要点。</td></tr>
<tr><td>作业解答</td><td colspan="6"></td></tr>
<tr><td rowspan="4">作业评价</td><td>班　级</td><td></td><td>第　组</td><td>组长签字</td><td colspan="2"></td></tr>
<tr><td>学　号</td><td></td><td>姓　名</td><td colspan="3"></td></tr>
<tr><td>教师签字</td><td></td><td>教师评分</td><td></td><td>日　期</td><td></td></tr>
<tr><td colspan="6">评语：</td></tr>
</table>

效果检查单

<table>
<tr><td colspan="2">学习情境 1</td><td colspan="4">消化系统症状为主的牛羊病防治</td></tr>
<tr><td colspan="2">检查方式</td><td colspan="4">以小组为单位，采用学生自检与教师检查相结合，成绩各占总分(100 分)的 50%。</td></tr>
<tr><td>序号</td><td colspan="2">检查项目</td><td>检查标准</td><td>学生自检</td><td>教师检查</td></tr>
<tr><td>1</td><td colspan="2">一般检查</td><td>T. P. R. 检查方法正确、结果准确。</td><td></td><td></td></tr>
<tr><td>2</td><td colspan="2">系统检查</td><td>能重点进行口、咽、食道、胃肠的检查，检查方法正确。</td><td></td><td></td></tr>
<tr><td>3</td><td colspan="2">分析症状</td><td>对检查结果分析正确，能提出理论依据。</td><td></td><td></td></tr>
<tr><td>4</td><td colspan="2">治疗</td><td>提出的治疗措施合理、全面，治疗方案正确、操作规范。</td><td></td><td></td></tr>
<tr><td rowspan="3">检查评价</td><td>班　　级</td><td></td><td>第　　组</td><td>组长签字</td><td></td></tr>
<tr><td>教师签字</td><td colspan="2"></td><td>日　　期</td><td></td></tr>
<tr><td colspan="5">评语：</td></tr>
</table>

评价反馈单

学习情境1	消化系统症状为主的牛羊病防治				
评价类别	项目	子项目	个人评价	组内评价	教师评价
专业能力(60%)	资讯(10%)	获取信息(5%)			
		引导问题回答(5%)			
	计划(5%)	计划可执行度(3%)			
		用具材料准备(2%)			
	实施(20%)	各项操作正确(8%)			
		完成的各项操作效果好(6%)			
		完成操作中注意安全(4%)			
		操作方法的创意性(2%)			
	检查(5%)	全面性、准确性(3%)			
		生产中出现问题的处理(2%)			
	结果(10%)	使用工具的规范性(4%)			
		操作过程规范性(4%)			
		工具和设备使用管理(2%)			
	作业(10%)	结果质量			
社会能力(20%)	团队合作(10%)	小组成员合作良好(5%)			
		对小组的贡献(5%)			
	敬业、吃苦精神(10%)	学习纪律性(4%)			
		爱岗敬业和吃苦耐劳精神(6%)			
方法能力(20%)	计划能力(10%)	制订计划合理			
	决策能力(10%)	计划选择正确			

意见反馈								
请写出你对本学习情境教学的建议和意见								
评价评语	班　级		姓名		学号		总评	
	教师签字		第　组	组长签字				日期
	评语：							

学习情境 2
呼吸系统症状为主的牛羊病防治

学习任务单

<table>
<tr><td>学习情境 2</td><td colspan="3">呼吸系统症状为主的牛羊病防治</td><td colspan="2">学时</td><td>10</td></tr>
<tr><td colspan="7">布置任务</td></tr>
<tr><td>学习目标</td><td colspan="6">1. 明确以呼吸系统症状为主的牛羊病的种类及其基本特征。
2. 能够说出各病的病性和主要临床症状。
3. 能够通过一般检查、系统检查及与类症疾病鉴别，进行本类疾病的现场诊断。运用实验室诊断、影像诊断等技术最后作出正确诊断。
4. 能够对诊断出的疾病予以合理治疗。
5. 能够根据养殖场具体情况，制定合理的防治措施并组织、实施防治措施。
6. 能够独立或在教师的引导下分析、解决各方面工作中出现的一般性问题。
7. 养成科学态度及团队协作、严谨工作能力，增强职业责任感。</td></tr>
<tr><td>任务描述</td><td colspan="6">对临床生产实践多发的呼吸系统症状为主的牛羊病作出诊断，予以治疗，制定及实施防治措施。具体任务如下：
1. 诊治感冒、支气管炎、牛流行热、牛传染性鼻气管炎、羊鼻蝇蛆病。
2. 鉴别诊断以咳嗽、流鼻液为主症的牛羊病。
3. 诊断与防治牛传染性胸膜肺炎、结核病、网尾线虫病(肺线虫病)、巴氏杆菌病。
4. 鉴别诊断以呼吸障碍为主症的牛羊病。</td></tr>
<tr><td>学时分配</td><td>资讯 1 学时</td><td>计划 1 学时</td><td>决策 0.5 学时</td><td>实施 6 学时</td><td>考核 1 学时</td><td>评价 0.5 学时</td></tr>
<tr><td>提供资料</td><td colspan="6">1. 孙英杰．牛羊病防治．北京：中国农业出版社，2011
2. 李玉冰．兽医临床诊疗技术．北京：中国农业出版社，2008
3. 牛羊病防治精品课网址：
http：//113.0.240.9：8080/book－show/flex/book.html？courseNumber＝587322</td></tr>
<tr><td>对学生要求</td><td colspan="6">1. 以小组为单位完成任务，体现团队合作精神。
2. 严格遵守兽医诊所和养殖场制度。
3. 严格遵守操作规程，避免安全事故发生。
4. 严格遵守生产劳动纪律，爱护劳动工具。</td></tr>
</table>

任务资讯单

学习情境 2	呼吸系统症状为主的牛羊病防治
资讯方式	通过资讯引导，观看视频，到本课程的精品课网站、图书馆查询，向指导教师咨询。
资讯问题	1. 感冒、支气管炎及肺炎的诊断与治疗。 2. 牛流行热、牛传染性鼻气管炎的流行病学特点、病理变化、鉴别诊断要点及综合防治。 3. 羊鼻蝇蛆病的流行病学、症状诊断及治疗方案。 4. 氰氢酸中毒和亚硝酸盐中毒的诊断要点、鉴别诊断及治疗。 5. 牛传染性胸膜肺炎、结核病、网尾线虫病(肺线虫病)、巴氏杆菌病的流行病学特点、病理变化、实验室诊断方案及综合防疫方案。 6. 牛传染性胸膜肺炎、结核病、巴氏杆菌病的鉴别诊断要点。
资讯引导	1. 在信息单中查询。 2. 进入牛羊病防治精品课 http：//113.0.240.9：8080/book－show/flex/book.html？courseNumber＝587322 网站查询。 3. 相关教材和网站资讯查询。

案例单

学习情境 2	呼吸系统症状为主的牛羊病防治	
序号	案例内容	诊断思路提示
案例一	一头约 2 岁的奶牛，主诉：因拴牛不慎，偷吃家边农田的玉米嫩苗，约半小时后发现牛出现口吐白沫和后肢踢腹症状。 检查发现：患牛流涎，口吐白沫，呼吸困难，瞳孔偏大，可视黏膜鲜红；体温偏低，心跳快而弱；颈静脉放血呈鲜红色。	根据采食玉米嫩苗的病史、呼吸困难及颈静脉放血呈鲜红色的临床症状可以确诊。
案例二	某养牛户饲养 15 头奶牛，突然有 7 头发病，主诉：牛群发病前日晚和发病当天早上饲喂过发热青草。 检查发现：病牛表现精神沉郁，反刍停止，食欲废绝，流涎、磨牙。黏膜发绀，心音亢进、伸颈张口呼吸、腹痛、腹泻、步态蹒跚和抽搐等症状。血液呈巧克力色。	根据饲喂过发热青草的病史及临床症状诊断为亚硝酸盐中毒。
案例三	某养殖户于 6 月发现数只羊患病，用鼻子到处摩擦，打喷嚏，吃草少，逐渐消瘦。 检查发现：流出带血脓性鼻液，于鼻孔处形成硬痂，呼吸困难、打喷嚏、甩鼻子、磨牙，其中一只羊，出现时针样运动。对病死羊进行剖检，在鼻腔、鼻窦发现有寄生虫。	根据临床症状、流行病学可初步诊断为羊鼻蝇蛆感染。通过剖检，确诊为羊鼻蝇蛆病。
案例四	某地的 50 头散养奶牛，于某年 7 月相继有 19 头发病，病牛食欲不振，咳嗽，流鼻液，尤其在早晨驱赶出牧时为甚，从单侧或双侧鼻孔流黄白色黏液脓性鼻液，有的病牛颌下淋巴结肿大。肺部听诊有微弱的啰音。	根据病史调查及临床检查可怀疑为牛结核。确诊需要进行结核菌素皮内反应和结核菌素点眼反应。

相关信息单

【学习情境 2】

呼吸系统症状为主的牛羊病防治

项目 1 以咳嗽流鼻液为主症的牛羊病防治

某牛场数头牛相继发病，咳嗽，鼻塞，流鼻液，瘤胃蠕动减弱，要求就诊。

任务 1 诊断病牛

临床检查

流行病学调查：是否短期内多数牛发病，且发生在吸血昆虫盛行的 8～10 月。

一般检查：测病牛体温、脉搏、呼吸数，观察其精神状态、饮食欲等。

系统检查：听诊、触诊、视诊等。

检查结果分析：

1.1 体温、脉搏、呼吸数偏高，精神沉郁，食欲减退，结膜潮红，咳嗽，鼻塞，流鼻液，听诊瘤胃蠕动音减弱，且仅有个别牛发病，有受寒病史。→感冒

1.2 体温突然升高达 40～41℃，咳嗽，鼻塞，流鼻液，大群突然发病，全身症状较重，且病牛一肢或数肢僵硬、跛行。→牛流行热

任务 2 治疗病牛

2.1 奶牛感冒

Rp：

①5%葡萄糖 1 000 mL

10%磺胺嘧啶钠 100 mL

DS：一次静脉注射，每天两次。

②复方氨基比林注射液 30 mL

DS：一次肌肉注射，每天两次。

2.2 牛流行热

Rp：

①5%葡萄糖生理盐水 3 000 mL

盐酸四环素 400 万 IU

10%安钠咖注射液 20 mL

1%地塞米松注射液 5 mL

DS：一次静脉注射，每天一次。

②复方氨基比林注射液 40 mL

DS：一次肌肉注射，每天两次。

任务 3 预防疫病

对牛流行热的预防，由于本病发生有明显的季节性，因此在该病的常发期，流行季节

到来之前及时用能产生一定免疫力的疫苗进行免疫接种，即可达到预防的目的。除做好人工免疫接种外，还必须加强消毒，扑灭蚊、蠓等吸血昆虫，切断本病的传播途径。发生本病时，要对病牛及时隔离，及时治疗，对假定健康牛群及受威胁牛群可采用高免血清进行紧急预防接种。

必备知识

一、感冒

感冒是因受寒冷的刺激而引起的以上呼吸道炎症为主的急性热性全身性疾病。临床上以咳嗽、流鼻液、羞明流泪、体温升高为特征。

病因

本病的根本原因是各种因素导致的机体抵抗力下降，最常见的导致机体抵抗力下降的原因是：寒冷因素的作用、过劳或长途运输、营养不良、体质衰弱或长期封闭式饲养，缺乏耐寒训练等。

症状

(1)发病较急，体温升高，皮温不整，多数患畜耳尖，鼻端发凉。精神沉郁，食欲减退或废绝，呈现前胃弛缓症状。

(2)结膜潮红或轻度肿胀，羞明流泪，咳嗽，鼻塞，病初流浆液性、水样鼻液，随后转为黏液性或黏液脓性。

(3)呼吸加快，肺泡呼吸音粗厉，若并发支气管炎时，则出现干啰音或湿啰音，心跳加快。

(4)本病病程较短，一般经 3～5 天，全身症状逐渐好转，多取良性经过。若治疗不及时，特别是幼畜易继发支气管肺炎或其他疾病。

诊断

根据受寒病史，皮温不均，流鼻液，流泪，咳嗽等主要症状，可以诊断。

治疗

本病治疗以解热镇痛为主，为了防止继发感染，适当抗菌消炎。

1. 解热阵痛

解热阵痛可选用以下方法治疗。

(1)30%安乃近注射液，牛 20～40 mL，肌注，1～2 次/天。

(2)复方氨基比林注射液，牛 20～50 mL，肌注，1～2 次/天。

(3)柴胡注射液，牛 20～40 mL。

2. 抗生素或磺胺类药物

(1)10%磺胺嘧啶钠 100～150 mL，加于 5%～10%葡萄糖液中，静注，1～2 次/天。

(2)青霉素 G 钠，每千克体重，牛 10 000～20 000 IU，肌注，一日 2～3 次，连用 2～3 天。

二、支气管炎

支气管炎是各种原因引起动物支气管黏膜表层或深层的炎症，临床上以咳嗽、流鼻液和不定型热为特征。

病因

1. 感染

主要是受寒感冒，导致机体抵抗力降低，一方面病毒、细菌直接感染，另一方面呼吸道寄生菌或外源性非特异性病原菌乘虚而入，呈现致病作用。也可由急性上呼吸道感染的细菌和病毒蔓延而引起。

2. 物理、化学因素刺激

吸入过冷的空气、粉尘、刺激性气体(如二氧化硫、氨气、氯气、烟雾等)均可直接刺激支气管黏膜而发病。投药或吞咽障碍时由于异物进入气管，可引起吸入性支气管炎。

3. 过敏反应

常见于吸入花粉、有机粉尘、真菌孢子等引起气管和支气管的过敏性炎症。

4. 继发性因素

流行性感冒、牛口蹄疫、恶性卡他热、羊痘、肺丝虫等疾病过程中，常表现支气管炎的症状。另外，喉炎、肺炎及胸膜炎等疾病时，由于炎症扩展，也可继发支气管炎。

5. 诱因

饲养管理粗放，如畜舍卫生条件差、通风不良、闷热潮湿以及饲料营养不平衡等，导致机体抵抗力下降，均可成为支气管炎发生的诱因。

症状

1. 急性支气管炎

疾病初期表现短、干、痛咳，随着炎性渗出物的增多，变为湿而长的咳嗽。鼻孔流出浆液性、黏液性或黏液脓性的鼻液，呈灰白色或黄色。胸部听诊肺泡呼吸音增强，并可出现干啰音和湿啰音。

2. 慢性支气管炎

病程长，时轻时重，患畜常发干咳，尤其在运动、采食、夜间或早晨气温较低时。胸部听诊可长期听到啰音，长期呼吸困难。

3. 腐败性支气管炎

出现呼吸困难，呼出气体有腐败性恶臭气味，两侧鼻孔流出污秽不洁和有腐败臭味的鼻液。听诊肺部可能出现空瓮性呼吸音。病畜全身反应明显。血液检查，白细胞数增加，嗜中性粒细胞比例升高。

诊断

本病主要根据频发咳嗽、流鼻液、啰音、胸部叩诊呈过清音，X射线检查肺部呈较粗纹理的支气管阴影等确诊。

治疗

本病的治疗原则主要是祛痰止咳、消除炎症。

1. 加强护理

除去致病因素，使病畜充分休息，置于通风良好、清洁、温暖的厩舍中，给予多汁易消化的饲料，并勤饮清水。

2. 祛痰止咳

根据病情适当选用祛痰或止咳措施。

(1)当病畜频发咳嗽，分泌物黏稠不易咳出时，应用祛痰剂。

①人工盐 50～80 g，茴香末 150～200 g，做成舔剂，一次内服。

②碳酸氢钠 50～80 g，远志酊 50～80 mL，温水 500 mL，一次内服。

③氯化铵 30 g，杏仁水 50 mL，远志酊 50 mL，温水 500 mL，一次内服。

(2)病畜频发咳嗽，分泌物不多时，可选用镇痛止咳剂。

①复方樟脑酊，40～50 mL，内服，每日 2～3 次。

②磷酸可待因，0.5～2 g，内服，每日 2～3 次。

3. 消除炎症

可选用抗生素或磺胺类药物消除炎症。

三、牛传染性鼻气管炎

牛传染性鼻气管炎是牛的一种急性、热性、接触性传染病，又叫坏死性鼻炎和“红鼻子”病。其主要特征是鼻腔、气管黏膜发炎，出现发热、咳嗽、流鼻液和呼吸困难等症状，有时伴发结膜炎、阴道炎、龟头炎、脑膜炎或肠炎，也可发生流产。

病原

病原体是疱疹病毒科的牛疱疹病毒Ⅰ型。

流行病学

传染源是病牛和带毒牛，病毒随鼻、眼和阴道的分泌物排出，易感牛接触被污染的空气飞沫或与带毒牛交配，即可传染。牛群发病率 10%～90%，病死率 1%～5%，犊牛病死率较高。

症状与病理变化

潜伏期 3～7 天，有时达 20 天以上。根据侵害组织的不同，本病主要有以下 6 种临床类型。

1. 呼吸道型

呼吸道型为最常见的一种类型。病牛高热达 40℃以上，咳嗽，呼吸困难，流泪，流涎，流黏液脓性鼻液。鼻黏膜高度充血，有散在的灰黄小脓疱或浅而小的溃疡。鼻镜发炎充血，呈火红色，故有“红鼻子病”之称，病程 7～10 天。犊牛症状急而重，常因窒息或继发感染而死亡。剖检主要病变为鼻腔、喉头和气管黏膜炎性水肿，黏膜表面黏附灰色伪膜。

2. 结膜角膜型

结膜角膜型多与上呼吸道炎症合并发生。轻者结膜充血，眼睑水肿，大量流泪；重者眼睑外翻，结膜表面出现灰色伪膜，呈颗粒状外观，角膜轻度云雾状，流黏液脓性眼眵。

3. 生殖器型

生殖器型主要见于性成熟的牛，多由交配而传染。

母牛患本病型又称传染性脓疱性外阴——阴道炎。病牛尾巴竖起摔动，尿频，阴门流黏液脓性分泌物，外阴和阴道黏膜充血肿胀，散在灰黄色粟粒大的脓疱，严重时黏膜表面被覆灰色伪膜，并形成溃疡，甚至发生子宫内膜炎。

公牛患本病型又称传染性脓疱性包皮——龟头炎。病牛龟头、包皮内层和阴茎充血，形成小脓疱或溃疡。同时，多数病牛精囊腺变性、坏死，种公牛失去配种能力，康复后长期带毒。

4. 流产不孕型

流产不孕型如果是妊娠牛，可在呼吸道和生殖器症状出现后的 1～2 个月内流产，也有突然流产的。如果是非妊娠牛，则可因卵巢功能受损害导致短期内不孕。流产胎儿的肝脏、脾脏有局部坏死，有时皮肤有水肿。

5. 脑膜脑炎型

脑膜脑炎型仅见于犊牛，在出现呼吸道症状的同时，伴有神经症状，表现沉郁或兴奋，视力障碍，共济失调，甚至倒地惊厥、抽搐、角弓反张，病灶呈非化脓性脑炎变化，病程1周左右，病死率50%以上。

6. 肠炎型

肠炎型见于2～3周龄的犊牛，在发生呼吸道症状的同时，出现腹泻，甚至排血便，病死率20%～80%。

诊断

根据病史及临床症状，可初步诊断为本病。确诊本病要进一步做病毒分离，通常用灭菌棉棒采取病牛的鼻液、泪液、阴道黏液、包皮内液或者精液进行病毒分离和鉴定。也可进行酶联免疫吸附试验，直接检测病料中的病毒抗原。

治疗

本病目前无特异治疗方法。

(1)病后加强护理，给予适口性好、易消化的饲料，以增强牛的耐受性。

(2)抗生素虽对本病无治疗作用，但可防治继发感染，控制并发症。为此可注射四环素200～250 IU，或土霉素2～2.5 g，每天二次。对脓疱性阴道炎及包皮炎，可用消毒药液，如0.1%高锰酸钾液、1%来苏儿、0.1%新洁尔灭等进行局部冲洗，洗净后涂布四环素或土霉素软膏，每天1～2次。

(3)病毒唑滴鼻，每侧鼻孔6滴，每天2次。

(4)对症治疗，可用氨基比林肌注退热。

预防

预防本病的关键是防止传染源侵入牛群，引进牛只时，为安全起见，一定要先隔离检疫3周，对种公牛要采精检验，确认健康后方可混群或参加配种。

爆发本病时，应立即隔离封锁消毒，同时对孕牛以外的所有牛只接种弱毒疫苗，扑杀抗体阳性牛，坚决淘汰康复后的种牛。

四、牛流行热

牛流行热是由牛流行热病毒引起的急性、热性传染病。其特征为高热、流泪，消化道、呼吸道、四肢关节的炎症，运动障碍。病势迅猛，但多为良性经过，大部分病牛经2～3日恢复正常，故又称三日热或暂时热。

病原

病原为牛流行热病毒，属弹状病毒科。

流行病学

病牛是本病的传染源。病毒存在于病牛血液、呼吸道分泌物及粪便中。多经呼吸道感染，可通过吸血昆虫叮咬或经皮肤感染。

症状

(1)发病前可见恶寒战栗，突然高热达40～42℃，稽留1～3日后恢复。

(2)病牛精神沉郁，脉搏细弱，每分钟80次以上，呼吸促迫，痛苦呻吟，多呈腹式呼吸，肺泡音粗厉，咳嗽，鼻孔流出透明分泌物。食欲减退，反刍停止，鼻镜干、热，皮温不整，眼结膜潮红、肿胀，流泪，重者羞明。

(3)患畜不愿站立，肌肉疼痛，关节轻度肿胀、热痛，跛行。

(4)奶牛产奶量剧减，有大量唾液呈线状流出，便秘或腹泻，尿量减少、混浊。孕牛可见流产。多良性经过，一般2～3日可自愈。

病理变化

气管和支气管黏膜充血和点状出血，黏膜肿胀，气管内充满大量泡沫状液体。肺肿大、水肿和间质气肿，压之有捻发音。全身淋巴结充血、肿胀或出血。皱胃、肠黏膜卡他性炎和出血。实质脏器浑浊、肿胀或有出血。

诊断

根据流行特点及临床特点可进行初步诊断。必要时可采发热期的血液送检，进行病毒学检查以确诊。

治疗

本病无特效治疗药物，可据具体情况酌用解热镇痛、强心、利尿及对症治疗。防止并发感染，可适当应用抗菌药。

预防

早发现，早隔离，早治疗。对周围环境消毒，消灭蚊蝇以减少传播机会。加强饲养管理，增强体质，提高抗病力。用灭活苗及弱毒苗预防接种，有一定预防效果。

五、羊鼻蝇蚴病

羊鼻蝇蚴病是由羊狂蝇的幼虫寄生于羊的鼻腔和鼻窦内引起的疾病，又称羊狂蝇蛆病。主要引起慢性鼻炎及鼻窦炎，主要特征为患羊流鼻涕和慢性鼻炎。

病原

羊狂蝇。

生活史

成蝇营自由生活，每年温暖季节出现，尤以夏季为多。雌、雄交配后，雄蝇死亡。雌蝇待体内幼虫形成后，在晴朗无风的天空飞翔，遇羊后突然冲向羊鼻孔，将幼虫产于鼻腔及鼻孔周围，一次产下20～40个，产完后立即飞走。每只雌蝇数日内可产出幼虫500～600个。幼虫迅速爬入鼻腔并向深部移行，在鼻腔、鼻窦、副鼻窦内经两次蜕皮变为第3期幼虫。第3期幼虫再向鼻孔及外侧移行，随患羊喷嚏落至地面，钻入土内化蛹，经1～2个月，羽化为成蝇，成蝇寿命2～3周。在北方每年仅繁殖一代，在温暖地区，每年可繁殖两代。

流行病学

羊狂蝇成虫出现于每年5～9月，尤以7～9月为最多，一般只在炎热晴朗无风的白天活动而侵袭羊只，幼虫一般寄生9～10个月，到第2年春天发育为第3期幼虫，所以本病流行特点是夏季感染春季发病。

症状

1. 成虫影响休息

成虫在侵袭羊群产幼虫时，羊表现不安，互相拥挤，频频摇头、打喷嚏或以鼻孔抵于地面，或把头伸向另一只羊的腹下或两腿之间，或低头奔跑躲闪，严重影响采食和休息，导致消瘦、生长缓慢。

2. 幼虫引起鼻炎

当幼虫进入鼻腔内固着或移行时，刺激鼻腔黏膜肿胀发炎，鼻腔流出浆液性或脓性分泌物，有时混有血丝，分泌物干涸后形成鼻痂，堵塞鼻孔导致呼吸困难。患羊表现打喷嚏、摇头、摩擦鼻部，晚上常发出呼噜声。数月后症状较轻，但至第2年春天，虫体变大且移向鼻孔外侧，症状加重。

3. 有的幼虫引起神经症状

在寄生过程中，部分第1期幼虫可进入额窦、角窦，虫体长大后不能返回鼻腔，由于虫体分泌毒素的作用，加之长期机械性刺激，致使发生额窦炎、角窦炎，严重时累及脑膜，此时出现转圈、歪头、低头等神经症状。其中以转圈运动较多见，因此本病又称为“假回旋病”，应与脑多头蚴病加以区别。

诊断

根据流行病学特点和典型的症状可作出初步诊断，死后剖检在鼻腔及附近腔窦内发现各期幼虫后确诊。

治疗

治疗本病可用下列药物。

(1)精制敌百虫：按每千克体重0.12 mg的剂量，兑水配成2%水溶液口服，对第1期幼虫驱杀效果理想。

(2)碘硝酚：使用20%碘硝酚注射液，以每千克体重15 mg的剂量皮下注射是驱杀羊鼻蝇各期幼虫的理想药物。

(3)伊维菌素：按每千克体重0.2 mg的剂量，皮下注射。

(4)阿维菌素：按每千克体重0.2 mg的剂量，皮下注射。

预防

(1)北方地区可在11月份进行1～2次治疗，可杀灭第1、2期幼虫，同时避免发育为第3期幼虫，以减少危害。

(2)对各种伤口加强治疗和护理，防止鼻蝇骚扰和产幼虫。将清理出的蛆放到强烈的杀虫剂中杀死，以防继续发育为成虫扩大危害。

项目2　以呼吸障碍为主症的牛羊病防治

某奶牛场病牛食欲不振，咳嗽，呼吸困难。根据发病情况及临床检查，要求就诊。

任务1　诊断病牛

1.1　临床检查

一般检查：测病牛体温、脉搏、呼吸数，检查下颌淋巴结状态，观察其精神状态、饮食欲及临床症状等。

系统检查：听诊、触诊、视诊等。

检查结果分析：

1.1.1　全身症状较重，呼吸极度困难，热型不定，脉搏增数，结膜呈蓝紫色，有时

咳嗽，胸部叩诊音高朗，肺泡呼吸音普遍增强并有啰音。→细支气管炎

1.1.2　弛张热型，咳嗽，呼吸困难，叩诊有散在的局灶性浊音区、听诊啰音或捻发音，肺泡呼吸音减弱或消失。→支气管肺炎

1.1.3　病情发展迅速，高热稽留，呈定型经过，胸部叩诊呈大片浊音区，听诊肺脏，有时有较明显的支气管呼吸音，典型病例可见铁锈色鼻液。→大叶性肺炎

1.1.4　突然发病，极度呼吸困难，静脉血鲜红色，肌肉震颤，全身抽搐和闪电式病程。→初诊为氢氰酸中毒

1.1.5　发病突然，黏膜发绀，血液褐变，呼吸困难，神经功能紊乱，经过短急。→初诊为亚硝酸盐中毒

1.1.6　易疲劳，初期干咳后期湿咳，鼻孔流出淡黄色黏稠液，呼吸困难。病程长，病牛日渐消瘦，奶量大减。体表淋巴结肿大，有硬结而无热痛。→初诊为肺结核

1.1.7　呼吸困难、干性痛咳，有泡沫状鼻液，后呈脓性。发病急、病程短。胸部叩诊有浊音区，有疼痛反应。肺部听诊有支气管呼吸音及水泡音，有时有胸膜摩擦音。→初诊为牛巴氏杆菌病

1.2　实验室诊断

对大群发病或久治不愈的病牛，应进行实验室检查。

1.2.1　变性血红蛋白检查：取少许血液于小试管内，暴露于空气中加以振荡，很快转为鲜红色的，为还原型血红蛋白，证明是氢氰酸中毒，血液褐变不退，证明是亚硝酸盐中毒。→可确诊氢氰酸中毒和亚硝酸炎中毒

1.2.2　结核的诊断。

1.2.2.1　结核菌素皮内反应。

1.2.2.2　牛结核菌素点眼反应。

1.2.3　采取心血、肝、脾、淋巴结、乳汁、渗出液等涂片染色镜检查发现两极着色的杆菌。→可确诊牛巴氏杆菌病

1.2.4　针对牛传染性胸膜肺炎病应进行特异性的病原体分离鉴定以及血清学试验等进行诊断。

1.2.5　采取粪便进行虫卵的检查或用幼虫分离法检查幼虫。→可确诊网尾线虫病(肺线虫病)

任务 2　治疗病牛

2.1　肺炎

Rp：

①10%水杨酸钠　150 mL
5%氯化钙注射液　200 mL
40%乌洛托品　50 mL
DS：混合一次静注。每日一次，连用三天。

②复方甘草合剂　100mL
杏仁水　40mL
DS：口服。每日一到两次，连用三天。

2.2 氢氰酸中毒

Rp：

①亚硝酸钠	3 g
0.9%氯化钠注射液	100 mL
DS：一次静注。	
②硫代硫酸钠	10 g
0.9%氯化钠注射液	100 mL
DS：一次静注。	

说明：先注射亚硝酸钠，数分钟后，再用静脉注射硫代硫酸钠，1小时后可重复应用一次。

2.3 亚硝酸盐中毒

Rp：

①1%亚甲蓝注射液	300 mL
DS：一次静脉注射。	
②10%葡萄糖注射液	1 000 mL
5%维生素C注射液	60 mL
10%安钠咖注射液	20 mL
DS：混合，一次静注。	

2.4 牛巴氏杆菌病

Rp：

10%葡萄糖注射液	1 000 mL
10%磺胺嘧啶钠注射液	200 mL
5%氯化钙注射液	200 mL
40%乌洛托品	50 mL
DS：一次静注。每日2次，连用3天。	

任务3 预防疫病

结核确诊后，进行预防措施。坚持防疫消毒措施，定期检疫，发现病牛予以屠宰，无症状阳性牛隔离或淘汰，病毒污染的牛棚、用具、应用20%漂白粉、5%硫酸、5%来苏水处理。每年全场大消毒各一次，如有饲养员患有结核病，不应从事饲养工作。

必备知识

一、支气管肺炎

支气管肺炎，又称小叶性肺炎或卡他性肺炎，是病原微生物感染引起的以细支气管为中心的个别肺小叶或几个肺小叶的炎症。临床上以出现弛张热型、咳嗽、呼吸次数增多，肺区叩诊有散在的岛屿状浊音区、听诊有啰音和捻发音等为特征。

病因

(1)不良因素的刺激，使机体抵抗力降低，特别是呼吸道的防御机能减弱，导致呼吸道黏膜上的常在菌大量繁殖。

(2)血源感染，常见于一些化脓性疾病，如子宫内膜炎、乳房炎等。另外，鼻疽性支气管肺炎也是由血源感染途径而发生的。

(3)继发或并发于许多传染病和寄生虫病的过程中，如传染性支气管炎、结核病、牛恶性卡他热、肺线虫病等。

症状

1. 全身症状

体温升高1.5～2.0℃，呈弛张热型。脉搏数随体温升高而增加(60～100次/分钟)。呼吸频率增加(40～100次/分钟)，严重者出现呼吸困难。精神沉郁，食欲减退或废绝，可视黏膜潮红或发绀。

2. 咳嗽

从短、干、痛咳，逐渐变为湿而长的咳嗽，疼痛减轻或消失，并有分泌物被咳出。流少量浆液性、黏液性或脓性鼻液。

3. 胸部检查

胸部叩诊，当病灶位于肺的表面时，可发现一个或多个局灶性的小浊音区，融合性肺炎则出现大片浊音区；病灶较深，则浊音不明显。听诊病灶部，肺泡呼吸音减弱或消失，出现捻发音和支气管呼吸音，并常可听到干啰音或湿啰音。

4. 血液学检查

白细胞总数增多$(1\sim2)\times10^{10}$L，嗜中性粒细胞比例可达80%以上，出现核左移现象。

5. X射线检查

肺部出现斑片状或斑点状的渗出性阴影，大小和形状不规则，密度不均匀，边缘模糊不清，可沿肺纹理分布。当病灶发生融合时，则形成较大片的云絮状阴影，但密度多不均匀。

诊断

根据咳嗽、弛张热型、肺区叩诊浊音及听诊捻发音和啰音等典型症状，结合X射线检查和血液学变化，即可诊断。

治疗

治疗原则主要是消除炎症，祛痰止咳，制止渗出和促进炎性渗出物吸收。

将病畜置于通风良好、光线充足、温暖的厩舍中。给予富含营养、多汁易消化的饲料及清洁的温水。

1. 消除炎症

临床上常用磺胺和抗生素制剂。

2. 祛痰止咳

祛痰止咳的应用时机和用药方法，同支气管炎的治疗。

3. 制止渗出和促进炎性渗出物吸收

可静注10%氯化钙注射液，每次200～300 mL。亦可应用维生素C和利尿剂。

4. 对症治疗

强心、防止自体中毒等。

二、纤维素性肺炎

纤维素性肺炎是肺泡内以纤维蛋白渗出为主的急性炎症，又称大叶性肺炎或格鲁布性肺炎。临床上以稽留热型、流铁锈色鼻液和肺部出现广泛性浊音区为特征。

病因

本病的病因，一般认为主要有非传染性和传染性两种。

1. 非传染性因素

因机体受寒感冒、过劳、吸入刺激性气体、误咽、胸部外伤等，机体抵抗力下降时，存在于肺中的肺炎双球菌等大量繁殖而发病。

2. 传染性因素

可继发于流行性支气管炎、犊牛副伤寒等疾病中。

症状

1. 全身症状

病初，体温突然升高到40～41℃，高热稽留，持续6～9天后迅速降至常温，全身症状较重。

2. 咳嗽

频频短咳、痛咳，往往出现铁锈色鼻液，但不是所有的病例都能看到。

3. 胸部检查

胸部叩诊，充血期及溶解期呈现浊音；肝变期则呈现大片浊音区，浊音区一般在肘突后方，呈弧形向后上方扩展。胸部听诊，病初充血渗出期，肺泡呼吸音粗厉，并有捻发音和湿啰音，肝变期时病变部位肺泡音消失，支气管呼吸音增强。至溶解期时又可听到湿啰音和捻发音。

4. 血液学变化

白细胞总数增多，可达2万/mm^3以上，核左移，嗜酸性粒细胞和单核细胞减少。重剧病例，可有白细胞减少的现象。

5. X射线检查

充血期仅见肺纹理增强，肝变期发现肺脏有大片均匀的浓密阴影，溶解期表现散在不均匀的片状阴影。

诊断

典型病例，主要根据突然发病、定型经过、高热稽留、铁锈色鼻液，每期均呈现特征性的听诊、叩诊变化等进行诊断。非典型病例，根据在短期内于胸部大区域中有特殊的听诊、叩诊变化，再配合X射线检查有大片阴影，也可作出确切诊断。

治疗

治疗原则为抗菌消炎，控制继发感染，制止渗出和促进炎性产物吸收。

将病畜置于通风良好，清洁卫生的环境中，给予优质易消化的饲草、饲料。

1. 抗菌消炎，控制继发感染

早期使用九一四(新胂凡钠明)有较好疗效，通常按每千克体重0.015 g计算，临用时，将九一四溶于微温(30℃)的5%葡萄糖盐水500 mL内，缓慢静注。最好在注射前半小时，先注射强心剂。九一四应用后，如病情未见好转，可间隔3～4天再注射一次，共注射2～3次。如出现虚脱现象时，迅速皮下注射0.1%肾上腺素3～5 mL。

2. 制止渗出和促进吸收

制止渗出可静注10%氯化钙或葡萄糖酸钙注射液。促进炎性渗出物吸收可用利尿剂。

当渗出物消散太慢，为防止机化，可用碘制剂，如碘化钾，牛 5～10 g；碘酊，牛 10～20 mL(羊酌减)，加在流体饲料中或灌服，每日 2 次。

3. 对症治疗

体温过高可用解热镇痛药，如复方氨基比林、安痛定注射液等；剧烈咳嗽时，可选用祛痰止咳药；严重的呼吸困难可输入氧气；心力衰竭时用强心剂。

三、牛传染性胸膜肺炎

牛传染性胸膜肺炎是由丝状支原体丝状亚种引起的一种高度接触性传染病，又称牛肺疫。以渗出性纤维素性肺炎和浆液纤维素性胸膜肺炎为特征。OIE 将其列为 A 类疫病。

病原

丝状支原体丝状亚种，属支原体科、支原体属成员。

流行病学

传染源是病牛、康复牛及隐性带菌者。隐性带菌者是主要传染源。主要由于健康牛与病牛直接接触传染，病菌经咳嗽、唾液、尿液排出(飞沫)，通过空气经呼吸道传播。适宜的环境气候下，病菌可传播到几千米以外。也可经胎盘传染。牛、水牛、瘤牛易感。山羊、绵羊和骆驼可抵抗，其他动物和人不感染。

症状

1. 急性型

急性型病初体温升高达 40～42℃，呈稽留热型。鼻翼开张，呼吸促迫而浅，呈腹式呼吸和痛性短咳。因胸部疼痛而不愿行走或卧下，肋间下陷，呼气长吸气短。叩诊患侧胸部呈浊音，并有痛感。听诊肺部有湿啰音，肺泡音减弱或消失，代之以支气管呼吸音，无病变部呼吸音增强。有胸膜炎发生时，可听到胸膜摩擦音。病的后期心脏衰弱，有时因胸腔积液，听诊心音微弱甚至消失。重症可见胸前下部及肉垂水肿，尿量少而比重增加，便秘和腹泻交替发生。病畜体况衰弱，眼球下陷、呼吸极度困难，体温下降，最后窒息死亡。急性病例病程为 15～30 天。

2. 慢性型

慢性型多由急性转来，也有开始即取慢性经过的。偶发干性咳嗽，叩诊胸部可能有不大的浊音区。此种患畜在良好饲养管理条件下，症状缓解逐渐恢复正常。少数病例因病变区域较大，饲养管理条件差或劳役过度等因素，易引起恶化，预后不良。

病理变化

1. 胸腔积液

呈无色或淡黄色，内含絮状纤维素。

2. 肺脏炎症

初期以小叶性支气管肺炎为特征，病灶充血、水肿，呈鲜红色或紫红色。中期，呈纤维素性肺炎和浆液性纤维素性胸膜肺炎，肺实质有红、黄、灰等不同时期的肝样病变区，被肿大呈白色的肺间质分隔，形成大理石样外观。末期肺部病灶被结缔组织包围，有的因坏死、液化而形成脓腔、空洞；有的被增生的结缔组织取代，形成瘢痕，有的钙化或形成肉样变。

诊断

(1)依据典型临床症状和病理变化可作出初步诊断，确诊需进一步做实验室诊断。

(2)实验室诊断：指定诊断方法为补体结合试验。替代诊断方法为酶联免疫吸附试验。

病原鉴定：代谢与生长抑制试验、MF－dot、聚合酶链反应(PCR)。

血清学试验：补体结合试验(只适合群体检测)、竞争酶联免疫吸附试验、被动血凝试验(可做筛选试验)。

防治

(1)对疫区和受威胁区6月龄以上的牛只，均必须每年接种1次牛肺疫兔化弱毒菌苗。不从疫区引进牛只。

(2)发现病畜或可疑病畜，要尽快确诊，上报疫情，划定疫点、疫区、受威胁区。对疫区实行封锁，按《中华人民共和国动物防疫法》规定，采取紧急、强制性的控制和扑灭措施，扑杀患病牛只；对同群牛隔离观察，进行预防性治疗。彻底消毒栏舍、场地和饲养工具与用具；严格无害化处理污水、污物、粪尿等。严格执行封锁疫区的各项规定。

四、结核病

结核病是由结核分枝杆菌引起的人畜共患慢性传染病。其病理特征是在多种组织器官形成结核结节、干酪样坏死和钙化病灶。

病原

结核分枝杆菌，主要有牛型、人型和禽型三型。

流行病学

患病动物和人，尤其是开放性患病动物和患者，通过咳嗽、飞沫、呼吸道分泌物、粪尿和乳汁等排出结核杆菌，污染空气、饲料、水和环境，主要经呼吸道和消化道侵入易感机体而引起感染，也可经生殖道、胎盘和损伤的皮肤黏膜感染。

症状

潜伏期长短不一，一般为10～45天，长的达数月至数年。通常呈慢性经过，初期症状不明显，仅见消瘦、倦怠，随病情发展症状逐渐明显。牛最常见的是肺结核、乳房结核和淋巴结核，也可发生肠结核、生殖器官结核、脑结核、浆膜结核及全身性结核。

1. 肺结核

病初易疲劳，常发短而干的咳嗽，尤其当起立、运动和吸入冷空气时易发咳嗽。随病情进展，转为湿咳并加重，病牛呼吸加快或气喘，肺部听诊有干啰音或湿啰音，严重的可听到胸膜摩擦音，叩诊有浊音区。常见肩前、股前、腹股沟、颌下、咽及颈淋巴结肿大。病势恶化可发生全身性结核，即粟粒性结核。

2. 胸膜、腹膜结核

胸膜、腹膜发生结核结节，即所谓的“珍珠病”，胸部听诊可听到摩擦音。

3. 乳房结核

乳牛常发生乳房结核，病初乳房上淋巴结(腹股沟浅淋巴结)肿大，继而后方乳腺区发生局限性或弥漫性硬结、无热无痛，泌乳量减少，严重时乳汁呈水样稀薄。

4. 肠结核

犊牛多发肠结核，主要表现顽固性腹泻和迅速消瘦，发生部位多在空肠和回肠。

5. 生殖器官结核

牛的生殖器官结核较少见，表现性机能紊乱，如发情频繁、性欲亢进、慕雄狂、不孕或孕牛流产。公畜睾丸、附睾肿大，有硬结，有的阴茎前部有结节或糜烂等。

绵羊和山羊的结核病较少见。

人患结核时有全身不适、倦怠乏力、食欲不振、体重减轻、长期低热、心悸和盗汗等共同症状，其他症状随结核菌侵害器官不同而异。常见的有肺结核、颈淋巴结核、肠结核、结核性腹膜炎、结核性胸膜炎、结核性脑膜炎、肾结核、骨关节结核等。

病理变化

特征病变是在患病组织器官上发生增生性结核结节和渗出性干酪样坏死或钙化灶。牛结核病灶最常见于肺、肺门淋巴结、纵隔淋巴结；其次为肠系膜淋巴结和头颈淋巴结；也见于胃肠道黏膜、乳房和胸腹腔浆膜等处。在患病器官上有很多突起的白色或黄色结节，切开后呈干酪样坏死。有的见有钙化，切时有沙砾感。有的坏死组织溶解，排出后形成空洞。珍珠病时，胸腹腔浆膜上密集着粟粒至豌豆大的半透明或不透明的灰白色坚硬结节。

诊断

根据动物不明原因的渐进性消瘦、咳嗽、肺部异常、慢性乳房炎、顽固性腹泻、体表淋巴结肿胀等，可怀疑为本病，结合死后特异性结核病变，可以确诊。对无明显症状病畜、临床上怀疑为本病的动物的检疫，常用变态反应法检查；对患开放性结核病畜和病变组织可进行细菌学检查。

防治

防治结核病应采取加强检疫、防止疫病传入、净化污染群、培育健康畜群等综合性防治措施。

1. 检疫及分群隔离饲养

检疫是发现和净化畜群结核病的重要手段。在本病的清洁地区，每年春秋各进行一次检疫。引入牛时需经产地检疫，并隔离观察 1 月以上，再进行一次检疫，确认健康方可混群饲养。

在疫区对健康牛群每年定期检疫 2 次，对经过定期检疫污染率在 3%以下的假定健康牛群，用结核菌素皮内注射法每年检疫 4 次；对未进行检疫的牛群及阳性反应检出率在 3%以上的牛群，应用结核菌素皮内注射结合点眼法每年进行四次以上的检疫。通过以上检疫，阳性反应牛应立即隔离饲养，开放性结核病牛予以捕杀，疑似反应牛隔离复检。对于污染的牛群，经过如此反复多次检疫，不断清除阳性反应牛，可逐步达到净化。

2. 培育健康犊牛

病牛所产犊牛，出生后吃 5 天初乳，而后隔离饲养，喂以消毒乳或健康牛乳，分别于 20～30 日龄、100～120 日龄、6 月龄进行三次检疫，据检疫结果分群隔离饲养，呈阳性反应的予以淘汰。

3. 消毒

每年进行 2～4 次定期消毒，饲养用具每月定期消毒一次，检出病牛后进行临时消毒，粪便发酵处理，尸体深埋或焚烧。

牛结核病一般不进行治疗，检出后淘汰。有价值的种畜可用链霉素、异烟肼及对氨基水杨酸钠治疗。

五、巴氏杆菌病

牛羊巴氏杆菌病又称为牛羊出血性败血症，是由多杀性巴氏杆菌引起的牛和绵羊的一种急性热性传染病。常以高热、呼吸道及肺部炎症、间或呈现急性胃肠炎以及内脏器官广泛性出血为特征。

病原

多杀性巴氏杆菌。

流行病学

患病动物和带菌动物是本病的传染源。经呼吸道、消化道传播，也可以通过损伤的皮肤黏膜和吸血昆虫传播。各种牛羊均易感，以幼龄动物多见。由于气候剧变、闷热、潮湿、多雨或饲料突变、营养不良、缺奶、长途运输、寄生虫病等不良因素的影响，致使畜体抵抗能力下降，巴氏杆菌趁机大量繁殖致病，多散发。

症状及病理变化

牛患本病的潜伏期为2～5天。症状可分为败血型、浮肿型和肺炎型。

1. 败血型

败血型有的呈最急性经过，没有看到明显症状就突然倒地死亡。大部分病牛初期有高热，精神沉郁，脉搏加快，食欲废绝、反刍停止，结膜潮红，鼻镜干燥，肌肉震颤。继而腹痛、腹泻，粪中含有黏液及血液，随体温下降而死，病程为12～24小时。

剖检见全身浆膜、黏膜、皮下组织和肌肉出血；淋巴结出血、水肿；体腔积存浆液性、纤维素性渗出液；肺水肿。

2. 浮肿型

浮肿型除呈现上述全身症状外，咽喉部、颈部及胸前皮下出现炎性水肿，初期热痛，后逐渐变凉，疼痛减轻。病牛高度呼吸困难，流涎，流泪，并出现急性结膜炎，往往因窒息而死，病程为12～36小时。

剖检见颈、胸部皮下和咽、喉头黏膜水肿(水肿液呈淡黄色)；头、颈部淋巴结充血，呼吸道呈卡他性炎。

3. 肺炎型

肺炎型呈现纤维素性胸膜肺炎症状，呼吸困难，干咳，流泡沫样或脓性鼻液。胸部叩诊有浊音区、听诊有支气管呼吸音及水泡音，胸膜受损害时有胸膜摩擦音。病畜便秘或腹泻。病程一般为3天或1周。

剖检见纤维素性胸膜肺炎变化。胸腔内积存大量浆性、纤维素性渗出液，整个肺有不同时期的肺炎肝变期病变，使肺切面呈大理石状。小叶间水肿、增宽、淋巴管扩张。有时较大范围的肺小叶呈一致的红色充血、出血。此外，尚可见胶样浸润，浆膜散在出血点，支气管和纵隔淋巴结充血、出血。慢性病例可见间质纤维化和化脓性肺炎。

诊断

根据流行情况、症状和病变，特别是作细菌学检查可确诊。

防治

平时加强饲养管理，每年定期用牛出败氢氧化铝菌苗进行预防接种。发生本病时，立即隔离病牛和可疑病牛进行治疗，对同群的假定健康牛可首先用高免血清紧急接种，隔离观察一周后，如无新病例出现再注射疫苗，如无高免血清，也可用疫苗进行紧急免疫接种。对病牛污染的环境和用具进行严格消毒。治疗应用高免血清、抗生素或磺胺类药物。血清和抗菌药物同时应用效果更好。

六、网尾线虫病(肺线虫病)

网尾线虫病是由胎生网尾线虫寄生于牛、羊等动物的呼吸器官而引起的一类线虫病。

病原

寄生于牛、羊体内的主要是胎生网尾线虫。

生活史

成虫寄生于牛气管、支气管内，雌虫产出含有幼虫的虫卵随咳嗽进入口腔后被咽下，在消化道中孵出第1期幼虫，随粪便排出体外，在适宜的条件下，经3周左右发育为感染性幼虫。宿主吃草或饮水时吞食感染性幼虫后感染，幼虫钻入肠壁，在肠淋巴结内蜕皮变为第4期幼虫，经淋巴循环到右心，再随血液循环到达肺脏内发育为成虫。

症状

(1)咳嗽，初为干咳，后变为湿咳，咳嗽的次数逐渐频繁。有的发生呼吸困难和阵发性咳嗽，流淡黄色的黏液性鼻液，在鼻孔周围形成结痂。

(2)体温有时升高到39.5～40℃，食欲减退或消失，消瘦、贫血，放牧时落群，精神不振，呼吸困难。

(3)肺部听诊有湿啰音，在8～9肋间叩诊有浊音。严重者常导致肺泡性及间质性肺气肿，表现为吃力的咳嗽及严重的呼吸困难。

(4)后期卧地不起，口吐白沫，多经3～7日窒息死亡。

诊断

根据临床症状，特别是牛群咳嗽发生的季节和发病率，可考虑是否有线虫感染的可能。用幼虫检查法，在粪便、唾液或鼻腔分泌物中发现第一期幼虫，即可确诊。剖检时在支气管、气管中发现一定量的虫体和相应的病变时亦可确诊为本病。

治疗

治疗本病可选用以下药物。

(1)海群生(乙胺嗪)：按每千克体重50 mg，一次口服。

(2)左旋咪唑：按每千克体重7～8 mg，肌肉或皮下注射。

(3)丙硫咪唑：按每千克体重10～20 mg，口服。

(4)氰乙酰肼：按每千克体重17.5 mg溶于少量温水中，一次灌服，也可拌入少量精料内喂服，或按每千克体重15 mg，配成10%溶液，皮下或肌注，该药宜现用现配。

预防

本病的预防应从以下几个方面着手。

(1)加强饲养管理，合理补充精料，以增强牛体的抗病能力，从而达到减少寄生数量和缩短寄生时间的目的。

(2)应将犊牛与成年牛分群饲养或分群放牧，以避免接触感染幼虫。

(3)对粪便及时堆积发酵处理，以免虫体污染外界环境。

(4)放牧期间要做好普查和定期驱虫工作。

材料设备动物清单

学习情境2	呼吸系统症状为主的牛羊病防治						
项目	序号	名称	作用	数量	型号	使用前	使用后
所用材料设备	1	保定栏	保定动物	6个			
	2	听诊器	听诊	6个			
	3	秤	称羊	1个			
	4	注射器	给药	6个			
	5	点滴管	给药	6个			
	6	消毒棉球	消毒	若干			
	7	游标卡尺	结核检疫	6个			
	8	皮内注射器	注射结核菌素	6个			
	9	牛型提纯结核菌素	结核检疫	1支			
	10	显微镜	病原检查	6台			
	11	染色液	病原检查	若干			
	12	剖检器械	剖检病死牛、羊	2套			
	13	平皿	采病料	若干			
	14	广口瓶	采病料	若干			
所用动物	15	牛	诊治	6头			
	16	羊	诊治	6只			
班级		第　组	组长签字		教师签字		

计　划　单

<table>
<tr><td>学习情境 2</td><td colspan="3">呼吸系统症状为主的牛羊病防治</td><td>学时</td><td>10</td></tr>
<tr><td>计划方式</td><td colspan="5">小组讨论、同学间互相合作共同制订计划</td></tr>
<tr><td>序号</td><td colspan="3">实施步骤</td><td>使用资源</td><td>备注</td></tr>
<tr><td></td><td colspan="3"></td><td></td><td></td></tr>
<tr><td></td><td colspan="3"></td><td></td><td></td></tr>
<tr><td></td><td colspan="3"></td><td></td><td></td></tr>
<tr><td></td><td colspan="3"></td><td></td><td></td></tr>
<tr><td></td><td colspan="3"></td><td></td><td></td></tr>
<tr><td></td><td colspan="3"></td><td></td><td></td></tr>
<tr><td></td><td colspan="3"></td><td></td><td></td></tr>
<tr><td></td><td colspan="3"></td><td></td><td></td></tr>
<tr><td></td><td colspan="3"></td><td></td><td></td></tr>
<tr><td></td><td colspan="3"></td><td></td><td></td></tr>
<tr><td>制订计划
说明</td><td colspan="5"></td></tr>
<tr><td rowspan="3">计划评价</td><td>班　　级</td><td></td><td>第　　组</td><td>组长签字</td><td></td></tr>
<tr><td>教师签字</td><td colspan="2"></td><td>日　　期</td><td></td></tr>
<tr><td colspan="5">评语：</td></tr>
</table>

决策实施单

<table>
<tr><td colspan="2">学习情境 2</td><td colspan="6">呼吸系统症状为主的牛羊病防治</td></tr>
<tr><td colspan="8">计划书讨论</td></tr>
<tr><td rowspan="6">计划
对比</td><td>组号</td><td>工作流程
的正确性</td><td>知识运用
的科学性</td><td>步骤的
完整性</td><td>方案的
可行性</td><td>人员安排
的合理性</td><td>综合
评价</td></tr>
<tr><td>1</td><td></td><td></td><td></td><td></td><td></td><td></td></tr>
<tr><td>2</td><td></td><td></td><td></td><td></td><td></td><td></td></tr>
<tr><td>3</td><td></td><td></td><td></td><td></td><td></td><td></td></tr>
<tr><td>4</td><td></td><td></td><td></td><td></td><td></td><td></td></tr>
<tr><td>5</td><td></td><td></td><td></td><td></td><td></td><td></td></tr>
</table>

<table>
<tr><td colspan="5">制订实施方案</td></tr>
<tr><td>序号</td><td colspan="3">实施步骤</td><td>使用资源</td></tr>
<tr><td>1</td><td colspan="3"></td><td></td></tr>
<tr><td>2</td><td colspan="3"></td><td></td></tr>
<tr><td>3</td><td colspan="3"></td><td></td></tr>
<tr><td>4</td><td colspan="3"></td><td></td></tr>
<tr><td>5</td><td colspan="3"></td><td></td></tr>
<tr><td colspan="5">实施说明：</td></tr>
<tr><td>班　　级</td><td></td><td>第　　组</td><td>组长签字</td><td></td></tr>
<tr><td>教师签字</td><td colspan="2"></td><td>日　　期</td><td></td></tr>
<tr><td></td><td colspan="4">评语：</td></tr>
</table>

作　业　单

<table>
<tr><td>学习情境 2</td><td colspan="6">呼吸系统症状为主的牛羊病防治</td></tr>
<tr><td>作业完成方式</td><td colspan="6">课余时间独立完成。</td></tr>
<tr><td>作业题 1</td><td colspan="6">分析案例一，给出诊断结果及治疗方案。</td></tr>
<tr><td>作业解答</td><td colspan="6"></td></tr>
<tr><td>作业题 2</td><td colspan="6">分析案例二，给出诊断结果及治疗方案。</td></tr>
<tr><td>作业解答</td><td colspan="6"></td></tr>
<tr><td>作业题 3</td><td colspan="6">总结以咳嗽流鼻液、以呼吸障碍为主症的牛羊病的鉴别诊断要点。</td></tr>
<tr><td>作业解答</td><td colspan="6"></td></tr>
<tr><td rowspan="4">作业评价</td><td>班　　级</td><td></td><td>第　　组</td><td>组长签字</td><td colspan="2"></td></tr>
<tr><td>学　　号</td><td></td><td>姓　　名</td><td colspan="3"></td></tr>
<tr><td>教师签字</td><td></td><td>教师评分</td><td></td><td>日　　期</td><td></td></tr>
<tr><td colspan="6">评语：</td></tr>
</table>

效果检查单

<table>
<tr><td colspan="2">学习情境 2</td><td colspan="3">呼吸系统症状为主的牛羊病防治</td></tr>
<tr><td colspan="2">检查方式</td><td colspan="3">以小组为单位，采用学生自检与教师检查相结合，成绩各占总分(100 分)的 50%。</td></tr>
<tr><td>序号</td><td>检查项目</td><td>检查标准</td><td>学生自检</td><td>教师检查</td></tr>
<tr><td>1</td><td>一般检查</td><td>T. P. R. 检查方法正确、结果准确。</td><td></td><td></td></tr>
<tr><td>2</td><td>系统检查</td><td>能重点进行气管、肺的听诊检查，检查方法正确、症状描述正确。</td><td></td><td></td></tr>
<tr><td>3</td><td>结核检疫</td><td>能独立完成，检疫方法正确、结果准确。</td><td></td><td></td></tr>
<tr><td>4</td><td>分析症状</td><td>对检查结果分析正确，能提出理论依据。</td><td></td><td></td></tr>
<tr><td>5</td><td>治疗</td><td>提出的治疗措施合理、全面，治疗方案正确、操作规范。</td><td></td><td></td></tr>
<tr><td>6</td><td>预防疫病</td><td>能组织合理的疫病预防措施。</td><td></td><td></td></tr>
<tr><td rowspan="3">检查评价</td><td>班　　级</td><td>　　　　第　　组</td><td>组长签字</td><td></td></tr>
<tr><td>教师签字</td><td></td><td>日　　期</td><td></td></tr>
<tr><td colspan="4">评语：</td></tr>
</table>

评价反馈单

学习情境2	呼吸系统症状为主的牛羊病防治				
评价类别	项目	子项目	个人评价	组内评价	教师评价
专业能力（60%）	资讯（10%）	获取信息（5%）			
		引导问题回答（5%）			
	计划（5%）	计划可执行度（3%）			
		用具材料准备（2%）			
	实施（20%）	各项操作正确（8%）			
		完成的各项操作效果好（6%）			
		完成操作中注意安全（4%）			
		操作方法的创意性（2%）			
	检查（5%）	全面性、准确性（3%）			
		生产中出现问题的处理（2%）			
	结果（10%）	使用工具的规范性（4%）			
		操作过程规范性（4%）			
		工具和设备使用管理（2%）			
	作业（10%）	结果质量			
社会能力（20%）	团队合作（10%）	小组成员合作良好（5%）			
		对小组的贡献（5%）			
	敬业、吃苦精神（10%）	学习纪律性（4%）			
		爱岗敬业和吃苦耐劳精神（6%）			
方法能力（20%）	计划能力（10%）	制订计划合理			
	决策能力（10%）	计划选择正确			
意见反馈					
请写出你对本学习情境教学的建议和意见					

评价评语	班级		姓名		学号		总评	
	教师签字		第　组	组长签字			日期	
	评语：							

学习情境3

血液循环系统症状为主的牛羊病防治

学习任务单

<table>
<tr><td>学习情境3</td><td colspan="4">血液循环系统症状为主的牛羊病防治</td><td>学时</td><td>8</td></tr>
<tr><td colspan="7">布置任务</td></tr>
<tr><td>学习目标</td><td colspan="6">1. 明确以血液循环系统症状为主的牛羊病的种类及其基本特征。
2. 能够说出各病的病性和主要临床症状。
3. 能够通过一般检查、系统检查及与类症疾病鉴别，进行本类疾病的现场诊断。
4. 能够运用实验室诊断最后作出正确诊断。
5. 能够对诊断出的疾病予以合理治疗。
6. 能够独立或在教师的引导下分析、解决各方面工作中出现的一般性问题。
7. 养成科学态度及团队协作、严谨工作能力，增强职业责任感。</td></tr>
<tr><td>任务描述</td><td colspan="6">对临床生产实践多发的血液循环系统症状为主的牛羊病作出诊断，予以治疗，制定及实施防治措施。具体任务如下：
1. 诊断与治疗心力衰竭、心包炎。
2. 鉴别诊断心脏功能紊乱为主的疾病。
3. 贫血的病因、症状及诊治。
4. 诊治牛代谢性血红蛋白尿病、犊牛水中毒。
5. 诊断与防治钩端螺旋体病、附红细胞体病、东毕吸虫病、梨形虫病。
6. 鉴别诊断牛代谢性血红蛋白尿病、钩端螺旋体病、附红细胞体病、东毕吸虫病、梨形虫病。</td></tr>
<tr><td>学时分配</td><td>资讯1学时</td><td>计划0.5学时</td><td>决策0.5学时</td><td>实施5学时</td><td>考核0.5学时</td><td>评价0.5学时</td></tr>
<tr><td>提供资料</td><td colspan="6">1. 孙英杰．牛羊病防治．北京：中国农业出版社，2011
2. 李玉冰．兽医临床诊疗技术．北京：中国农业出版社，2008
3. 牛羊病防治精品课网址：
http：//113.0.240.9：8080/book－show/flex/book.html？courseNumber＝587322</td></tr>
<tr><td>对学生要求</td><td colspan="6">1. 以小组为单位完成任务，体现团队合作精神。
2. 严格遵守兽医诊所和养殖场制度。
3. 严格遵守操作规程，避免安全事故发生。
4. 严格遵守生产劳动纪律，爱护劳动工具。</td></tr>
</table>

任务资讯单

学习情境 3	血液循环系统症状为主的牛羊病防治
资讯方式	通过资讯引导，观看视频，到本课程的精品课网站、图书馆查询，向指导教师咨询。
资讯问题	1. 心力衰竭、心包炎的症状、诊断、治疗原则及治疗方案。 2. 贫血的病因、治疗原则及方案。 3. 牛代谢性血红蛋白尿病、犊牛水中毒、钩端螺旋体病、附红细胞体病、东毕吸虫病、梨形虫病的临床特点、诊断方法、治疗原则及方案。 4. 钩端螺旋体病、附红细胞体病、东毕吸虫病、梨形虫病的流行病学特点、病理变化、实验室诊断方案及综合防疫方案。
资讯引导	1. 在信息单中查询。 2. 进入牛羊病防治精品课 http：//113.0.240.9：8080/book－show/flex/book.html? courseNumber＝587322 网站查询。 3. 相关教材和网站资讯查询。

案例单

学习情境 3	血液循环系统症状为主的牛羊病防治	
序号	案例内容	诊断思路提示
案例一	李某饲养的 1 头奶牛，怀孕约 6 个月，十多天前吃草少，常将两后肢站到粪尿沟里，有时哼哼，请兽医诊治效果不佳。 检查发现：患牛消瘦、精神沉郁，颈静脉怒张、波动明显，颌下及胸前水肿，肘部外展，胸肌震颤，不愿走动，眼结膜发绀，眼球下陷。听诊心率 100 次/分钟，心音不清、低沉，可听到拍水音。瘤胃轻度臌气，蠕动音几乎消失。叩诊心区时牛出现躲闪。体温 39.3℃。	该病可通过病史调查及临床检查作出初步诊断为牛创伤性网胃心包炎。确诊可借助 X 射线检查及金属异物探测器检查或剖腹探查。
案例二	某牛场去年秋季从外地引进一批牛，数月后发病，开始时个别牛表现高烧，体温达到 41℃，用抗生素治疗无效，后改用贝尔尼，症状好转。5 月又有几头牛开始发病，到了 7 月发病率达到 70%，症状都相同，还有 4 头母牛流产，1 头牛死亡。 检查发现：多数病牛体温达 41℃，少数超过 42℃，呼吸加快，70 次/分钟，心率快，100～120 次/分钟。病牛消瘦、可视黏膜苍白黄染，有的牛排清亮透明的红尿。	通过病史调查及临床检查作出初步诊断为牛附红细胞体病或梨形虫病。确诊需进行血涂片染色镜检。
案例三	一头 2 月龄奶牛犊，大量饮水后发病，排出暗红色尿液，饮食欲废绝，气喘严重。 检查发现：体温 38.6℃、脉搏 96 次/分钟、呼吸数 80 次/分钟。精神沉郁，腹部膨胀，呼吸迫促，可视黏膜苍白，尿呈淡红色，排粥状稀便。瘤胃蠕动音稀少，肺呼吸粗厉，有啰音。	该病可通过病史调查及临床检查作出初步诊断。进一步检查可进行尿液检查。

相关信息单

【学习情境 3】

血液循环系统症状为主的牛羊病防治

项目 1　以心脏功能紊乱为主症的牛羊病防治

杨某有一头 4 岁奶牛，精神沉郁，食欲减退，下颌、胸前水肿，无热无痛，颈静脉怒张，稍有刺激或运动就呼吸急促，经几次治疗效果不佳。

任务 1　诊断病牛

临床检查

一般检查：测病牛体温、脉搏、呼吸数，观察其精神状态、饮食欲、皮肤等。

系统检查：听诊、触诊、视诊等。

检查结果分析：

1.1　病畜可视黏膜发绀，脉搏细数，颈静脉阴性波动，心音减弱，出现心内杂音和心律不齐。→慢性心力衰竭

1.2　体温升高，驻立时左肘头外展，肘肌震颤，以手按压心区敏感。脉搏细数，颈静脉阴性波动，听诊心音十分微弱，听到心包拍水音或摩擦音，瘤胃轻度臌气，顽固的前胃弛缓。→初步诊断为牛创伤性网胃心包炎，可进行心包穿刺检查确诊

任务 2　治疗病牛

2.1　心力衰竭

Rp：

①洋地黄酊　40 mL

DS：内服。首次投予 20 mL。6 小时后投予 10 mL，然后每隔 6 小时内服 5 mL。

②25%葡萄糖注射液　1 000 mL

胰岛素　100 IU

10%氯化钾注射液　30 mL

DS：一次静脉滴注。

2.2　心包炎

不主张治疗，若治疗可采用以下方法。

Rp：

①5%葡萄糖　500 mL

20%安钠咖　20 mL

10%磺胺嘧啶钠　100 mL

维生素 B_1　0.5 g

维生素 C　0.3 g

DS：一次静脉注射，每天一次。

②青霉素 G 钠 200 万 IU
0.25%普鲁卡因 100 mL
DS：心包穿刺冲洗后注入。

必备知识

一、心力衰竭

心力衰竭是指心肌收缩力减弱、心功能不全而引起全身血液循环障碍的一种疾病，是各种心脏疾病和多种疾病发生的一种综合征或并发症。

病因

1. 原发性急性心力衰竭

原发性急性心力衰竭主要是过度的使役或心脏突然受到剧烈的刺激以及心脏一时性负担过重，如触电、静脉输液(特别是静注氯化钙)浓度过大、速度过快、剂量过大都可引起心衰。

2. 继发性急性心力衰竭

继发性急性心力衰竭见于多种传染病、寄生虫病，某些内科病、中毒病和热性病等经过中。

3. 慢性心力衰竭

慢性心力衰竭多继发或并发于心脏本身各种疾病，如心包炎、心肌炎、心脏瓣膜病等，以及导致血液循环障碍的慢性病，如慢性肺泡气肿、慢性肾炎等；此外长期服重役或心脏长期负担过重也可导致本病的发生。

症状

1. 急性心力衰竭

急性心力衰竭由于病情轻重的不同而表现不同。

饮食欲减退或废绝。呼吸困难或高度困难，黏膜瘀血或高度瘀血，静脉充盈或怒张，结膜呈不同程度的蓝紫色。病畜精神沉郁或高度沉郁乃至晕厥倒地痉挛、抽搐甚至死亡。

病初心搏动增强或高度增强，第一心音增强，第二心音减弱或消失。

临近死亡时，心搏动和心音都减弱，脉搏相应减弱甚至不感于手。心率增快，每分钟可达 100～120 次，甚至 140 次以上(也有心动徐缓的)。往往心律不齐，经常出现期外收缩(严重的可出现室性阵发性心动过速，临近死亡时，则可出现心室震颤或心室纤维性颤动)。

左心衰竭时，很快发生肺水肿，呼吸极度困难，从鼻孔流出多量无色细小泡沫状鼻液，胸肺部听诊有广泛性湿啰音。

2. 慢性心力衰竭

慢性心力衰竭病情发展缓慢，病程持久，病势弛张。

病畜精神沉郁，食欲减退，不耐使役。呼吸困难，尤以运动时明显。可视黏膜发绀，甚至体表静脉怒张。常发心性浮肿，于垂皮、腹下、四肢末梢出现对称性水肿，无热无痛。心音，尤其是第二心音减弱，脉搏细数，往往出现心内杂音和心律不齐。

右心衰竭时，除胸腔、腹腔、心包腔积液外，常引起脑、肝、肾、胃肠道瘀血，呈现意识障碍、肝功能异常、尿液异常、消化不良等症状。

诊断

急性心力衰竭，主要根据发病原因，临床上突然呈现心音增强，心动过速或心动过缓，结膜高度瘀血，很快出现肺水肿及意识障碍等进行诊断。

慢性心力衰竭，主要根据心音尤其是第二心音减弱，脉搏疾速、减弱，不耐使役，易出汗，体表静脉怒张以及心性浮肿进行诊断。

治疗

治疗原则是加强护理、减轻心脏负担、增强心肌收缩力和排血量以及对症治疗等。

1. 加强护理

让病畜充分休息。少量多次地喂给柔软易消化而富含营养的饲料。对出现心性浮肿的病畜，则应适当限制饮水和食盐的摄入。

2. 减轻心脏负担

(1)泻血疗法。可根据患畜体质、静脉瘀血程度，酌情从静脉放血 1 000～2 000 mL(营养不良及贫血患畜禁止放血)，随后静脉缓慢注射25%葡萄糖注射液 1 000～1 500 mL，可增强心脏机能，改善心肌营养。

(2)限制水、盐的摄入。为减轻心脏负担，对出现心性浮肿的病畜，除限制饮水量和补盐量的同时，还要适当应用利尿剂。

3. 增强心肌收缩力

可补充心肌营养，同时根据不同情况选用强心剂。

(1)补充心肌营养。为了增强心肌收缩力，可应用心肌能源物质，如葡萄糖、胰岛素、氯化钾注射液，牛可于25%葡萄糖注射液 1 500 mL 内加入胰岛素 100 IU、10%氯化钾注射液 30 mL，静脉滴注。也可选用三磷酸腺苷、乙酰辅酶A、细胞色素C、维生素B_6和葡萄糖注射液等所谓的能量合剂进行静注，作为辅助治疗，效果较为理想。

(2)强心剂的选用。

① 当心搏动骤停，为了使心脏复苏时，可选用肾上腺素，如0.1%肾上腺素注射液3～5 mL，加入25%～50%葡萄糖注射液 500 mL 内，静脉滴注(最好在用此药品的同时，皮下注射0.2%硝酸士的宁注射液5～10 mL，以防副作用的发生)。

② 在急性心力衰竭，为了急救，应选用速效、高效的强心剂，如毒毛花苷K，牛1.25～3.75 mg，用5%葡萄糖注射液稀释，缓慢静脉滴注，静注后3～10分钟显效；西地兰，牛1.6～3.2 mg，以5%葡萄糖注射液稀释，缓慢静脉滴注，静注后约8分钟显效。也可用0.02%洋地黄毒苷注射液5～10 mL，首次注射全效量的1/2，以后每隔2小时注射全效量的1/10。

③ 严重的心力衰竭，在发生肺水肿时，可用0.1%异丙肾上腺素注射液1～3 mL，加入25%葡萄糖注射液 100 mL 内，静脉滴注(但此药有加快心率的副作用)。

④ 减慢心率，矫正心律。对心率过快，心律不齐者可肌注复方奎宁注射液，牛10～20 mL，每日2～3次(配合洋地黄制剂静注效果更好)。

⑤ 慢性心力衰竭，可用洋地黄末(牛)2～5 g，或洋地黄酊(牛)20～40 mL内服。首次投予全效量的1/2。6小时后投予全效量的1/4，然后每隔6小时内服全效量的1/8。

根据病情需要，强心剂也可适当选用咖啡因和樟脑制剂。

二、心包炎

心包炎是心包腔壁层和脏层的一种炎性疾病。临床上以心区疼痛，心包摩擦音，心包拍水音及心脏浊音区扩大为特征。牛尤以创伤性心包炎为多见。

病因

① 创伤感染，是牛发病的主要原因，常因创伤性网胃炎引起。

② 邻近器官炎症的蔓延；身体其他部位的感染，可通过血源感染心包。

③ 在各种传染病的经过中，病原微生物随血流进心包引起炎症。

④ 心包炎可在心包先天发育缺陷、心包肿瘤等先天性或获得性心包疾病基础上发生。

症状

1. 全身症状

病初体温升高达 39～40℃。个别病例达 41～42℃，当病程延缓时，体温可降到常温，脉搏增减与体温升降不相一致，即体温降到常温时，脉搏数仍降不到常数。

2. 心脏检查

初期心搏动加快、增强甚至出现心悸。心音增强，心律不齐，可出现期外收缩、传导阻滞和阵发性心动过速等，可出现心包摩擦音。叩诊心区，动物有疼痛反应。

随着病程发展，心包内渗出液不断增多，心包摩擦音减弱或消失，有时出现心包拍水音或金属音。与此同时，心脏受渗出液压迫，心音低沉而遥远，心搏动明显减弱，叩诊心脏浊音区明显扩大。若有腐败性气体存在时，在其浊音界上方可出现鼓音或浊鼓音。

心力衰竭的表现从病初开始出现，随病程发展逐渐加重。

3. 血液检验

白细胞总数增多，嗜中性粒细胞比例增大，核左移。转为慢性时，血液变化不明显。

血源感染性心包炎，常取急性经过，病程数日或数周，如不死于原发病，多可自行康复或转为慢性。创伤性心包炎，多取亚急性或慢性经过，预后不良。

病理变化

浆液性、纤维蛋白性心包炎，心包表面的血管扩张充血，心包腔内含有大量浆液性、纤维蛋白性渗出液，心外膜被覆薄层卵黄色、易于剥离的纤维素，如病程较久，被覆于心外膜上的纤维素呈绒毛状，被称为绒毛心。结核性心包炎，心脏外观形似盔甲。创伤性心包炎，心包增厚、扩张而紧张，心包腔蓄积多量污秽、恶臭的渗出液。渗出液量在牛可达 10～20L，羊可达 5～8L。

诊断

根据病史、心区疼痛、心包摩擦音或拍水音、心脏浊音区扩大、颈静脉怒张呈索状、下颌间隙等处水肿以及血液学变化等，一般可以作出诊断。必要时施行心包穿刺，一般都可作出明确诊断。

治疗

由感染引起的心包炎，在治疗原发病的同时，注意维护心脏功能(见心力衰竭)，有望治愈。一般认为，创伤性心包炎多无救治希望，应尽早淘汰。

项目2 以贫血为主症的牛羊病防治

某奶牛场饲养400多头奶牛，有13头奶牛在一个月内相继出现同样症状：精神沉郁，可视黏膜苍白黄染，呼吸急促，有的在发病过程中出现过红尿。

任务1 诊断病牛

1.1 临床检查

一般检查：测病牛体温、脉搏、呼吸数，观察其皮肤及可视黏膜等。

系统检查：听诊、触诊、视诊等。

检查结果分析：

1.1.1 体温正常，食欲及反刍变化不明显，尿液呈红色，病牛中有的出现尾椎吸收及跛行表现。→初诊为牛代谢性血红蛋白尿病

可进行血清磷的测定，若无实验室条件，可直接补磷试治，若治疗效果明显则可确诊。

1.1.2 精神沉郁，食欲减退或废绝，可视黏膜苍白或黄染，高热，常用抗菌药治疗效果不佳。→怀疑为牛附红细胞体病或牛梨形虫病

可进行血涂片染色镜检确诊。

1.2 实验室诊断

1.2.1 尿液检查，尿液放置后管底沉淀镜检无红细胞。尿中血红蛋白检查呈阳性、尿沉渣中无红细胞。结合血清中磷的测定：血清无机磷从正常的7 mg降至3 mg以下。→牛代谢性血红蛋白尿病

1.2.2 血液检查，血液涂片，无水乙醇固定，姬姆萨染色，油镜下观察。

1.2.2.1 红细胞变得不规则，周围有小球状微生物，呈紫红色，染色较深，微调显微镜，可见折光性很强的小体。形状以圆形的居多，也有椭圆形的。→牛附红细胞体病

1.2.2.2 红细胞内有呈戒指状、椭圆形、逗点状虫体。→牛梨形虫病

任务2 治疗病牛

2.1 牛代谢性血红蛋白尿病

Rp：

①20%磷酸二氢钠溶液 500 mL

DS：一次静注，每日1次，连用5天。

②每日在饲料中添加饲料用磷酸氢钙150 g，连用15天。

2.2 牛附红细胞体病

Rp：

0.9%氯化钠注射液 1 000 mL

长效土霉素 30 g

DS：一次静脉注射，每天2次，连用三天。

2.3 牛梨形虫病

Rp：

0.9%氯化钠注射液	40 mL
贝尼尔	2 g

DS：一次肌肉注射，每天一次，连用三次。

必备知识

一、贫血

全身血溶量减少或单位容积血液中红细胞数、血红蛋白含量低于正常标准时，均称为贫血。主要表现为皮肤和可视黏膜苍白，以及各器官由于组织缺氧而产生的各种症状。

病因

1. 失血性贫血

失血性贫血有内出血、外出血两种。外出血，包括创伤、手术、流产、分娩等时损伤的出血。内出血为寄生虫病过程中的反复少量失血，消化、呼吸、生殖、泌尿系统等器官的急慢性出血及某种原因引起的肝、脾破裂出血。

2. 营养不良性贫血

营养不良性贫血是由于造血原料不足引起的贫血。如铁、铜、钴、维生素 B_{12}、叶酸和蛋白质等的缺乏，以及胃肠的消化和吸收功能障碍引起。

3. 溶血性贫血

凡能导致溶血性的疾病，如某些溶血性毒物中毒，如汞、铅、砷、铜和蛇毒；某些血源性寄生虫病和传染病，如锥虫病、梨形虫病、钩端螺旋体病等；某些代谢性疾病，如牛产后血红蛋白尿症等；不相合血型输血等，都能发生溶血性贫血。

4. 再生障碍性贫血

由于骨髓的造血功能衰竭引起。见于某些有毒物中毒，如汞、苯、砷、有机磷中毒。也见于某些药物中毒，如磺胺等中毒。在某些传染病和寄生虫病的经过中也常出现，如结核病、梨形虫病、钩端螺旋体病等。此外，放射线的经常照射，也能引起本病。

症状

贫血的共同症状主要表现为体质虚弱，容易疲劳，多汗，心跳、呼吸加快，结膜苍白，血红蛋白量和红细胞总数减少，红细胞形态改变等。

1. 急性失血性贫血

急性失血性贫血病程发展迅速，病畜衰弱，精神萎靡，行走不稳，出冷黏汗，体温降低，鼻端、角、耳和四肢末端厥冷，可视黏膜急剧苍白，脉搏快而弱，呼吸加快。濒死期，瞳孔散大，昏睡甚至昏迷、休克，倒地痉挛死亡。

2. 慢性失血性贫血

慢性失血性贫血出现渐进性消瘦及衰弱，嗜眠，脉搏快而弱，呼吸快而浅表，结膜逐渐苍白，病程长时在胸腹下部及四肢末端发生水肿，最终死于因贫血而引起的心力衰竭。

血液检查，血液稀薄、血沉加快、血红蛋白和红细胞数减少。病程长时，可见有核红细胞及淡染、大小不均的红细胞。

3. 营养不良性贫血

营养不良性贫血病程较长，可视黏膜逐渐苍白，全身状态进行性衰弱。往往出现颌下、胸腹下及四肢下部皮下组织水肿。

血液检查，除血红蛋白量和红细胞数降低外，血中可出现大量网织红细胞和异形红细胞。缺铁时，红细胞直径缩小、淡染。缺维生素 B_{12} 和叶酸时，红细胞直径增大。

4. 溶血性贫血

溶血性贫血皮肤与可视黏膜苍白且黄染，血液中出现大量胆红素，粪便色深，尿中尿胆素原增多，甚至排血红蛋白尿。

5. 再生障碍性贫血

再生障碍性贫血除继发于急性放射病外，一般发病较缓慢，但可视黏膜苍白程度有增无减，全身症状越来越重，而且伴有出血性素质综合征，血液凝固变慢。常常发生难以控制的感染，预后不良。

血液检查，红细胞、白细胞和血小板均显著减少。

诊断

(1)急性出血性贫血，可根据临床症状和发病情况作出诊断。对内出血则需作各系统的详细检查，如为肝脾破裂，作腹腔穿刺即可确定。

(2)有贫血症状，而且黄疸较重时，可考虑溶血性贫血。

(3)贫血的同时有渐进性营养不良现象，且出现红细胞淡染、网织红细胞、红细胞直径缩小等，可诊断为缺铁性贫血。

(4)出现出血性素质，血液中缺乏幼龄红细胞，同时白细胞和血小板皆减少，可考虑为再生障碍性贫血。

治疗

1. 失血性贫血

失血性贫血首先应查明并除去发病原因，保持患畜安静。

若为外出血，可用外科方法止血或用止血药物。

若为内出血，可及时使用促进血液凝固的药物，如静注10%氯化钙注射液，牛200～300 mL，羊30～50 mL或10%枸橼酸钠注射液，牛100～150 mL，羊20～50 mL。也可使用止血剂，如0.5%安络血注射液，牛10～20 mL，羊1～5 mL，肌注。同时，用5%葡萄糖生理盐水注射液进行输液。

2. 营养不良性贫血

营养不良性贫血除加强营养，促进消化、吸收及驱虫等外，还需补充所需营养。

(1)缺铁性贫血。大型家畜可用硫酸亚铁口服，每天6～8 g，一周后改为3～5 g，连用1～2周为一疗程。并同时使用稀盐酸10～15 mL，加水500 mL内服，每日一次，以促进铁的吸收。

(2)缺铜性贫血。通常用硫酸铜口服，牛3～4 g，羊0.5～1 g，溶于适量水中灌服，每周1次，3～4次为一疗程。或用0.5%硫酸铜注射液，牛100～200 mL，羊30～50 mL，静注，每周1次，3～4次为一疗程。

(3)缺钴性贫血。可应用维生素 B_{12} 或直接补钴，羊可用维生素 B_{12} 100～300 μg，肌注，每周1次，3～4次为一疗程。但为了经济、方便，通常应用硫酸钴，牛30～70 mg，羊7～10 mg，内服，每周1次，4～6次为一疗程。

3. 溶血性贫血

溶血性贫血主要是控制感染，排除毒物，输液及使用利尿剂。

4. 再生障碍性贫血

再生障碍性贫血由于难以治愈和经济价值问题，一般不予治疗。

5. 继发性贫血

继发性贫血继发于传染病、寄生虫病、代谢性疾病及消化不良的贫血，应及时治疗原发病。

预防

加强护理，防止各种跌倒导致的急、慢性的失血，对容易引起贫血的各种感染和中毒，要及时诊断和治疗，防止溶血性和再生障碍性贫血的发生；定期驱除胃肠道的寄生虫，加强妊娠母畜的饲养管理，给予易消化的全价饲料。慎重选用药物，尽量不用对骨髓有抑制作用的药物。

二、以溶血为主症的普通病

(一)牛代谢性血红蛋白尿病

牛代谢性血红蛋白尿病是一种多发于高产乳牛的营养代谢性疾病。临床上以低磷酸盐血症、急性溶血性贫血和血红蛋白尿为特征。

病因

(1)低磷酸盐血症是本病的一个重要因素。

(2)有人发现饲喂十字花科植物可引起本病。

(3)铜缺乏可引起本病，与土壤缺铜有关。

(4)寒冷可能是本病的重要诱发因素。

症状

1. 血红蛋白尿

红尿是本病最突出的，甚至是早期唯一的症状。尿液呈淡红色、红色、暗红色甚至紫红色或棕褐色，经 2～3 天后，即使不经过治疗也会逐渐消退，恢复正常，但常反复发生。这种尿液做潜血试验呈强阳性反应，而尿沉渣中很少或不见红细胞。

2. 全身症状

病牛乳产量下降，而体温、呼吸、食欲均无明显变化。但随病情加重，表现出溶血性贫血的相应症状。

诊断

本病多于妊娠中后期及泌乳高峰期发生，据血红蛋白尿、贫血、低磷酸盐血症等及饲料中磷缺乏或不足、磷制剂疗效显著等不难诊断。

治疗

治疗原则为去除病因、尽快提高血磷水平。可同时用以下 2 种方法。

(1)20%磷酸二氢钠溶液 300～500 mL，一次静注，每日 1 次或 2 次，连用 5～7 天。

(2)每日在饲料中添加饲料用磷酸氢钙 100～150 g，连用 10～15 天。

缺铜引起的血红蛋白尿的治疗见“贫血”中营养不良性贫血的缺铜性贫血的治疗。

(二)犊牛血红蛋白尿病

犊牛血红蛋白尿病也称犊牛水中毒。是犊牛一次性大量饮水所致的一种以排血红蛋白尿、贫血为特征的疾病。本病以6月龄内的犊牛最易发生。

病因

一次性暴饮是本病的主要原因。

症状

(1)轻症的病例在一次暴饮之后仅表现为排血红蛋白尿，经2～3天恢复正常。

(2)重症病例可出现腹痛、起卧不安、排稀粪、流涎、口吐白沫、眼结膜苍白或发绀等症状。严重时昏迷，肌肉震颤，有的出现短暂角弓反张，惊厥，个别出汗。体温正常或偏低，呼吸、心跳加快。

诊断

据犊牛一次性暴饮数小时后发病、排出血红蛋白尿可确诊。

治疗

治疗原则是强心利尿，抗菌消炎。加强饲养管理，做好犊牛的饮水供应与喂量。轻度中毒不用药物治疗，只需立即停止饮水，便能自愈；严重的病例，可采用50%葡萄糖溶液、10%安钠咖注射液、速尿、青霉素、40%乌洛托品等药物治疗。药物的用法与用量应根据犊牛的病情和日龄合理选择。

三、以溶血为主症的传染病

(一)钩端螺旋体病

钩端螺旋体病(简称钩体病)又称为细螺旋体病，是由螺旋体引起的一种人兽共患传染病。动物多隐性感染，急性病例主要表现发热、贫血、黄疸、血红蛋白尿、皮肤黏膜坏死，孕畜流产。

病原

病原为钩端螺旋体。

流行病学

各种家畜和野生的哺乳动物以及人均可感染。病畜和带菌动物是传染源，病原体从尿液排出后，污染周围的水源、土壤，经过损伤的皮肤、黏膜及消化道而感染。也可经消化道、交配及吸血昆虫叮咬引起感染。

症状

1. 牛急性型

牛急性型表现突然高热，黏膜黄染，尿色暗，含有大量白蛋白、血红蛋白和胆色素，常见皮肤干裂、坏死和溃疡，病程3～7天，病死率很高。

剖检见皮肤、黏膜和皮下组织黄染，各器官有出血点，肝、脾等有坏死灶。

2. 牛亚急性型

乳牛常为亚急性型。表现轻度发热、减食、黄疸，产奶量显著下降或停止，乳色变黄并有血凝块，经2周后逐渐好转。孕牛常发生流产，有时兼有急性、亚急性症状。

3. 羊

羊症状与牛基本相似，发病率低。

4. 人

人感染后表现突然发热，头痛，肌肉痛，尤其以腓肠肌疼痛并有压痛为特征。腹股沟淋巴结肿痛，皮肤黏膜出血、黄疸，肾功能衰竭和血红蛋白尿等。

诊断

本病症状和剖检多无特征性，确诊有赖于实验室细菌学诊断及血清学试验。

治疗

对带菌动物一般认为链霉素、土霉素等四环素族抗生素有一定疗效。青霉素、链霉素、氯霉素、土霉素和四环素对患病动物均有一定疗效。同对配合对症治疗。

预防

防止本病的发生，要开展灭鼠活动。在引进牛、羊时，要做好血清学检查，避免带菌牛、羊混入，传播本病。发现病牛、羊应立即隔离治疗，彻底消毒被污染的场地。同时要注意饲料和饮水卫生，平常要做好消毒工作。本病常发地区，可接种钩端螺旋体病多价菌苗。在感染牛、羊群内工作人员应注意个人防护，避免接触被病畜粪尿污染的物品，禁止赤脚工作。发现感染症状时，如发热、头痛、全身不适、无力、腹股沟淋巴结肿痛等，应及时就医治疗。

(二)附红细胞体病

附红细胞体病是由附红细胞体引起的一种人畜共患的传染病。临床上以发热、贫血、黄疸、血红蛋白尿为特征。

病原

附红细胞体简称附红体，现在一般将其列入立克次氏体目、无浆体科、附红细胞体属。

流行病学

附红细胞体的宿主有绵羊、山羊、牛、猪多种畜禽和人等。多认为附红体对宿主有特异性。本病的传播途径尚不完全清楚。传播方式有接触传播、血源传播、垂直传播及昆虫媒介传播等。本病多发于夏秋或雨水较多的季节，其他季节也有发生。

症状

本病多数呈隐性经过，在受应激因素刺激下可出现临床症状。

1. 急性型

急性型患牛体温升高达到 41～41.5℃，少数超过 42℃。可视黏膜苍白、黄染，呼吸急促，心跳加快，前胃弛缓，粪便干稀交替出现，产奶量急剧下降。有时粪便带暗红色血液，尿呈淡黄色。怀孕奶牛可引起早产、流产、胎衣不下等。病至后期，胸部皮下组织水肿，全身出现黄疸，严重者血液稀薄且凝固不良，淋巴结肿大。

2. 慢性型

慢性型患病畜体长期携带附红细胞体，不表现明显的症状，只有体质下降，精神沉郁，消瘦，粪便带血或黏膜出血，可视黏膜及乳房黄染、苍白，产奶量无高峰期，发情不正常，屡配不孕，有的吐草。

病理变化

本病主要病理变化为贫血和黄疸。患畜腹下及四肢内侧多有紫红色出血斑，全身淋巴结肿胀；急性死亡病畜的血液稀薄，不易凝固；腹水增多，肝、脾肿大且质软，部分肝细胞溶解坏死，呈针尖大小的黄色点状坏死；胆囊膨大，胆汁浓稠；肺、心、肾有不同程度的炎性变化。瘤胃黏膜呈现出血现象，皱胃黏膜有出血，并有大量的溃疡灶。肠道黏膜有出血点及溃疡。

诊断

依据临床症状、剖检变化可作出初步诊断。确诊需进行实验室诊断。病原体检查可取感染附红细胞体病畜的末梢血或静脉血涂片，姬姆萨染色或瑞特氏染色，镜检。诊断牛附红细胞体病主要应注意与梨形虫病、钩端螺旋体病相区别。

治疗

可使用长效土霉素、咪唑苯脲、血虫净(贝尼尔)、914等药物进行治疗，同时采取补液、强心等对症治疗措施。

预防

加强饲养管理，保持畜舍适宜的温度、湿度，加强通风，保持空气清新，安定环境，减少应激因素。定期消毒驱虫，杀灭蚊蝇、虱。做好针头、注射器的消毒，杜绝共用一个注射针头。

四、血液寄生虫病

(一)东毕吸虫病

东毕吸虫病是由分体科东毕属的多种吸虫寄生于牛、羊肠系膜静脉和门静脉内引起的疾病。主要特征为腹泻、水肿、消瘦、贫血。

病原

病原常见为土耳其斯坦东毕吸虫。

生活史

雌、雄虫交配后，雌虫在终末宿主肠系膜静脉及门静脉中产卵，虫卵被血流带到肝脏内和肠壁黏膜形成虫卵结节。在肝脏处的虫卵被结缔组织包埋、钙化而死亡，或破坏结节随血流或胆汁注入小肠后排出体外；在肠壁黏膜处的虫卵使结节破溃而进入肠腔，虫卵随宿主粪便排出体外。虫卵在适宜的条件下孵出毛蚴，进入椎实螺体内发育为母胞蚴、子胞蚴和尾蚴，尾蚴逸出后在水中，牛在水中吃草或饮水时，尾蚴经皮肤而侵入牛体内，经血流移行至肠系膜静脉及门静脉内，经1.5～2个月发育为成虫。

流行病学

本病分布广泛，常于地势低洼、江河沿岸等水源丰富地区呈地方性流行，尤以北方地区为重。一般在5～10月感染和流行，北方地区多为6～9月。急性病例多见于夏、秋季，慢性病例多见于冬、春季。成年牛、羊比幼龄易感，可引起羊只大批死亡。

症状

1. 牛羊东毕吸虫病

牛羊东毕吸虫病多为慢性经过，动物表现长期腹泻、贫血、消瘦，下颌及胸、腹下水肿，生长缓慢，乳牛产乳量下降，母牛不孕或流产，重者衰竭死亡。

急性病例为一次感染大量尾蚴所致，体温升高至40℃以上，食欲不振甚至废绝，精神极度沉郁，呼吸迫促，严重腹泻，迅速消瘦，重者死亡。

2. 人东毕吸虫病

人东毕吸虫病主要因为与水接触而感染。初期皮肤出现粟粒大红色丘疹，1～2天内发展成绿豆大，周围有红晕及水肿，有时可连成风疹团，剧烈发痒。

病理变化

病死牛羊尸体消瘦，贫血，腹腔内有大量积液，肠系膜淋巴结肿大。肝表面凹凸不平，上有散在的黄白色虫卵结节，肝萎缩、质硬。小肠壁肥厚，黏膜上有出血点或坏死灶。

诊断

在流行地区依据症状和流行特点，结合粪检发现虫卵即可确诊。

治疗

(1)硝硫氰胺：牛每千克体重 20 mg，每日一次内服，3 天为一疗程。绵羊每千克体重 50 mg，一次内服。

(2)六氯对二甲苯：牛每千克体重 350 mg，内服，连用 3 天；绵羊每千克体重 100 mg，一次内服。

(3)吡喹酮：牛、羊每千克体重 30～40 mg，内服，每天一次，2 天为一疗程。

预防

(1)消除感染源。在流行区每年对牛羊进行普查，对病畜进行治疗并消灭感染源。

(2)粪便处理。经发酵后再做肥料。

(3)消灭椎实螺。可采用物理、化学、生物等方法灭螺。可选用五氯酚钠、氯硝柳胺、茶子饼、生石灰等。

(二)梨形虫病

梨形虫病是由梨形虫纲，巴贝斯科、巴贝斯属，泰勒科、泰勒属的原虫所引起动物疾病的总称。

牛羊巴贝斯虫病

牛羊巴贝斯虫病是由巴贝斯科巴贝斯属的原虫寄生于牛、羊红细胞内引起的疾病。旧名称为“焦虫病”。由于经蜱传播，故又称为“蜱热”。主要特征为高热、贫血、黄疸、血红蛋白尿。死亡率很高。

牛羊泰勒虫病

牛羊泰勒虫病是由泰勒科泰勒属的原虫寄生于牛、羊等动物的巨噬细胞、淋巴细胞和红细胞内引起的疾病。主要特征为高热稽留、贫血、黄疸、体表淋巴结肿大。发病率和死亡率都很高。

病原

(1)巴贝斯虫，主要有以下 4 种：① 双芽巴贝斯虫，寄生于牛；② 牛巴贝斯虫，寄生于牛；③ 卵形巴贝斯虫，寄生于牛；④莫氏巴贝斯虫，寄生于羊。

(2)牛羊泰勒虫，主要有以下 3 种：① 环形泰勒虫；② 瑟氏泰勒虫；③ 山羊泰勒虫。

生活史

1. 巴贝斯虫

以牛双芽巴贝斯虫为例：带有子孢子的蜱吸食牛血液时，子孢子进入红细胞中使其感染，以裂殖生殖的方式进行繁殖，产生裂殖子。当红细胞破裂后，释放出的虫体再侵入新的红细胞，重复上述发育，最后形成配子体。当蜱吸食带虫牛或病牛血液时，在蜱的肠内进行配子生殖，然后在蜱的唾液腺等处进行孢子生殖，产生许多子孢子。

2. 泰勒虫

带有子孢子的蜱吸食牛、羊血液时，子孢子随蜱唾液进入其体内，首先侵入局部单核巨噬系统的细胞内进行裂殖生殖，形成大裂殖体。大裂殖体发育成熟后破裂，释放出许多大裂殖子，大裂殖子又侵入其他巨噬细胞和淋巴细胞内重复上述裂殖生殖过程。与此同时，部分大裂殖子随淋巴和血液循环扩散到全身，侵入其他脏器的巨噬细胞和淋巴细胞再进行裂殖生殖，经若干世代后，形成小裂殖体，小裂殖体发育成熟后，释放出小裂殖子，进入红细胞中发育为配子体。幼蜱或若蜱吸食病牛或带虫牛血液时，把含有配子体的红细胞吸入体内，配子体由红细胞逸出，变为大配子和小配子，二者结合形成合子，继续发育为动合子。当蜱完成蜕化时，动合子进入蜱的唾腺变为合孢体开始孢子生殖，分裂产生许多子孢子。

流行病学

发病牛、带虫牛、蜱均为传染源，梨形虫在蜱体内可继代传递，动物中以奶牛最易感，特别是青年牛发病率最高，但症状较轻；其次是老、弱、病、孕牛，病情较重，死亡率高。该病的发生与蜱的活动有关，以春末和夏秋季节多发。因圈舍蜱的存在，故圈舍饲牛全年都可发病。

症状

1. 急性型

急性型病初表现高热稽留，体温可达 40～42℃，脉搏和呼吸加快，精神沉郁，食欲减退甚至废绝，反刍减少或停止，便秘或腹泻，乳牛泌乳减少或停止，妊娠母牛常发生流产。病牛迅速消瘦，贫血，黏膜苍白或黄染。可出现血红蛋白尿。治疗不及时的重症病牛可在 4～8 天死亡，死亡率可达 50%～80%。

2. 慢性型

慢性型病畜体温在 40℃上下，持续数周，食欲减退，渐进性贫血和消瘦，需经数周或数月才能康复。幼龄病牛中度发热仅数日，轻度贫血或黄染，退热后可康复。

病理变化

(1)血液稀薄、血凝不全，全身淋巴结肿大，可视黏膜苍白、黄疸。

(2)肝肿大、色黄，皮下组织充血、黄染，脾肿大，膀胱内有血尿，肺淤血水肿。其他脏器多有出血点。

诊断

根据临床症状和流行病学特点可作出初步诊断；血液涂片镜检，在血细胞内查出虫体，是确诊的主要依据；疑为环形泰勒虫病的，可在早期进行淋巴结穿刺涂片镜检，查出石榴体可确诊。

治疗

(1)三氮脒(贝尼尔、血虫净)：每千克体重 7～10 mg，配成 5%～10%水溶液，分点深部肌注，也可配成 1%的水溶液静注。每日 1 次，3～5 天为 1 个疗程。该药副作用较大，应慎用。

(2)咪唑苯脲：每千克体重 1～3 mg，配成 10%的水溶液肌注。

(3)锥黄素(吖啶黄)：每千克体重 3～4 mg，配成 0.5%～1%水溶液，静注，症状未减轻时，24 小时后再注射 1 次。病牛在治疗后数日内避免烈日照射。

预防

1. 灭蜱

灭蜱是预防梨形虫病的关键，皮下注射伊维菌素，每千克体重 0.2 mg；还可草场灭蜱等。

2. 加强检疫

对外地调进的牛、羊，特别是从疫区调进时，应进行体表蜱及血液寄生虫学检查，防止将蜱和血液寄生虫带入，一定要检疫后隔离观察，患病或带虫者应进行隔离治疗；在发病季节勿到有病地区购牛。

3. 药物预防

在流行区内，在发病季节到来前使用磷酸伯氨喹啉或三氮脒，预防期约1个月，亦有较好的效果。

4. 预防注射虫苗

我国已成功研制出环形泰勒虫裂殖体胶冻细胞苗，接种20天后产生免疫力，免疫期在1年以上。此种疫苗对瑟氏泰勒虫和羊泰勒虫无交叉免疫保护作用。

材料设备动物清单

学习情境3	血液循环系统症状为主的牛羊病防治						
项目	序号	名称	作用	数量	型号	使用前	使用后
所用材料设备	1	保定栏	保定动物	6个			
	2	听诊器	听诊	6个			
	3	注射器	给药、采血	6个			
	4	点滴管	给药	6个			
	5	消毒棉球	消毒	若干			
	6	漏斗	给药	6个			
	7	秤	称羊	1个			
	8	采血管	采血	12个			
	9	显微镜	病原检查	6台			
	10	染色液	病原检查	若干			
	11	血液生化分析仪	血液中钙、磷、镁、钾浓度测定	1台			
所用动物	12	牛	诊治	6头			
	13	羊	诊治	6只			
班级			第　组	组长签字		教师签字	

计 划 单

学习情境 3	血液循环系统症状为主的牛羊病防治			学时	8
计划方式	小组讨论、同学间互相合作共同制订计划				
序号	实施步骤			使用资源	备注
制订计划说明					
计划评价	班 级		第 组	组长签字	
	教师签字			日 期	
	评语：				

决策实施单

<table>
<tr><td>学习情境3</td><td colspan="7">血液循环系统症状为主的牛羊病防治</td></tr>
<tr><td colspan="8">计划书讨论</td></tr>
<tr><td rowspan="6">计划对比</td><td>组号</td><td>工作流程的正确性</td><td>知识运用的科学性</td><td>步骤的完整性</td><td>方案的可行性</td><td>人员安排的合理性</td><td>综合评价</td></tr>
<tr><td>1</td><td></td><td></td><td></td><td></td><td></td><td></td></tr>
<tr><td>2</td><td></td><td></td><td></td><td></td><td></td><td></td></tr>
<tr><td>3</td><td></td><td></td><td></td><td></td><td></td><td></td></tr>
<tr><td>4</td><td></td><td></td><td></td><td></td><td></td><td></td></tr>
<tr><td>5</td><td></td><td></td><td></td><td></td><td></td><td></td></tr>
<tr><td colspan="8">制订实施方案</td></tr>
<tr><td>序号</td><td colspan="5">实施步骤</td><td colspan="2">使用资源</td></tr>
<tr><td>1</td><td colspan="5"></td><td colspan="2"></td></tr>
<tr><td>2</td><td colspan="5"></td><td colspan="2"></td></tr>
<tr><td>3</td><td colspan="5"></td><td colspan="2"></td></tr>
<tr><td>4</td><td colspan="5"></td><td colspan="2"></td></tr>
<tr><td>5</td><td colspan="5"></td><td colspan="2"></td></tr>
<tr><td colspan="8">实施说明：</td></tr>
<tr><td>班　　级</td><td></td><td>第　　组</td><td>组长签字</td><td colspan="4"></td></tr>
<tr><td>教师签字</td><td colspan="2"></td><td>日　　期</td><td colspan="4"></td></tr>
<tr><td></td><td colspan="7">评语：</td></tr>
</table>

作 业 单

<table>
<tr><td>学习情境 3</td><td colspan="6">血液循环系统症状为主的牛羊病防治</td></tr>
<tr><td>作业完成方式</td><td colspan="6">课余时间独立完成。</td></tr>
<tr><td>作业题 1</td><td colspan="6">分析案例一，给出诊断结果及治疗方案。</td></tr>
<tr><td>作业解答</td><td colspan="6"></td></tr>
<tr><td>作业题 2</td><td colspan="6">分析案例二，给出诊断结果及治疗方案。</td></tr>
<tr><td>作业解答</td><td colspan="6"></td></tr>
<tr><td>作业题 3</td><td colspan="6">总结以心脏功能紊乱、贫血为主症的牛羊病鉴别诊断要点。</td></tr>
<tr><td>作业解答</td><td colspan="6"></td></tr>
<tr><td rowspan="4">作业评价</td><td>班　级</td><td></td><td>第　组</td><td>组长签字</td><td colspan="2"></td></tr>
<tr><td>学　号</td><td></td><td>姓　名</td><td colspan="3"></td></tr>
<tr><td>教师签字</td><td></td><td>教师评分</td><td></td><td>日　期</td><td></td></tr>
<tr><td colspan="6">评语：</td></tr>
</table>

效果检查单

学习情境 3	血液循环系统症状为主的牛羊病防治				
检查方式	以小组为单位，采用学生自检与教师检查相结合，成绩各占总分(100 分)的 50%。				
序号	检查项目		检查标准	学生自检	教师检查
1	系统检查		能重点进行心脏的听诊及体表静脉充盈状态的判断，判断结果基本正确。		
2	血液检查		能独立完成变性血红蛋白检测、附红细胞体及梨形虫的检查，检查方法正确、结果准确。		
3	分析症状		对检查结果分析正确，能提出理论依据。		
4	治疗		提出的治疗措施合理、全面，治疗方案正确、操作规范。		
5	疾病预防		能对诊断的疾病提出合理的预防措施。		
检查评价	班　　级		第　　组	组长签字	
	教师签字			日　期	
	评语：				

评价反馈单

学习情境3	血液循环系统症状为主的牛羊病防治				
评价类别	项目	子项目	个人评价	组内评价	教师评价
专业能力（60%）	资讯（10%）	获取信息（5%）			
		引导问题回答（5%）			
	计划（5%）	计划可执行度（3%）			
		用具材料准备（2%）			
	实施（20%）	各项操作正确（8%）			
		完成的各项操作效果好（6%）			
		完成操作中注意安全（4%）			
		操作方法的创意性（2%）			
	检查（5%）	全面性、准确性（3%）			
		生产中出现问题的处理（2%）			
	结果（10%）	使用工具的规范性（4%）			
		操作过程规范性（4%）			
		工具和设备使用管理（2%）			
	作业（10%）	结果质量			
社会能力（20%）	团队合作（10%）	小组成员合作良好（5%）			
		对小组的贡献（5%）			
	敬业、吃苦精神（10%）	学习纪律性（4%）			
		爱岗敬业和吃苦耐劳精神（6%）			
方法能力（20%）	计划能力（10%）	制订计划合理			
	决策能力（10%）	计划选择合理			
意见反馈					
请写出你对本学习情境教学的建议和意见					

评价评语	班级		姓名		学号		总评	
	教师签字		第　组	组长签字			日期	
	评语：							

学习情境 4
泌尿系统症状为主的牛羊病防治

学习任务单

<table>
<tr><td>学习情境 4</td><td colspan="4">泌尿系统症状为主的牛羊病防治</td><td>学时</td><td>2</td></tr>
<tr><td colspan="7">布置任务</td></tr>
<tr><td>学习目标</td><td colspan="6">1. 明确以泌尿系统症状为主的牛羊病的种类及其基本特征。
2. 能够说出各病的病性和主要临床症状。
3. 能够通过一般检查、系统检查及与类症疾病鉴别，进行本类疾病的现场诊断。
4. 能够运用实验室诊断、影像诊断等技术最后作出正确诊断。
5. 能够对诊断出的疾病予以合理治疗。
6. 能够根据养殖场具体情况，制定合理的防治措施。
7. 能够组织、实施防治措施。
8. 能够独立或在教师的引导下分析、解决各方面工作中出现的一般性问题。
9. 养成科学态度及团队协作、严谨工作能力，增强职业责任感。</td></tr>
<tr><td>任务描述</td><td colspan="6">对临床生产实践多发的泌尿系统症状为主的牛羊病作出诊断，予以治疗，制定及实施防治措施。具体任务如下：
1. 诊断与治疗肾炎、膀胱炎。
2. 诊断与治疗尿结石。</td></tr>
<tr><td>学时分配</td><td>资讯 0.5 学时</td><td>计划 0.1 学时</td><td>决策 0.1 学时</td><td>实施 1 学时</td><td>考核 0.1 学时</td><td>评价 0.2 学时</td></tr>
<tr><td>提供资料</td><td colspan="6">1. 孙英杰．牛羊病防治．北京：中国农业出版社，2011
2. 李玉冰．兽医临床诊疗技术．北京：中国农业出版社，2008
3. 牛羊病防治精品课网址：
http：//113.0.240.9：8080/book－show/flex/book.html? courseNumber＝587322</td></tr>
<tr><td>对学生要求</td><td colspan="6">1. 以小组为单位完成任务，体现团队合作精神。
2. 严格遵守兽医诊所和养殖场制度。
3. 严格遵守操作规程，避免安全事故发生。
4. 严格遵守生产劳动纪律，爱护劳动工具。</td></tr>
</table>

任务资讯单

学习情境 4	泌尿系统症状为主的牛羊病防治
资讯方式	通过资讯引导，观看视频，到本课程的精品课网站、图书馆查询，向指导教师咨询。
资讯问题	1. 肾炎的临床特点和诊断方法。 2. 膀胱炎、尿道炎的症状。 3. 尿结石、膀胱麻痹、肾炎的鉴别诊断。 4. 血尿与血红蛋白尿的鉴别诊断。
资讯引导	1. 在信息单中查询。 2. 进入牛羊病防治精品课 http：//113.0.240.9：8080/book－show/flex/book.html？courseNumber＝587322 网站查询。 3. 相关教材和网站资讯查询。

案例单

学习情境 4	泌尿系统症状为主的牛羊病防治	
序号	案例内容	案例分析
案例一	一头 4 岁黑白花奶牛，主诉：2 天前突然排红色尿液、总是做排尿姿势。 检查发现：该牛弓腰站立，屡做排尿姿势，呈尿淋漓，用拳叩击第 1～4 腰椎，病牛呻吟。取尿液观察，尿呈淡红色，静止有红色较深的沉淀，尿中析出絮状物。T. 40.0℃、P. 105 次/分钟、R. 40 次/分钟。	根据红尿、频尿、肾区疼痛可作出初步诊断，取尿液检查可确诊。
案例二	一头 6 岁黑白花奶牛，主诉：该牛前些天总是做排尿姿势，尿液呈细流状流出，近 2 天仍做排尿姿势，但不见排尿。 检查发现：该牛弓腰努责、呻吟。直检，膀胱充盈，前部分下沉至腹腔下部，按压膀胱时病牛呻吟。	根据尿淋漓、排尿疼痛及直肠检查可怀疑为尿路疾病，确诊需进行尿路探诊。

相关信息单

【学习情境 4】

泌尿系统症状为主的牛羊病防治

一头 4 岁黑白花奶牛，主诉：2 天前突然排红色尿液、总是做排尿姿势。

任务 1 诊断病牛

临床检查及尿液实验室检查

一般检查：测病牛体温、脉搏、呼吸数等。

系统检查：视诊、触诊、直肠检查等。

实验室检查：尿沉渣检查、尿蛋白检查。

检查结果分析：

1.1 病牛弓腰站立，屡做排尿姿势，呈尿淋漓，用拳叩击第 1～4 腰椎，病牛呻吟。直肠检查时触诊肾脏肿大，病牛呻吟。取尿液观察，尿呈淡红色，静止有红色较深的沉淀，尿中析出絮状物。尿沉渣中有血细胞、管型。尿蛋白检查呈阳性。→肾炎

1.2 病牛弓腰站立，屡做排尿姿势，呈尿淋漓，直肠检查时触诊肾脏无反应。取尿液观察，尿呈淡红色，静止有红色较深的沉淀，尿中析出絮状物。尿沉渣中有血细胞、上皮细胞。尿蛋白检查呈阳性。→膀胱炎、尿道炎

1.3 仅有红尿排出，直肠检查肾脏、膀胱无变化，实验室检查尿沉渣中无血细胞、管型，尿蛋白检查呈阴性。→血红蛋白尿

任务 2 治疗病牛

肾炎、膀胱炎、尿道炎

Rp：

①硫酸链霉素 100 万 IU×6 支
注射用水 50 mL
DS：混合溶解后分 2 点肌注，每天 2 次，连用 7 天。

②氢化可的松 20 mg×10 支
注射用水 50 mL
DS：混合溶解后分 2 点肌注，每天 2 次，连用 7 天。

③40％乌洛托品注射液 50 mL
DS：一次静注，每日一次，连用 7 天。

必备知识

一、肾炎

肾炎是肾小球、肾小管或肾间质组织炎性病理变化的总称。其主要特征是肾区敏感，尿量减少，尿液中含有病理产物。

病因

目前认为肾炎的发生与病原菌感染、中毒、变态反应等因素有关。

症状

1. 急性肾小球肾炎

(1)全身症状。患畜体温升高，精神沉郁，食欲减退。

(2)肾区疼痛。背腰拱起，站立时两后肢张开或集于腹下，不愿走动，若强行驱赶，则后肢举步不高。外部触压、叩击肾区，表现敏感。直肠触诊肾脏时，肾肿大、疼痛。

(3)排尿及尿液变化。病初，频频排尿，但每次尿液不多或呈点滴状排出，以后由少尿到无尿。尿色呈淡红至暗红色，尿密度增大，尿中含有蛋白及红细胞、白细胞、肾上皮细胞以及管型。

(4)肾性水肿及尿毒症。病的后期，在眼睑、胸腹下及阴囊等部位发生水肿。严重病例，可引起尿毒症，出现呼吸困难、昏睡甚至昏迷、肌肉痉挛、呼出气和皮肤有尿臭味。

(5)心血管及血液的变化。动脉压升高，第二心音增强。

2. 慢性肾炎

慢性肾炎由急性肾炎转化而来，其症状与急性肾炎基本相似，但症状多不明显，病程较长。

3. 间质性肾炎

间质性肾炎主要表现为初期尿量增多，后期减少。尿沉渣中亦见有少量红细胞、白细胞及肾上皮，一般无蛋白尿。压迫肾区时动物无疼痛表现。血压升高，心脏肥大，皮下水肿(心性水肿)，最后可因肾功能障碍导致尿毒症而死亡。

诊断

主要根据病史，典型症状，实验室尿液化验、全血细胞计数、血液生化检验结果结合病理学检查进行诊断。

治疗

本病的治疗原则主要是除去原因、消除炎症、抑制变态反应、利尿及尿路消毒。

将病畜置于温暖、干燥、通风良好的厩舍中，充分休息并防止受寒感冒，应着重改善饲养，病初应减饲或禁饲1～2天，以后给予容易消化、无刺激性富含糖类的草料，适当限制饮水和食盐的摄入。为了防止复发，治愈以后应适当减轻使役，防止过劳和感冒。

1. 消除炎症

为消除病原体(抗原)，可适当地选用抗生素类。

抗生素，首选药是链霉素，400～600万IU，肌注，每日2～3次，连用一周；或氟苯尼考每千克体重10～20 mg，肌注，每日2～3次。亦可肌注或静注环丙沙星、氨苄青霉素、恩诺沙星、洛美沙星等。最好不用磺胺类药物，亦不宜使用卡那霉素或庆大霉素(对肾脏毒性较大)。

2. 免疫抑制疗法

选用糖皮质激素类药物，如氢化泼尼松(强的松龙，去氢氢化考的松)，0.5%注射液，200～400 mg，分2～4次肌注，连用3～5天。

3. 利尿及尿路消毒

为促进排尿，减轻或消除水肿，可适当选用下列利尿剂。

噻嗪利尿药，如双氢克尿塞(双氢氯噻嗪)，0.5～2 g，加水适量内服，每日1次，连用3～5天停药。但应注意，长期或大量应用易引起低血钾症。

利尿素，牛5～10 g，羊0.5～2 g，加水适量内服，每日1次。

对经用上述利尿药无效的严重水肿，可选用速尿，每千克体重牛0.5～1 mg，羊1～2 mg。

尿路消毒可用40%乌洛托品注射液，牛50 mL，羊10～20 mL，静注。或呋喃坦啶每千克体重0.012～0.015 g，分2～3次内服。

利尿的同时应注意补钾，用氯化钾每次0.1～0.3 g，缓慢静注，每日1次。

4. 对症治疗

当心力衰竭时，可应用咖啡因、樟脑或洋地黄等强心剂；对水肿严重的病畜，除用利尿剂外，尚可应用10%氯化钙液100 mL或25%山梨醇液1000～1500 mL，静注；发生尿毒症时，可适当放血，而后补液，能减轻症状，亦可口服透析液(氯化钠12.02 g、氯化钾0.894 g、氯化钙0.441 g、甘露醇98.4 g、碳酸氢钠5.04 g，用温开水3 000 mL稀释)可以缓解尿毒症的症状。

二、尿结石

尿结石又称尿石症，是指尿路中盐类结晶凝结物，刺激尿路黏膜而引起的出血性炎症和尿路阻塞性疾病。临床上以腹痛，排尿障碍和血尿为特征。

病因

尿结石的成因普遍认为是伴有泌尿器官病理状态下的全身性矿物质代谢紊乱的结果，并与下列因素有关。

高钙、低磷和富硅、富磷的饲料；饮水缺乏；维生素A缺乏；感染因素。

另外，甲状旁腺机能亢进，长期周期性尿液潴留，大量应用磺胺类药物等均可促进尿石的形成。

症状

由于尿结石发生的部位及损害的程度不同，所呈现的临床症状也不一样。

1. 肾结石

肾结石位于肾盂，呈现肾盂炎症和血尿，特别是剧烈运动后，血尿加重。肾区疼痛，患畜极度不安，步态紧张。直肠触诊肾脏时，疼痛加剧。如肾结石移至两侧输尿管引起阻塞时，排尿呈点滴状或停止。

2. 膀胱结石

膀胱结石位于膀胱腔时，有时不呈现明显症状，大多数患畜表现频尿或血尿。直肠触诊膀胱，膀胱敏感性增高，可能触到结石，压迫表现疼痛。公牛、公羊有时可见细小结石随尿排出附于尿道口周围的被毛上，形成沙粒结晶。尿结石位于膀胱颈部时，患畜呈现明显的疼痛和排尿障碍，常做排尿姿势，但尿量较少或无尿排出。排尿时患畜呻吟，腹壁抽搐。

3. 尿道结石

公牛尿道结石多发生于乙状弯曲或会阴部，当尿道不完全阻塞时，患畜排尿痛苦且排尿时间延长，尿液呈滴状或线状流出，有时有血尿或小结石(沙石)。当尿道完全阻塞时，则出现尿闭或肾性腹痛现象，患畜频频举尾，屡做排尿动作但无尿排出。尿路探诊可触及尿石所在部位，尿道外部触诊，患畜有疼痛感。直肠内触诊时，膀胱内尿液充满，体积增大。若长期尿闭，可引起尿毒症或发生膀胱破裂。膀胱破裂时，腹痛突然消失，下部腹围迅速对称性增大，腹腔穿刺液为含有尿液的渗出液。直肠触诊，膀胱空虚。

诊断

根据由尿结石的刺激所产生的肾性腹痛、血尿及频尿现象，尿结石阻塞尿路时所出现的排尿不畅甚至尿闭可作出初步判断。直肠内触诊、尿道探诊、X 射线、B 超等检查在本病的诊断上具有重要意义。

治疗

治疗原则为消除结石，控制感染及对症治疗。

1. 保守疗法

对尿结石患畜应给予大量饮水，必要时可投予利尿剂，减少或防止尿中晶体物的析出，以期形成大量稀释尿液，有希望将结石排出。

2. 控制感染

一般选用抗生素或尿路消毒药物等。中药可用金钱草 200 g、内金 60 g 煎服，每日 2 次，连用 7 天。

3. 对症治疗

对临床上出现血尿的现象，可用止血敏、安络血等全身止血药；出现剧烈腹痛的可用盐酸氯丙嗪注射液或安定药物来缓解结石造成的剧痛。

4. 手术疗法

尿道结石可用粗细合适的铁丝，其断端磨光，插入尿道(先阴茎根部局麻后拉出阴茎)，发现结石后切开去除结石即可。膀光结石可于耻骨前缘切开。

材料设备动物清单

学习情境 4	泌尿系统症状为主的牛羊病防治						
项目	序号	名称	作用	数量	型号	使用前	使用后
所用材料设备	1	保定栏	保定动物	6 个			
	2	听诊器	听诊	6 个			
	3	导尿管	导尿、尿路探诊	6 个			
	4	离心机	尿沉渣的检查	6 台			
	5	显微镜	尿沉渣的检查	6 台			
	6	长臂手套	直肠检查	1 包			
所用动物	7	牛	诊治	6 头			
	8	羊	诊治	6 只			
班级			第　组	组长签字		教师签字	

计 划 单

<table>
<tr><td>学习情境 4</td><td colspan="4">泌尿系统症状为主的牛羊病防治</td><td>学时</td><td>2</td></tr>
<tr><td>计划方式</td><td colspan="6">小组讨论、同学间互相合作共同制订计划</td></tr>
<tr><td>序号</td><td colspan="4">实施步骤</td><td>使用资源</td><td>备注</td></tr>
<tr><td></td><td colspan="4"></td><td></td><td></td></tr>
<tr><td></td><td colspan="4"></td><td></td><td></td></tr>
<tr><td></td><td colspan="4"></td><td></td><td></td></tr>
<tr><td></td><td colspan="4"></td><td></td><td></td></tr>
<tr><td></td><td colspan="4"></td><td></td><td></td></tr>
<tr><td></td><td colspan="4"></td><td></td><td></td></tr>
<tr><td></td><td colspan="4"></td><td></td><td></td></tr>
<tr><td></td><td colspan="4"></td><td></td><td></td></tr>
<tr><td></td><td colspan="4"></td><td></td><td></td></tr>
<tr><td></td><td colspan="4"></td><td></td><td></td></tr>
<tr><td>制订计划
说明</td><td colspan="6"></td></tr>
<tr><td rowspan="3">计划评价</td><td>班　级</td><td></td><td>第　组</td><td>组长签字</td><td colspan="2"></td></tr>
<tr><td>教师签字</td><td colspan="2"></td><td>日　期</td><td colspan="2"></td></tr>
<tr><td colspan="6">评语：</td></tr>
</table>

决策实施单

<table>
<tr><td>学习情境 4</td><td colspan="7">泌尿系统症状为主的牛羊病防治</td></tr>
<tr><td colspan="8">计划书讨论</td></tr>
<tr><td rowspan="6">计划对比</td><td>组号</td><td>工作流程的正确性</td><td>知识运用的科学性</td><td>步骤的完整性</td><td>方案的可行性</td><td>人员安排的合理性</td><td>综合评价</td></tr>
<tr><td>1</td><td></td><td></td><td></td><td></td><td></td><td></td></tr>
<tr><td>2</td><td></td><td></td><td></td><td></td><td></td><td></td></tr>
<tr><td>3</td><td></td><td></td><td></td><td></td><td></td><td></td></tr>
<tr><td>4</td><td></td><td></td><td></td><td></td><td></td><td></td></tr>
<tr><td>5</td><td></td><td></td><td></td><td></td><td></td><td></td></tr>
</table>

<table>
<tr><td colspan="5">制订实施方案</td></tr>
<tr><td>序号</td><td colspan="3">实施步骤</td><td>使用资源</td></tr>
<tr><td>1</td><td colspan="3"></td><td></td></tr>
<tr><td>2</td><td colspan="3"></td><td></td></tr>
<tr><td>3</td><td colspan="3"></td><td></td></tr>
<tr><td>4</td><td colspan="3"></td><td></td></tr>
<tr><td>5</td><td colspan="3"></td><td></td></tr>
<tr><td colspan="5">实施说明：</td></tr>
<tr><td>班　　级</td><td></td><td>第　　组</td><td>组长签字</td><td></td></tr>
<tr><td>教师签字</td><td colspan="2"></td><td>日　　期</td><td></td></tr>
<tr><td></td><td colspan="4">评语：</td></tr>
</table>

作　业　单

<table>
<tr><td>学习情境 4</td><td colspan="7">泌尿系统症状为主的牛羊病防治</td></tr>
<tr><td>作业完
成方式</td><td colspan="7">课余时间独立完成。</td></tr>
<tr><td>作业题 1</td><td colspan="7">分析案例一，给出诊断结果及治疗方案。</td></tr>
<tr><td>作业解答</td><td colspan="7"></td></tr>
<tr><td>作业题 2</td><td colspan="7">分析案例二，给出诊断结果及治疗方案。</td></tr>
<tr><td>作业解答</td><td colspan="7"></td></tr>
<tr><td>作业题 3</td><td colspan="7">总结肾炎、膀胱炎、尿道炎的治疗。</td></tr>
<tr><td>作业解答</td><td colspan="7"></td></tr>
<tr><td rowspan="4">作业评价</td><td>班　　级</td><td></td><td>第　　组</td><td colspan="2">组长签字</td><td colspan="2"></td></tr>
<tr><td>学　　号</td><td></td><td>姓　　名</td><td colspan="4"></td></tr>
<tr><td>教师签字</td><td></td><td>教师评分</td><td></td><td colspan="2">日　　期</td><td></td></tr>
<tr><td colspan="7">评语：</td></tr>
</table>

效果检查单

<table>
<tr><td colspan="2">学习情境 4</td><td colspan="4">泌尿系统症状为主的牛羊病防治</td></tr>
<tr><td colspan="2">检查方式</td><td colspan="4">以小组为单位，采用学生自检与教师检查相结合，成绩各占总分(100 分)的 50%。</td></tr>
<tr><td>序号</td><td colspan="2">检查项目</td><td>检查标准</td><td>学生自检</td><td>教师检查</td></tr>
<tr><td>1</td><td colspan="2">系统检查</td><td>能重点进行肾脏及膀胱的检查，检查方法正确。</td><td></td><td></td></tr>
<tr><td>2</td><td colspan="2">导尿</td><td>能正确进行导尿及尿路探诊。</td><td></td><td></td></tr>
<tr><td>3</td><td colspan="2">尿液检查</td><td>能独立完成尿蛋白、尿潜血、尿沉渣的检查，检查方法正确、结果准确。</td><td></td><td></td></tr>
<tr><td>4</td><td colspan="2">分析症状</td><td>对检查结果分析正确，能提出理论依据。</td><td></td><td></td></tr>
<tr><td>5</td><td colspan="2">治疗</td><td>提出的治疗措施合理、全面，治疗方案正确、操作规范。</td><td></td><td></td></tr>
<tr><td rowspan="3">检查评价</td><td>班　级</td><td></td><td>第　组</td><td>组长签字</td><td></td></tr>
<tr><td>教师签字</td><td colspan="2"></td><td>日　期</td><td></td></tr>
<tr><td colspan="5">评语：</td></tr>
</table>

评价反馈单

<table>
<tr><td>学习情境 4</td><td colspan="5">泌尿系统症状为主的牛羊病防治</td></tr>
<tr><td>评价类别</td><td>项目</td><td>子项目</td><td>个人评价</td><td>组内评价</td><td>教师评价</td></tr>
<tr><td rowspan="15">专业能力
(60%)</td><td rowspan="2">资讯(10%)</td><td>获取信息(5%)</td><td></td><td></td><td></td></tr>
<tr><td>引导问题回答(5%)</td><td></td><td></td><td></td></tr>
<tr><td rowspan="2">计划(5%)</td><td>计划可执行度(3%)</td><td></td><td></td><td></td></tr>
<tr><td>用具材料准备(2%)</td><td></td><td></td><td></td></tr>
<tr><td rowspan="4">实施(20%)</td><td>各项操作正确(8%)</td><td></td><td></td><td></td></tr>
<tr><td>完成的各项操作效果好(6%)</td><td></td><td></td><td></td></tr>
<tr><td>完成操作中注意安全(4%)</td><td></td><td></td><td></td></tr>
<tr><td>操作方法的创意性(2%)</td><td></td><td></td><td></td></tr>
<tr><td rowspan="2">检查(5%)</td><td>全面性、准确性(3%)</td><td></td><td></td><td></td></tr>
<tr><td>生产中出现问题的处理(2%)</td><td></td><td></td><td></td></tr>
<tr><td rowspan="3">结果(10%)</td><td>使用工具的规范性(4%)</td><td></td><td></td><td></td></tr>
<tr><td>操作过程规范性(4%)</td><td></td><td></td><td></td></tr>
<tr><td>工具和设备使用管理(2%)</td><td></td><td></td><td></td></tr>
<tr><td>作业(10%)</td><td>结果质量</td><td></td><td></td><td></td></tr>
<tr style="display:none"></tr>
<tr><td rowspan="4">社会能力
(20%)</td><td rowspan="2">团队合作(10%)</td><td>小组成员合作良好(5%)</td><td></td><td></td><td></td></tr>
<tr><td>对小组的贡献(5%)</td><td></td><td></td><td></td></tr>
<tr><td rowspan="2">敬业、吃苦精神(10%)</td><td>学习纪律性(4%)</td><td></td><td></td><td></td></tr>
<tr><td>爱岗敬业和吃苦耐劳精神(6%)</td><td></td><td></td><td></td></tr>
<tr><td rowspan="2">方法能力
(20%)</td><td>计划能力(10%)</td><td>制订计划合理</td><td></td><td></td><td></td></tr>
<tr><td>决策能力(10%)</td><td>计划选择正确</td><td></td><td></td><td></td></tr>
<tr><td colspan="6">意见反馈</td></tr>
<tr><td colspan="6">请写出你对本学习情境教学的建议和意见</td></tr>
</table>

<table>
<tr><td rowspan="3">评价评语</td><td>班级</td><td></td><td>姓名</td><td></td><td>学号</td><td></td><td>总评</td><td></td></tr>
<tr><td>教师签字</td><td></td><td>第　组</td><td>组长签字</td><td></td><td></td><td>日期</td><td></td></tr>
<tr><td colspan="8">评语：</td></tr>
</table>

学习情境5
神经系统症状为主的牛羊病防治

学习任务单

<table>
<tr><td>学习情境5</td><td colspan="3">神经系统症状为主的牛羊病防治</td><td>学时</td><td colspan="2">8</td></tr>
<tr><td colspan="7">布置任务</td></tr>
<tr><td>学习目标</td><td colspan="6">1. 明确以神经系统症状为主的牛羊病的种类及其基本特征。
2. 能够说出各病的病性和主要临床症状。
3. 能够通过一般检查、系统检查及与类症疾病鉴别，进行本类疾病的现场诊断。
4. 能够对诊断出的疾病予以合理治疗。
5. 能够根据养殖场的具体情况，制定合理的防治措施。
6. 能够组织、实施防治措施。
7. 能够独立或在教师的引导下分析、解决各方面工作中出现的一般性问题。
8. 养成科学态度及团队协作、严谨工作能力，增强职业责任感。</td></tr>
<tr><td>任务描述</td><td colspan="6">对临床生产实践多发的神经系统症状为主症的牛羊病做出诊断，予以治疗，制定及实施防治措施。具体任务如下：
1. 诊断与治疗脑膜脑炎。
2. 诊断与防治中暑。
3. 诊断与防治脑多头蚴病。</td></tr>
<tr><td>学时分配</td><td>资讯1学时</td><td>计划0.2学时</td><td>决策0.2学时</td><td>实施6学时</td><td>考核0.2学时</td><td>评价0.4学时</td></tr>
<tr><td>提供资料</td><td colspan="6">1. 孙英杰．牛羊病防治．北京：中国农业出版社，2011
2. 李玉冰．兽医临床诊疗技术．北京：中国农业出版社，2008
3. 牛羊病防治精品课网址：
http：//113.0.240.9：8080/book－show/flex/book.html？courseNumber＝587322</td></tr>
<tr><td>对学生要求</td><td colspan="6">1. 以小组为单位完成任务，体现团队合作精神。
2. 严格遵守兽医诊所和养殖场制度。
3. 严格遵守操作规程，避免安全事故发生。
4. 严格遵守生产劳动纪律，爱护劳动工具。</td></tr>
</table>

任务资讯单

学习情境5	神经系统症状为主的牛羊病防治
资讯方式	通过资讯引导，观看视频，到本课程的精品课网站、图书馆查询，向指导教师咨询。
资讯问题	1. 脑膜脑炎的临床特点和诊断方法。 2. 中暑的种类及防治方法。 3. 脑多头蚴病的诊断要点及防治方法。 4. 海绵状脑病的预防。
资讯引导	1. 在信息单中查询。 2. 进入牛羊病防治精品课 http：//113.0.240.9：8080/book－show/flex/book.html? courseNumber＝587322网站查询。 3. 相关教材和网站资讯查询。

案例单

学习情境5	神经系统症状为主的牛羊病防治	
序号	案例内容	案例分析
案例一	一头3岁黑白花奶牛，主诉：该牛早晨突然发病，狂躁不安，攀登饲槽、冲撞墙壁，不顾障碍向前冲。随后打鸾、卧地呈昏睡状态，但稍有刺激又狂冲乱蹦。 T.41.5℃、P.120次/min、R.70次/min。	根据临床症状可做出初步诊断，验证性治疗的同时进行病原检查，以确诊。
案例二	一头3岁黑白花奶牛，夏日午后突然发病。主诉：该牛中午吃草还正常，下午2点左右突然卧地不起，摸着身上烫手。 检查：该牛卧地，精神沉郁、全身出汗。T.42.5℃、P.130次/min、R.90次/min。	根据病史及临床症状可做出初步诊断，还应进行病原检查及流行病学调查确诊。
案例三	春季，一群绵羊中的数只相继发病。主诉：有的表现转圈，有的表现前冲或后退，有的表现仰头向后翻跟头。病羊逐渐消瘦，部分病羊约经十几天或二十几天相继死亡。	根据流行病学调查及症状可做出初步诊断，确诊需进行剖检及病原检查，剖检时特别注意脑部病变。

相关信息单

【学习情境 5】

神经系统症状为主的牛羊病防治

一头 3 岁黑白花奶牛，主诉：该牛早晨突然发病狂躁不安，攀登饲槽、冲撞墙壁，不顾障碍向前冲。随后打蔫、卧地呈昏睡状态，但稍有刺激又狂冲乱蹦。

任务 1　诊断病牛

1.1　临床检查

一般检查：测病牛体温、脉搏、呼吸次数，精神状态的检查等。

系统检查：各种反射的检查。

检查结果分析：根据其神经症状，怀疑为脑膜脑炎、中暑、牛醋酮血病(神经型)、生产瘫痪(初期)、氟乙酰胺中毒、有机磷中毒、食盐中毒等疾病，需进一步进行病史调查或实验室检查。

1.2　病史调查

1.2.1　环境闷热潮湿，突然发病→可怀疑为中暑

1.2.2　分娩前后或产后数天突然发病，兴奋表现过后很快卧地不起、精神沉郁甚至昏迷→生产瘫痪

1.2.3　病牛肥胖，产后处于泌乳高峰期或将进入泌乳高峰期，或于导致消化不良的疾病过程中突然发病→牛醋酮血病(神经型)

1.2.4　若于采食后不久数头牛相继出现相似症状→怀疑为中毒性疾病，如氟乙酰胺中毒、有机磷中毒、食盐中毒等，需仔细进行饲料、饮水的检查，必要时进行动物饲喂试验

1.3　实验室检查

1.3.1　进行脊髓腔穿刺，其脑脊液中嗜中性粒细胞数和蛋白含量增多，检不出病原菌→脑膜脑炎

1.3.2　进行脊髓腔穿刺，其脑脊液涂片，革兰氏染色镜检。如见有革兰氏阳性，呈“V”形排列或并列的细小杆菌→怀疑为李氏杆菌病，确诊需进行病原菌分离培养鉴定

任务 2　治疗病牛

2.1　脑炎

Rp：

①5％葡萄糖注射液	1 000 mL
10％磺胺嘧啶钠注射液	400 mL
25％葡萄糖注射液	500 mL
10％硫酸镁注射液	200 mL
20％甘露醇注射液	1 500 mL
DS：治疗初一次静注。	
②5％葡萄糖注射液	1 000 mL

10%磺胺嘧啶钠注射液 200 mL
25%葡萄糖注射液 500 mL
10%安溴注射液 50 mL
DS：一次静注，每日2次，连用3天。

2.2 中暑

立即将病畜置于阴凉通风的地方并用冷水浇其头部及全身，静脉放血2 000 mL。

Rp：

①2.5%盐酸氯丙嗪溶液 20 mL
DS：一次肌注。
②复方氯化钠注射液 1 000 mL
25%葡萄糖注射液 1 000 mL
20%甘露醇注射液 1 000 mL
5%碳酸氢钠注射液 500 mL
DS：一次静注。

必备知识

一、脑膜脑炎

脑膜脑炎是软脑膜及脑实质发生炎症，伴有严重脑机能障碍的中枢神经系统疾病。临床上以一般脑症状和局部脑症状为特征。

病因

1. 感染因素

感染是脑膜脑炎发生的主要原因，主要由内源性或外源性病毒、细菌以及寄生虫病感染引起。如狂犬病病毒、疯牛病病毒、李氏杆菌、脑多头蚴等的感染。

2. 中毒性因素

有些中毒性疾病，如有机氟化物中毒、铅中毒、汞中毒、食盐中毒、霉玉米中毒以及严重的自体中毒如酸中毒、败血症、牛醋酮血病等，在发病过程中都具有脑膜脑炎的症状和病理变化。

3. 诱发因素

受寒感冒、日光暴晒、酷暑及长途运输等外界环境不良因素均可造成动物的抵抗力下降，构成本病的诱因。

症状

因炎症的部位和程度不同而异。

1. 一般脑症状

病畜先兴奋后抑制或兴奋与抑制交替出现。通常病初兴奋表现强烈而且持续时间长，抑制持续时间短，即使轻微刺激就可引起强烈的兴奋表现，随病情加重，逐渐变为以抑制表现为主。

(1)兴奋。体温升高，感觉过敏，反射机能亢进，瞳孔缩小，视觉紊乱，易于惊恐，行为异常，狂躁不安，攀登饲槽、冲撞墙壁或挣断缰绳，不顾障碍向前冲或转圈运动，有时举扬头颈、抵角甩尾、跳跃、狂奔、不易控制，甚至攻击人畜。呼吸急促，脉搏增数，口流泡沫，甚至站立不稳、倒地、眼球向上翻转呈惊厥状。

(2)抑制。呈沉郁、嗜眠、昏睡状态，瞳孔散大，视觉障碍，反射机能减退甚至消失，呼吸缓慢而深长。重者常卧地不起、意识丧失、昏迷，有的四肢做游泳样动作。

2. 局部脑症状

主要是痉挛和麻痹。如眼肌痉挛，眼球震颤，斜视，咬肌痉挛，磨牙，吞咽障碍，听觉减退，视觉丧失，味觉、嗅觉错乱，颈部肌肉痉挛或麻痹，角弓反张，倒地时四肢做有节奏运动，或呈现单瘫、偏瘫等。

血液学变化

初期血沉正常或稍快，嗜中性粒细胞增多，核左移，嗜酸性粒细胞消失，淋巴细胞减少。康复时嗜酸性粒细胞与淋巴细胞恢复正常，血沉缓慢或趋于正常。

病程及预后

本病的病情发展急剧，病程长短不一，一般3～4天，也有在24小时内死亡的。本病的死亡率较高，若不及时治疗，多预后不良。

病理变化

对于发生急性死亡的病例可以进行病理剖检，病变主要发生在脑部，表现为脑膜和脑实质发生充血、淤血、水肿。较重病例，脑组织有软化灶(液化性坏死灶)形成。镜检见神经细胞发生变性和坏死，脑组织充血、水肿，血管周围有炎性细胞浸润，胶质细胞增生。若病毒或中毒引起的脑膜脑炎，脑脊液中淋巴细胞增多，脑实质与脑膜血管周围有淋巴细胞浸润。

诊断

根据神经症状，结合病史调查和分析，一般可做出诊断。若确诊困难时，可进行脊髓腔穿刺，其脑脊液中嗜中性粒细胞数和蛋白含量增多。

治疗

治疗原则是加强护理、降低颅内压、镇静、消炎、解毒及对症治疗。

1. 加强护理

应将患畜置于安静、宽敞的厩舍内，专人看护，防止兴奋发作冲撞受伤。卧地不起时，多铺垫草，防止发生褥疮。继发于传染病者，应严密消毒，隔离观察和治疗原发病，并要防止疾病的传播。

2. 降低颅内压

可先静脉放血，牛1000～3000 mL，随即静注等量的10%～25%葡萄糖溶液。但最好选用脱水剂，常用25%山梨醇或20%甘露醇，牛1 000～2 000 mL，羊100～200 mL，快速静注。

3. 镇静

病畜强烈兴奋时，为防止动物和人员受到伤害，可以用镇静剂，根据实际情况可以灵活采取以下措施：

(1)2.5%盐酸氯丙嗪注射液，牛10～20 mL，一次肌注。

(2)10%安溴注射液，牛50～100 mL，一次静注。

(3)5%水合氯醛酒精注射液，牛250 mL，一次静注。

(4)10%硫酸镁注射液，牛100～250 mL，羊25～75 mL，静注或肌注。

4. 抗菌消炎

常用10%磺胺嘧啶钠注射液200～300 mL，静注，或用增效磺胺嘧啶注射液200～300 mL，静注。由于磺胺嘧啶较易进入脑脊液中，故为治疗脑部细菌性感染的首选药。也可用其他广谱抗菌药，如青霉素、链霉素、四环素、头孢噻呋等。为减轻炎性反应和脑水肿，在应用抗菌药的同时，可配合静注氢化可的松、地塞米松等皮质激素类药物。

二、中暑

日射病和热射病统称为中暑。由于暑热天气，烈日暴晒家畜头部过久(日射病)或湿热环境下体热放散困难(热射病)造成体温过高，导致中枢神经功能紊乱和循环衰竭的一种疾病。本病发生于炎热的夏季，发病急剧，死亡迅速。

病因

(1)日射病是因在盛夏酷暑，动物在烈日下长时间重度劳役、放牧、驱赶、运输，头部直接受强烈日光照射而发病。

(2)热射病是因动物长时间拴在闷热不通风的厩舍、拥挤的车船内，因拥挤、潮湿、通风不良、散热困难，导致动物体温异常升高而发病。

(3)饮水不足、出汗过多、皮肤卫生不良、过肥、体质虚弱、缺乏锻炼等是本病的诱因。

症状

1. 突然发病

病情发展非常急剧，甚至迅速死亡。

2. 病初表现

精神沉郁，四肢无力，步态不稳，共济失调，大汗烦渴，呼吸急促，甚至张口呼吸。病情迅速发展，体温升高可达42℃或以上，随病情发展，出汗停止，皮肤干燥，皮温增高甚至灼手，多数陷于昏迷。眼结膜高度潮红，心悸亢进、心率加快，呼吸高度困难，肺区听诊常有湿啰音，食欲废绝，口腔干燥。少数病例初期呈现短时间的兴奋，狂暴不安，随即转为沉郁。

3. 重症或后期表现

高热，昏迷，卧地不起，肌肉痉挛，意识丧失，呼吸浅表急速，心音减弱，节律不齐，脉搏细弱，由口、鼻喷出粉红色泡沫，结膜发绀，血液黏稠，呈暗褐色。临死前，体温下降，多死于窒息或心脏麻痹。

诊断

根据在炎热季节病畜遭受日光的长时间暴晒，或处于潮湿闷热环境中致病，以及体温显著升高，呼吸、脉搏急速，全身大出汗或倒地昏迷等热衰竭症状甚至发生死亡进行诊断。

治疗

遵循防暑降温、维护心肺机能、纠正酸中毒、镇静安神、治疗脑水肿的原则，及时采取急救措施。

1. 防暑降温

(1)物理降温。立即将病畜置于阴凉通风的地方或加强圈舍通风。用冷水浇头，或直肠灌注，或浇注全身，体表涂擦酒精或者通过冰袋冷敷等方式进行物理降温。对意识清醒的牛、羊可同时饮给大量清淡凉盐水。

(2)药物降温。为了促进体热发散，可用2.5%盐酸氯丙嗪溶液10～20 mL，肌注(对昏迷病畜慎用)，一般在体温降至39～40℃时，即可停止降温，以防体温过低、发生休克。

2. 镇静安神

当病畜狂暴不安时，除应用氯丙嗪外，也可用水合氯醛、安溴注射液等，以保护大脑皮层。为了治疗脑水肿(有呼吸不规则，两侧瞳孔大小不等和颅内压增高的症状)，可用20%甘露醇注射液500～1 500 mL，静注。

3. 减轻心肺负担

为减轻脑和肺部的充血，立即静脉泻血，牛1 000～2 000 mL，羊100～300 mL。泻血后，静注等量复方氯化钠注射液或10%～25%葡萄糖注射液。

4. 强心利尿

根据病情可应用尼可刹米、安钠咖或樟脑磺酸钠，以兴奋呼吸中枢，强心利尿。

5. 对症治疗

(1)纠正酸中毒。5%碳酸氢钠注射液，牛500～1 000 mL，羊100～300 mL，静注。

(2)清理胃肠，改善机能，病情好转时，宜给予人工盐、龙胆酊等内服，并用10%氯化钠注射液，牛200～300 mL，羊30～50 mL，静注。

三、李氏杆菌病

李氏杆菌病是由细菌引起的人畜共患传染病。家畜主要表现脑膜脑炎、败血症和流产，有的出现单核细胞增多。

病原

单核细胞增多症李氏杆菌。

流行病学

传染源主要是患病动物和带菌动物，通过粪、尿、乳汁、流产胎儿和子宫分泌物等排毒。可通过消化道、呼吸道、眼结膜及损伤的皮肤感染。污染的饲料、饮水是主要的传播媒介。几乎各种家畜、家禽和野生动物均有易感性。本病通常呈散发性，发病率低，病死率很高。以青饲料缺乏、气候突变的冬季、早春为多发期。

症状

潜伏期2～3周，短的数天，长的可达数月。

1. 牛

水牛和奶牛病初期体温升高1～2℃，不久降至常温，病牛流涎，不安，主要症状是头颈呈一侧性麻痹，弯向对侧，沿头侧弯的方向做转圈运动，有时全身阵发性痉挛。死前角弓反张，昏迷，四肢做游泳姿势。病程1～3天。

2. 绵羊和山羊

幼龄羊短期发热40.5～41.5℃，精神沉郁，食欲减退，不久降至常温，多数病例于病后2～3天表现脑炎症状，如转圈、倒地、四肢做游泳姿势、颈部强直、角弓反张、颜面神经麻痹、咽麻痹、昏迷等，多经3～7天死亡。较大的羊病程可达1～3周。成年羊症状不明显。孕羊可出现流产。羔羊多以急性败血症而迅速死亡，病死率非常高。

病理变化

剖检一般没有特殊的肉眼可见病变。有神经症状的病畜，脑及脑膜充血、水肿，脑脊液增多、稍浑浊，脑干变软，有小的化脓灶。流产母羊有胎盘炎症，表现为子宫水肿坏死。血液和组织中单核细胞增多。血管周围有以单核细胞为主的细胞浸润。败血症的病畜有败血症变化，肝脏有坏死灶。

诊断

根据病畜有神经症状、孕畜流产和流行病学资料及剖检变化可疑为本病。确诊需结合实验室诊断。

治疗

早期大剂量应用磺胺类药物或与抗生素并用，有良好的治疗效果。如用磺胺嘧啶钠、氨苄青霉素、庆大霉素等。病畜有神经症状时，其对症治疗见脑炎治疗。

四、牛海绵状脑病

牛海绵状脑病(BSE)，俗称疯牛病，是朊病毒引起的牛的一种传染病。以潜伏期长、病情逐渐加重、终归死亡为特征。主要表现为行为反常、病牛恐惧或狂暴、感觉过敏、轻瘫、体重减轻等。组织学特征是病牛死后中枢神经系统灰质部神经元细胞出现空泡变性以及大脑的淀粉样变性。

病原

病原是一类被称为亚病毒的致病因子，它是一种无核酸的具有侵染性的蛋白颗粒，简称朊病毒或朊粒。

流行病学

疯牛病的易感动物主要为牛科动物。易感性与品种、性别、遗传等因素无关，人也可感染。患痒病的绵羊、种牛及带毒牛是本病的传染源。疯牛病主要通过消化道传染，现已清楚，牛吃了被痒病毒污染的肉骨粉而引起疯牛病，而牛吃了被朊病毒污染的肉骨粉又将该病迅速传播开来。

症状

平均潜伏期为4～5年。病程多为1～4个月，少数长达一年，最终死亡。病牛临床表现为精神异常、运动障碍和感觉障碍。

1. 精神异常

主要表现为不安、恐惧、狂暴等，当有人靠近或驱赶时往往出现攻击性行为。

2. 运动障碍

主要表现为共济失调、颤抖或倒下。病牛步态呈“鹅步”状，四肢伸展过度，有时倒地难以站立。病至后期不能站立，多因衰竭而死亡。

3. 感觉障碍

主要的临床特征是对触摸、声音和光过度敏感。用手触摸或用钝器触压牛的颈部、肋部，病牛会异常紧张、颤抖，用扫帚轻碰后蹄，也会出现紧张的踢腿反应；病牛听到敲击金属器械的声音，会出现震惊和颤抖反应；病牛在黑暗环境中，对突然打开的灯光，出现惊吓和颤抖反应。

病理变化

无肉眼可见的大体解剖病变，组织学变化有明显的特征：大多数病例以脑组织呈海绵状空泡变性为特征。表现为神经元的突起部和胞体中形成空泡，多见于延脑、中脑的中央灰质部，下丘脑的室旁核等；神经胶质增生，胶质细胞肥大；神经元变性，大脑淀粉样变性。

诊断

根据临床症状只能做出疑似诊断，确诊需进一步做实验室诊断。

防制

本病尚无有效治疗方法。需密切关注世界各国疯牛病的流行现状，采取措施，积极应对，严加防范。

(1)根据OIE《陆生动物卫生法典》的建议，建立疯牛病的持续监测和强制报告制度。

(2)要加强对饲料生产和使用的管理，对反刍动物饲料的生产、储藏、运输、包装等环节进行严格的规定，并明令禁止给反刍动物饲喂动物源性饲料，彻底切断疯牛病的传播途径。

(3)加强对动物和动物源性产品的进口审批和检疫监管，禁止从病源国家进口动物性饲料产品。包括牛血清、血清蛋白、动物饲料、内脏、脂肪、骨及激素类等。

(4)一旦发现可疑病牛，立即隔离并报告当地动物防疫监督机构，力争尽早确诊。确诊后扑杀所有病牛和可疑病牛，甚至整个牛群，并根据流行病学调查结果进一步采取措施。

五、脑多头蚴病(脑包虫病)

脑多头蚴病又称为“脑包虫病”“回旋病”，是由带科带属的多头带绦虫的幼虫寄生于牛、羊等反刍动物的大脑内引起的疾病，有时也寄生于延脑、脊髓中。主要特征为由于寄生部位的不同而表现相应的神经症状。人偶尔也能感染。

病原

脑多头蚴，又称脑包虫，寄生于羊、牛的脑、脊髓内。

生活史

多头带绦虫寄生于犬、狼等终末宿主小肠内。脱落的孕节随粪便排出体外，虫卵逸出污染饲草、饲料或饮水。牛、羊等中间宿主吞食后，六钩蚴钻入肠壁血管，随血流到达脑和脊髓中。大约经3个月可变为感染性的脑多头蚴。犬、狼吞食了含脑多头蚴的脑脊髓而受感染。原头蚴吸附于肠壁上发育为成熟的绦虫。

流行病学

同棘球蚴病。

症状

1. 感染初期，由于六钩蚴的移行，机械地刺激和损伤宿主的脑膜和脑实质组织，引起脑炎和脑膜炎。可能表现体温升高，呼吸、脉搏加快，兴奋或沉郁，有前冲、后退和躺卧等神经症状，可于数日内死亡。

2. 若能耐过而转为慢性，则病畜精神沉郁，逐渐消瘦，食欲不振，反刍减弱。数月后，随着脑多头蚴包囊的增大，压迫脑而出现典型的症状：

(1)若虫体压迫一侧的大脑半球，则常向该侧做转圈运动，所以又叫回旋病。

(2)若虫体寄生于脑前部，则可能头下垂，直向前奔或呆立不动，常把头抵在物体上。

(3)虫体寄生于枕骨区时，头高举，后腿可能倒地不起，对侧眼失明。

(4)虫体寄生于小脑时，患畜易敏感，四肢痉挛。

诊断要点

在流行地区，可根据其特殊的临床症状结合流行病学做出初步判断。脑多头蚴寄生在大脑表层时，头部触诊可以判定虫体所在部位，有些病例在剖检时才能确诊。

治疗

1. 手术摘除

对头部前方脑髓表层寄生的脑多头蚴，可施行外科手术摘除。

2. 药物治疗

在脑深部和后部寄生的脑多头蚴难以摘除，可试用吡喹酮，每千克体重 50～70 mg，口服，每天一次，连用 3 天为 1 个疗程。

预防

同棘球蚴病。

材料设备动物清单

学习情境 5	神经系统症状为主的牛羊病防治						
项目	序号	名称	作用	数量	型号	使用前	使用后
所用材料设备	1	保定栏	保定动物	6 个			
	2	听诊器	听诊	6 个			
	3	体温计	测定体温	6 个			
	4	注射器	给药、反射检查	6 个			
	5	点滴管	给药	6 个			
	6	消毒棉球	消毒	若干			
	7	秤	称羊	1 个			
	8	显微镜	病原检查	6 台			
	9	剖检器械	剖检病死牛、羊	2 套			
	10	平皿	采病料	若干			
	11	广口瓶	采病料	若干			
所用动物	12	牛	诊治	6 头			
	13	羊	诊治	6 只			
班级			第　组	组长签字		教师签字	

计 划 单

学习情境 5	神经系统症状为主的牛羊病防治		学时	8
计划方式	小组讨论、同学间互相合作共同制订计划			
序 号	实施步骤		使用资源	备注
制订计划说明				
计划评价	班 级		第 组	组长签字
	教师签字		日 期	
	评语：			

决策实施单

<table>
<tr><td>学习情境 5</td><td colspan="7">神经系统症状为主的牛羊病防治</td></tr>
<tr><td colspan="8">计划书讨论</td></tr>
<tr><td rowspan="6">计划
对比</td><td>组号</td><td>工作流程
的正确性</td><td>知识运用
的科学性</td><td>步骤的
完整性</td><td>方案的
可行性</td><td>人员安排
的合理性</td><td>综合
评价</td></tr>
<tr><td>1</td><td></td><td></td><td></td><td></td><td></td><td></td></tr>
<tr><td>2</td><td></td><td></td><td></td><td></td><td></td><td></td></tr>
<tr><td>3</td><td></td><td></td><td></td><td></td><td></td><td></td></tr>
<tr><td>4</td><td></td><td></td><td></td><td></td><td></td><td></td></tr>
<tr><td>5</td><td></td><td></td><td></td><td></td><td></td><td></td></tr>
</table>

<table>
<tr><td colspan="3">制订实施方案</td></tr>
<tr><td>序　号</td><td>实施步骤</td><td>使用资源</td></tr>
<tr><td>1</td><td></td><td></td></tr>
<tr><td>2</td><td></td><td></td></tr>
<tr><td>3</td><td></td><td></td></tr>
<tr><td>4</td><td></td><td></td></tr>
<tr><td>5</td><td></td><td></td></tr>
<tr><td colspan="3">实施说明：</td></tr>
</table>

<table>
<tr><td>班　　级</td><td></td><td>第　　组</td><td>组长签字</td><td></td></tr>
<tr><td>教师签字</td><td colspan="2"></td><td>日　　期</td><td></td></tr>
<tr><td></td><td colspan="4">评语：</td></tr>
</table>

作 业 单

<table>
<tr><td>学习情境5</td><td colspan="6">神经系统症状为主的牛羊病防治</td></tr>
<tr><td>作业完成方式</td><td colspan="6">课余时间独立完成</td></tr>
<tr><td>作业题1</td><td colspan="6">分析案例一，给出诊断结果及治疗方案。</td></tr>
<tr><td>作业解答</td><td colspan="6"></td></tr>
<tr><td>作业题2</td><td colspan="6">分析案例二，给出诊断结果及治疗方案。</td></tr>
<tr><td>作业解答</td><td colspan="6"></td></tr>
<tr><td>作业题3</td><td colspan="6">总结脑膜脑炎、中暑的治疗方法。</td></tr>
<tr><td>作业解答</td><td colspan="6"></td></tr>
<tr><td rowspan="4">作业评价</td><td>班 级</td><td></td><td>第 组</td><td>组长签字</td><td colspan="2"></td></tr>
<tr><td>学 号</td><td></td><td>姓 名</td><td colspan="3"></td></tr>
<tr><td>教师签字</td><td></td><td>教师评分</td><td></td><td>日 期</td><td></td></tr>
<tr><td colspan="6">评语：</td></tr>
</table>

效果检查单

<table>
<tr><td colspan="2">学习情境 5</td><td colspan="4">神经系统症状为主的牛羊病防治</td></tr>
<tr><td colspan="2">检查方式</td><td colspan="4">以小组为单位，采用学生自检与教师检查相结合，成绩各占总分(100 分)的 50%。</td></tr>
<tr><td>序 号</td><td colspan="2">检查项目</td><td>检查标准</td><td>学生自检</td><td>教师检查</td></tr>
<tr><td>1</td><td colspan="2">一般检查</td><td>T. P. R. 检查方法正确、结果准确。</td><td></td><td></td></tr>
<tr><td>2</td><td colspan="2">系统检查</td><td>能重点进行反射活动的检查。</td><td></td><td></td></tr>
<tr><td>3</td><td colspan="2">分析症状</td><td>对检查结果分析正确，能提出理论依据。</td><td></td><td></td></tr>
<tr><td>4</td><td colspan="2">治疗</td><td>提出的治疗措施合理、全面，治疗方案正确、操作规范。</td><td></td><td></td></tr>
<tr><td rowspan="3">检查评价</td><td>班　　级</td><td></td><td>第　　组</td><td>组长签字</td><td></td></tr>
<tr><td>教师签字</td><td colspan="2"></td><td>日　期</td><td></td></tr>
<tr><td colspan="5">评语：</td></tr>
</table>

评价反馈单

<table>
<tr><td>学习情境5</td><td colspan="5">神经系统症状为主的牛羊病防治</td></tr>
<tr><td>评价类别</td><td>项目</td><td>子项目</td><td>个人评价</td><td>组内评价</td><td>教师评价</td></tr>
<tr><td rowspan="14">专业能力
(60%)</td><td rowspan="2">资讯(10%)</td><td>获取信息(5%)</td><td></td><td></td><td></td></tr>
<tr><td>引导问题回答(5%)</td><td></td><td></td><td></td></tr>
<tr><td rowspan="2">计划(5%)</td><td>计划可执行度(3%)</td><td></td><td></td><td></td></tr>
<tr><td>用具材料准备(2%)</td><td></td><td></td><td></td></tr>
<tr><td rowspan="4">实施(20%)</td><td>各项操作正确(8%)</td><td></td><td></td><td></td></tr>
<tr><td>完成的各项操作效果好(6%)</td><td></td><td></td><td></td></tr>
<tr><td>完成操作中注意安全(4%)</td><td></td><td></td><td></td></tr>
<tr><td>操作方法的创意性(2%)</td><td></td><td></td><td></td></tr>
<tr><td rowspan="2">检查(10%)</td><td>全面性、准确性(5%)</td><td></td><td></td><td></td></tr>
<tr><td>生产中出现问题的处理(5%)</td><td></td><td></td><td></td></tr>
<tr><td rowspan="3">结果(5%)</td><td>使用工具的规范性(2%)</td><td></td><td></td><td></td></tr>
<tr><td>操作过程规范性(2%)</td><td></td><td></td><td></td></tr>
<tr><td>工具和设备使用管理(1%)</td><td></td><td></td><td></td></tr>
<tr><td>作业(10%)</td><td>结果质量</td><td></td><td></td><td></td></tr>
<tr><td rowspan="4">社会能力
(20%)</td><td rowspan="2">团队合作(10%)</td><td>小组成员合作良好(5%)</td><td></td><td></td><td></td></tr>
<tr><td>对小组的贡献(5%)</td><td></td><td></td><td></td></tr>
<tr><td rowspan="2">敬业、吃苦精神(10%)</td><td>学习纪律性(4%)</td><td></td><td></td><td></td></tr>
<tr><td>爱岗敬业和吃苦耐劳精神(6%)</td><td></td><td></td><td></td></tr>
<tr><td rowspan="2">方法能力
(20%)</td><td>计划能力(10%)</td><td>选择计划合理</td><td></td><td></td><td></td></tr>
<tr><td>决策能力(10%)</td><td>计划选择正确</td><td></td><td></td><td></td></tr>
<tr><td colspan="6">意见反馈</td></tr>
<tr><td colspan="6">请写出你对本学习情境教学的建议和意见</td></tr>
</table>

<table>
<tr><td rowspan="3">评价评语</td><td>班级</td><td></td><td>姓名</td><td></td><td>学号</td><td></td><td>总评</td><td></td></tr>
<tr><td>教师签字</td><td></td><td>第　组</td><td>组长签字</td><td></td><td></td><td>日期</td><td></td></tr>
<tr><td colspan="8">评语：</td></tr>
</table>

学习情境 6

生殖系统症状为主的牛羊病防治

学习任务单

<table>
<tr><td>学习情境 6</td><td colspan="4">生殖系统症状为主的牛羊病防治</td><td>学时</td><td>24</td></tr>
<tr><td colspan="7">布置任务</td></tr>
<tr><td>学习目标</td><td colspan="6">1. 明确以生殖系统症状为主的牛羊病的种类及其基本特征。
2. 能够通过一般检查、系统检查及与类症疾病鉴别，进行本类疾病的现场诊断。
3. 能够说出各病的病性和主要临床症状。
4. 能够掌握诊断要点，能正确诊断并实施治疗。
5. 能够根据养殖场的具体情况，制定合理的防治措施。
6. 能够组织、实施防治措施。
7. 能够独立或在教师的引导下分析、解决各方面工作中出现的一般性问题。
8. 养成科学态度及团队协作、严谨工作能力，增强职业责任感。
9. 养成敬佑生命的医者精神。</td></tr>
<tr><td>任务描述</td><td colspan="6">对临床生产实践多发的以生殖系统症状为主症的牛羊病做出诊断，予以治疗，制订及实施防治措施。具体任务如下：
1. 诊断、治疗或防控流产、布鲁氏菌病。
2. 诊治难产、产道损伤。
3. 诊治子宫内翻及脱出、胎衣不下、子宫内膜炎。
4. 鉴别诊断卵巢功能紊乱为主的疾病。
5. 诊治乳房炎、乳头管狭窄及闭锁、酒精阳性乳。</td></tr>
<tr><td>学时分配</td><td>资讯 4 学时</td><td>计划 2 学时</td><td>决策 1 学时</td><td>实施 14 学时</td><td>考核 2 学时</td><td>评价 1 学时</td></tr>
<tr><td>提供资料</td><td colspan="6">1. 孙英杰．牛羊病防治．北京：中国农业出版社，2011
2. 李玉冰．兽医临床诊疗技术．北京：中国农业出版社，2008
3. 牛羊病防治精品课网址：
http：//113.0.240.9：8080/book－show/flex/book.html？courseNumber＝587322</td></tr>
<tr><td>对学生要求</td><td colspan="6">1. 以小组为单位完成任务，体现团队合作精神。
2. 严格遵守兽医诊所和养殖场制度。
3. 严格遵守操作规程，避免安全事故发生。
4. 严格遵守生产劳动纪律，爱护劳动工具。</td></tr>
</table>

任务资讯单

学习情境 6	生殖系统症状为主的牛羊病防治
资讯方式	通过资讯引导，观看视频，到本课程的精品课网站、图书馆查询，向指导教师咨询。
资讯问题	1. 流产、布鲁氏菌病引起流产前兆症状。 2. 各种难产、产道损伤的临床特点和诊断方法。 3. 流产、布鲁氏菌病引起流产前兆症状鉴别诊断要点或治疗方案。 4. 子宫内翻及脱出、胎衣不下、子宫内膜炎的治疗原则及方案。 5. 各种难产的诊断要点及助产原则。 6. 流产的早期诊断及治疗方法。 7. 乳房炎、乳头管狭窄及闭锁、酒精阳性乳的临床特点、诊断方法、治疗原则及方案。 8. 卵巢机能减退与萎缩、卵巢囊肿、持久黄体临床特点、诊断方法及治疗方案。
资讯引导	1. 在信息单中查询。 2. 进入牛羊病防治精品课 http：//113.0.240.9：8080/book－show/flex/book.html?courseNumber＝587322 网站查询。 3. 相关教材和网站资讯查询。

案例单

学习情境 6	生殖系统症状为主的牛羊病防治	
序号	案例内容	诊断思路提示
案例一	一头 3 岁黑白花奶牛，妊娠 7 个月，乳房突然增大，哞叫，爬跨其他牛，屡做排尿姿势。经检查：R、P 加快。频频起卧，阴门肿胀，从阴门排出少量蛋清样黏液。	根据症状可怀疑为流产，下一步应进行产道检查以判断病情发展程度，并采取相应的处理措施。
案例二	一头 5 岁黑白花奶牛，分娩后 1 个多月，常表现弓背，做排尿姿势，阴道流出灰白色，并带有脓臭味的分泌物。体温 40.5℃，精神沉郁，食欲、反刍减弱，轻度瘤胃臌气。阴道检查，子宫颈口稍张开、肿胀、充血，有分泌物流出。直检，宫角如手臂粗，有波动。	根据病牛产后 1 个多月，从阴道流出灰白色并带有脓臭味的分泌物，可初诊为子宫内膜炎，经阴道检查及直肠检查可以确诊。
案例三	一头 4 岁黑白花奶牛，分娩后 1 个多月，乳房突然比原来大了许多，皮肤紧绷，颜色发红，产奶量下降。乳房表面增温，触诊有硬结，质地坚实，指压留痕，疼痛剧烈，乳汁稀薄，含有黄白色絮状物，患侧乳房上淋巴结肿胀。	根据病牛产后 1 个多月，乳房出现的症状，结合乳汁的变化可以确诊。
案例四	一头 5 岁黑白花奶牛，分娩后 3 个多月，20 天前病牛后侧两个乳头挤奶时乳汁呈线状喷出，越来越细，到今天，基本挤奶困难，且乳房涨满。检查：乳房内部充实，有波动，触诊乳头有一段厚而硬，呈索状，乳头导管插入困难。	根据病牛挤奶时出现乳汁呈线状，乳头厚而硬，呈索状，导管插入困难可以确诊。
案例五	一头 5 岁奶牛，产后 3 个多月，一直不发情，前些天给牛注射过促卵泡素，这两天突然表现大声哞叫，食欲减退，频繁排粪排尿，性情凶恶，有时还顶人。经直肠检查，发现卵巢体积增大，在卵巢上有 2 个大的囊泡，略带波动。	根据病牛兴奋不安，直检发现卵巢体积增大，并有大囊泡，略带波动可以确诊。

相关信息单

【学习情境6】

生殖系统症状为主的牛羊病防治

项目1 以流产为主症的牛羊病防治

一头奶牛，妊娠7个月，乳房突然增大，哞叫，爬跨其他牛，屡做排尿姿势。频频起卧，阴门肿胀，从阴门排出少量蛋清样黏液。

任务1 诊断病牛

1.1 临床检查

一般检查：测病牛体温、脉搏、呼吸数，观察其精神状态、饮食欲等。

系统检查：听诊、触诊、视诊等。

检查结果分析：

病牛体温、脉搏、呼吸数无明显变化，精神紧张，食欲减退，依据乳房突然增大，哞叫，爬跨其他牛，屡做排尿姿势，频频起卧，阴门肿胀，从阴门排出少量蛋清样黏液等初步诊断为先兆性流产。重点进行产道检查，依据产道的变化确定治疗措施。

1.1.1 若子宫颈口紧闭，直肠检查仍有胎动，应尽早采取保胎措施。

1.1.2 若子宫颈口已张开，子宫颈口黏液塞已流出或胎儿已死，应尽早进行引产。

1.1.3 若牛群中有较多奶牛在妊娠期间出现流产的表现，应怀疑为传染病，重点进行布鲁氏杆菌病的检疫。

1.2 实验室诊断

1.2.1 细菌学检查。取胎儿、胎衣、母畜阴道分泌物、乳汁及肿胀部的渗出液涂片，经柯氏染色，镜检发现红色的细小球杆菌，结合临床症状可以确诊为布鲁氏菌病。

1.2.2 血清学试验。可进行平板凝集试验和试管凝集试验，针对布鲁氏菌病进行检疫。

任务2 治疗病牛

2.1 保胎措施

Rp：

孕酮	100 mg
30%安乃近	30 mL

DS：分别肌内注射，每日1次，连用4次。

2.2 引产措施

Rp：

①地塞米松注射液	20 mg
0.9%氯化钠注射液	500 mL

DS：一次静脉注射。

②苯甲酸雌二醇 25 mg

DS：一次肌内注射，每6小时注射一次，直至子宫颈口张开，用人工的方法取出胎儿。

2.3 布鲁氏菌病

检出的阳性牲畜，如数量不多，应及早淘汰；如数量多淘汰困难或经济价值极高的病畜，应建立病畜群，隔离饲养，培育健康幼龄动物，逐步淘汰净化。

必备知识

一、流产

胚胎或胎儿与母体之间的正常生理关系被破坏，致使母畜妊娠中断称为流产。

病因

流产的原因极为复杂，根据引起流产的原因不同，可分为非传染性流产和传染性流产。

1. 非传染性流产

胚胎发育停滞、饲养管理不当、机械损伤、不合理的配种、错误用药、注射疫苗等都可能导致流产。

2. 传染性流产和寄生虫性流产

很多病原微生物特别是布鲁氏菌病、沙门氏杆菌病和寄生虫都能引起牛、羊流产，且危害比较严重。

分类及诊断要点

1. 隐性流产

发生在怀孕初期，胚胎死亡后组织液化，被母体吸收或在母畜再发情时随尿排出，未被发现。一般在胚胎形成1～1.5个月后，经检查确定已怀孕，但过一段时间后母牛又重新发情，同时检查原怀孕现象消失，即可诊断为隐性流产。

2. 早产

即排出不足月的活胎儿。流产前2～3天，母牛乳房突然胀大，乳头内可挤出清亮液体，阴门稍微肿胀，并向外排出清亮或淡红色黏液，流产胎儿体小、软弱，如果胎儿有吸吮反射、能吃奶并精心护理，仍有成活的可能。流产前的症状与正常生产相似，如胎动频繁、腹痛不安、时时张开后肢，阴门外翻，拱背努责，有时从阴门流出血水。

3. 小产

即排出死亡而未经变化的胎儿。这是流产中最常见的一种。胎儿死后，它对母体好似异物一样，可引起子宫收缩反应，于数天之内将死胎及胎衣排出。妊娠初期的流产，因为胎儿及胎膜很小，排出时不易被发现，有时可能被误认为是隐性流产。妊娠前半期的流产，常无流产预兆。妊娠末期流产的预兆和早产相同。

4. 延期流产

胎儿死亡后由于阵缩微弱，子宫颈口未张开或张开不大，死胎长期停留于子宫内，称为延期流产，也叫死胎停滞。有以下两种情况。

(1)胎儿浸溶。胎儿在子宫内死亡后，腐败菌通过张开的子宫颈口侵入，引起胎儿腐败分解，全身气肿。病程较久的，死亡胎儿的软组织被分解，变为液体流出，而骨骼留在子宫内。病牛表现精神沉郁，食欲减废，体温升高，常见腹泻或瘤胃臌气，阴道内流出棕褐色恶臭液体，病牛逐渐消瘦，经常努责。阴道检查，发现子宫颈口张开不全，胎儿气肿或在子宫颈内、阴道内有骨片。若子宫颈口张开很小，直检子宫如一圆球，可摸到凸凹不平的胎骨，并有骨片互相摩擦的感觉。如不及时治疗，多因败血症或腹膜炎而死亡。

(2)胎儿干尸化。胎儿死亡，由于子宫颈口不张开，细菌未能侵入子宫，胎儿未发生腐败和分解，但未排出，其组织中水分及胎水被吸收，胎儿变为棕黑色像干尸一样，又称木乃伊胎。母牛全身症状不明显，但如确定母牛已经怀孕，在孕期由于某种原因，母牛怀孕现象渐渐消退，腹围渐渐变小，直检发现宫颈细硬，子宫呈球状，子宫内有坚硬物，无波动，压之无胎动，摸不到子宫肉阜，卵巢上有黄体，母牛不发情，即可确定为本病。有的干尸化胎儿在母牛再次发情时而被排出或卡在产道，在直检或产道检查时被发现。若腹围的变化不被注意，多于妊娠期满但仍不分娩，进行子宫的检查时发现本病。

治疗

首先应确定属于何种流产以及妊娠能否继续进行，若妊娠有可能继续进行则采取保胎措施，若流产已不可避免则采取引产措施，尽早清理子宫。

1. 保胎

对已经出现流产预兆的病畜，应及时检查，如果子宫颈口紧闭，子宫颈塞尚未流出，直肠检查仍有胎动，应尽早采取保胎措施，可肌注黄体酮，牛 50～100 mg，羊 10～30 mg，每日 1 次，连用 4 次(为预防习惯性流产，可在流产前 1 个月，定期注射本品)。对于有腹痛表现的病畜可肌注 30%安乃近，牛 30～50 mL，羊 5～10 mL。或肌注盐酸氯丙嗪，每千克体重 1～2 mg。或皮下注射硫酸阿托品 3～5 mL。

中药治疗以补气、养血、固肾、安胎为主。可用党参 25 g，白术 30 g，炙甘草 20 g，当归 25 g，川芎 25 g，白芍 30 g，熟地 25 g，紫苏 25 g，黄芩 25 g，砂仁 25 g，阿胶珠 25 g，陈皮 25 g，生姜 25 g，共研为末，开水冲，候温灌服。

如果经上述处理，病情仍未稳定下来，流产已难避免，则应尽快促进胎儿排出，以免胎儿死亡腐败引起子宫内膜炎，影响以后受孕。

2. 对胎儿已死、胎膜已破、胎水已流出，但子宫颈口张开不全的治疗

可静注地塞米松注射液 20～50 mg，半小时后肌注苯甲酸雌二醇 20～30 mg，每6～8 小时注射一次，直至子宫颈口张开，牛用人工的方法取出胎儿，羊可肌注催产素 5～10 IU。

3. 对胎儿干尸化的治疗

可应用地塞米松、苯甲酸雌二醇及机械扩张等方法使子宫颈口张开，向产道内涂抹润滑剂，取出木乃尹胎，冲洗子宫，向子宫内投放抗菌药，全身应用抗菌药。

4. 对胎儿浸溶的治疗

用药物及机械扩张的方法使子宫颈口张开。当胎儿浸溶的早期，由于胎儿发生气肿，体积较大，可在胎儿的皮肤上做几处深而大的切口，必要时可取出胎儿的内脏，缩小胎儿的体积，以取出胎儿。当胎儿已经腐败分解，应及时取净胎骨及坏死组织(操作过程中术者须防自己受到感染)。用 10%氯化钠溶液、0.5%高锰酸钾溶液或 0.2%新洁尔灭溶液冲洗子宫，向子宫内投放抗菌药，肌注催产素，全身应用抗菌药并根据全身情况进行强心补液等疗法。

二、布鲁氏菌病

布鲁氏菌病简称布病，是由细菌引起的急性或慢性人兽共患病。特征是生殖器官、胎膜发炎，引起流产、不育、睾丸炎等。

病原

布鲁氏菌。

流行病学

传染源主要是患病动物和带菌动物。病母畜流产或分娩时，随胎儿、胎衣、羊水和阴道分泌物排出大量的布鲁氏菌，流产后还可长时间随乳汁排菌，污染环境，散播病原。患睾丸炎的公畜精液中含有病菌，可随交配而传播。有时经粪便排菌。主要由于动物摄食被污染的饲料和饮水而经消化道感染，其次是通过皮肤、黏膜和交配感染，也可通过吸血昆虫的叮咬而感染。

症状

1. 牛

潜伏期 2 周至 6 个月。母牛最明显的症状是流产，通常发生于妊娠后的第 6～8 个月，也可发生于妊娠的其他任何时期。流产胎儿多为死胎、弱胎，弱胎出生后不久死亡。多数母牛流产后胎衣滞留，若引起子宫内膜炎，病牛可长期不孕。若流产后胎衣不滞留，病牛可迅速康复并再次受孕。

公牛感染后主要发生睾丸炎和附睾炎。

除以上明显症状外，还常见关节炎、滑液囊炎，偶见腱鞘炎和乳房炎。

2. 羊

流产多发生于妊娠后的第 3～4 个月。流产前症状一般不明显。此外还可能有乳房炎、关节炎、滑膜炎及支气管炎。公羊感染后常发生睾丸炎、附睾炎。

3. 人

感染后主要表现为长期低热，多汗，关节痛，脾肿大，睾丸炎(多为一侧性)，滑膜囊炎和腱鞘炎，有头痛、失眠、坐骨神经痛和多发性关节炎等症状，躯干及四肢有皮疹。病程较长，容易复发。

病理变化

牛、羊的病变大致相同。胎衣水肿增厚，并有出血点，部分或全部呈黄色胶性浸润，表面覆以纤维蛋白絮片和脓汁，绒毛叶贫血，被黄色纤维素、脓性渗出物或黄色脂样渗出物覆盖。胎儿皮下及肌间结缔组织出血性浆液性浸润，胸腹腔积液，浆膜下出血；皱胃内有淡黄色或白色含絮状物黏液，黏膜下出血。淋巴结、肝和脾肿大，有时有坏死灶。脐带常呈浆液性浸润，肥厚。公畜的睾丸和附睾有炎性坏死灶和化脓灶。

诊断

根据流行病学、特征症状及胎儿胎衣的病理变化，可怀疑为本病，确诊有赖于实验室进行细菌学检查或平板凝集试验和试管凝集试验诊断。

防治

防治本病应采取综合性措施。

1. 检疫及分群隔离饲养

在本病的清净地区，每年至少进行一次检疫，引进家畜时需经产地检疫，并隔离观察

2个月，期间进行2次血清学检疫，均为阴性者方可混群。

2. 培养健康畜群

患病母畜所生幼畜，出生后吃3～7天初乳，而后隔离饲养，喂以消毒乳或健康牛乳。至牛8月龄、羊5月龄时，用血清学方法做两次检查，每次间隔2～3周，阳性者按病畜处理，阴性者以后每隔3个月检查1次。第一胎出生1个月后，用血清学方法检查和细菌检查均为阴性反应，流产物检菌阴性，再每隔6个月检查1次，直至第二胎出生1个月后，并做1次血清学检查和细菌检查，均呈阴性反应时，才能认为培养健康畜群成功。

3. 严格消毒

流产胎儿、胎衣应深埋或烧毁，被污染的圈舍、场地、用具等以2%热氢氧化钠溶液或10%石灰乳进行彻底消毒，粪便经生物热发酵消毒，乳与乳制品加热后食用，皮张、羊毛在收购地点消毒、包装后方可外运。

4. 定期免疫接种

生产中普遍使用猪二号菌苗、羊五号菌苗和S19号菌苗，均有较好的免疫效果。

对于经常受布鲁氏菌威胁的职业人员等应用M_{104}冻干活菌苗接种，免疫期1年，第2年复种1次，以后不必再接种。

本病尚无特效疗法，一般采用淘汰病畜来防止本病的流行和散播。

三、羊衣原体病

羊衣原体病是由流产嗜衣原体感染山羊和绵羊所发生的自然疫源性疾病和人畜共患病。特征是妊娠母羊流产、胎衣不下、产弱羔或死羔，新生羔羊关节炎、脑炎、结膜炎，种公羊睾丸炎。

病原

流产嗜衣原体属于衣原体目、衣原体科、衣原体属。

流行病学

许多野生动物和禽类是衣原体的自然贮主。主要传染源是患病动物和带菌动物。通过泪液、乳汁、尿液、粪便、鼻分泌物以及流产的胎衣、胎儿、羊水等排出病原体，污染水源、饲料及环境。主要经呼吸道、消化道、损伤的皮肤和黏膜感染；也可通过本交感染；一般呈地方性流行。一些应激因素可促进本病的发生和流行。

本病的发生与流行没有明显的季节性，一年四季都可发生，冬、春季节较多见。常呈地方性流行。

临床症状

常表现流产型、关节炎型和眼结膜炎型：

流产型：怀孕各阶段都可发生流产，尤以怀孕4个月之后多发，流产母羊常发生胎衣不下及子宫内膜炎。发生过流产的母羊以后一般不再流产。

关节炎型：羔羊多发性关节炎，尤以3～8月龄羔羊多见。病初体温升高，可以达41～42℃，精神沉郁，肌肉僵硬、疼痛，跛行，四肢关节肿胀疼痛，病程2～4周。死亡率低。

结膜炎型：绵羊特别是羔羊容易发生。单眼或双眼均可发生，病眼流泪，结膜充血、水肿，角膜混浊甚至糜烂、溃疡或穿孔，治疗后一般经2～4天开始恢复。

病理变化

流产型：胎膜水肿，子叶出血、坏死，流产胎儿全身苍白，贫血，皮下水肿。

关节炎型：患病的关节囊扩张，发生纤维素性滑膜炎。

诊断

目前主要诊断方法有病原分离和鉴定、间接血凝试验(IHA)、补体结合试验(CFT)、酶联免疫吸附试验(ELISA)、免疫荧光试验、PCR技术和荧光定量PCR检测技术等。

防制

加强饲养管理，做好环境卫生及驱虫工作，消除各种应激因素。

血清学阳性的饲养场，应使用羊衣原体基因工程亚单位疫苗。后备母羊可在配种前注射，配种后三个月内加强免疫，以后每次配种后三个月内一次免疫；种公羊每年两次免疫。

发病流产时，要对流产母羊及其所产羔羊及时隔离、治疗。胎盘及子宫排出物进行无害化处理。污染的环境、用具、垫草等可以用2%火碱溶液、2%来苏儿溶液或火焰喷射等进行彻底消毒。

治疗可选用强力霉素、罗红霉素、阿奇霉素、四环素和红霉素等。

项目2　以难产、产道损伤为主症的牛羊病防治

黑白花乳牛，3岁。主诉病畜已到预产期，并能挤出初乳，母牛频频努责，两小时未见牛犊产出。

任务　诊断及治疗病牛

1.1　临床检查

根据病畜已到分娩日期，并能挤出初乳，努责两个小时未见牛犊产出可诊断为难产。是何原因引起的难产及对应的治疗措施，应根据产道检查的结果分析确定。

1.2　检查结果分析及助产

1.2.1　子宫颈口张开完全，胎向、胎位、胎势无异常，母牛努责无力。→产力不足

助产施行胎儿牵引术：

正生时用产科绳系于两前肢掌部或系部，若胎儿活着，用手指勾住眼眶或用手掌护住嘴端，沿骨盆轴方向，均匀用力向外牵引。若胎儿已死，可用产科钩钩眼眶，或将产科钩从胎儿口内伸入至咽喉部，向胎儿背部翻转钩尖，向外牵拉即可钩住上腭(钩上腭比钩眼眶牢固)，再向外牵引。

倒生时可于两后肢跖部或系部拴系产科绳向外牵引，同时用手护住尾根，以防其损伤产道。

施行牵引术时应注意保护子宫颈及阴门，防止撕裂；牵引力量要适当，不可过快，以防子宫脱出；牵引的方向要与胎头处的骨盆轴(即胎儿经过产道时其中心所经过的路线)方向一致。胎膜未破的做人工破水，胎势异常的经矫正后拉出。

在拉出胎儿时，由助手配合交替拉两前肢，并转动两前肢，使胎儿呈轻度侧胎位，此时肩胛骨与盆骨围呈斜向，更易通过母畜盆腔。倒生时，拉两后肢的方法与正生相同。即使两侧髋结节及膝关节之间的连线成为斜的。如胎儿的后躯受到母体骨盆入口侧壁的阻碍时，可扭转胎儿后肢，使臀部成为侧立(变为轻度侧胎位)即可容易拉出。因母畜盆腔的垂

直径比横径要大，所以这样扭转以后，容易通过。

1.2.2 子宫颈口稍张开，仅能伸进几指或一拳，子宫颈松软不够，或子宫颈完全闭锁。→子宫颈张开不全

助产：

胎膜未破时可稍等待子宫颈自行扩张。若胎膜已破，应采取积极措施溶解黄体、软化及扩张子宫颈，尽早拉出胎儿。

1.2.2.1 溶解黄体 可选用：

①前列腺素 $F_{2\alpha}$：牛 25 mg，羊 5 mg，肌注或子宫颈注射。

②前列烯醇：牛 0.4 mg，羊 0.2 mg，肌注或子宫颈注射。

③地塞米松磷酸钠：牛 100 mg，羊 20 mg，混于生理盐水中静注。

1.2.2.2 软化及扩张子宫颈 用过溶解黄体药 20～30 分钟后，可联合应用以下措施：

①苯甲酸雌二醇：牛 40～60 mg，羊 5 mg，肌注。

②用过苯甲酸雌二醇 30 分钟后，用手撑压、扩张子宫颈。

③对于牛，若子宫颈口张开至两只手握成拳能同时通过，再扩张有困难时，可于子宫颈最紧张、坚硬处分 8～10 点注射 2%盐酸普鲁卡因，每点 3～5 mL。再用手及胎儿前置部挤压、扩张子宫颈。

1.2.2.3 胎儿牵引术 待子宫颈口张开至胎头及两前肢能同时通过时即可施行胎儿牵引术。牵引时应注意保护子宫颈及阴门，以免撕裂。

也可试用 45℃温水灌注子宫颈，并热敷荐部，再行机械扩张子宫颈。

若用上述方法子宫颈口仍不张开，胎膜未破时可继续用雌激素，等待其张开。若胎膜已破，胎儿已死，可考虑施行截胎术或剖腹取胎。

1.2.3 胎位正常，胎儿亦不过大，只感到盆腔狭小或变形。→骨盆腔狭窄

助产：

可试用牵引术。不能拉出或过度狭窄，应及早进行剖腹产手术取出胎儿。

1.2.4 阴道检查，摸到阴道壁黏膜皱褶向一侧偏斜，呈螺旋形，特别是阴道壁最上方的黏膜皱褶最为明显。→子宫颈后扭转

阴道检查，可摸到子宫颈口，但张开不全，于子宫颈口前方，可摸到螺旋形皱褶。→子宫颈前扭转

扭转部通路变窄，因扭转角度不同，其口径差别很大，当子宫扭转超过 180°时，其扭转部可完全封闭。根据阴道或子宫壁螺旋皱褶的方向和程度可判断子宫扭转的方向和程度。

助产：

1.2.4.1 滚转矫正法 地上垫软草，一条绳倒牛法放倒母牛，把前后肢分别捆住，于腹部压一张宽 20～30 cm 的木板，将母牛由侧卧经仰卧变为另一侧侧卧，用力向扭转的方向快速翻转，再向反方向慢翻，如此反复 3～4 次，进行检查。产道检查时，若阴道壁上部黏膜皱褶向左侧偏斜，或直肠检查时其右侧子宫阔韧带紧张、向左侧偏斜，则使牛左侧卧，使其快速经仰卧变为右侧卧，再缓慢经仰卧变为左侧卧，如此反复。子宫向右侧扭转时，其翻转方向相反。

为使滚转易于成功，可使母牛前低后高，还可于滚转前向腹腔内注射生理盐水2～3 L。当胎儿的一部分可进入产道，而子宫仍有小角度扭转时，可用绳牵引胎儿，快速翻动母牛时放松，慢翻母牛时拉紧。

1.2.4.2 扭转胎儿矫正法 当子宫扭转角度较小，手能进入子宫时，将消毒手臂伸入子宫内，握住胎儿某一肢，用力向扭转的相反方向旋转胎儿。若能拉出胎儿的两条腿(正生两前腿，倒生两后腿)，用绳捆缚，让助手用力扭转。当母牛站立时，若扭动胎儿困难，可由多人用木板向上抬母牛腹壁，当快速放开的瞬间可望能扭动胎儿。

当瘤胃臌气或充满食物时，为便于子宫与腹腔相对运动，可先行瘤胃穿刺或洗胃以减小腹压后再行整复。

子宫扭转的母牛即使整复成功，也多为子宫颈口张开不全，再按子宫颈口张开不全进行助产。

对子宫扭转保守整复无效的病牛，可考虑剖腹整复或剖腹产。

1.2.5 相对于母体产道而言胎儿发育过大。→胎儿过大

助产：

1.2.5.1 胎儿牵引术。

1.2.5.2 截胎术 无论是正生或倒生，不能强行拉出时，特别是死胎时，为了减少对母畜的损伤应及时实施截胎术。正生时前躯通过产道困难时，可截去一或两前肢。当后躯通过产道困难时，可施行胎儿骨盆缩小术，即用产科凿或线锯截断髂骨，或用钩刀切断耻骨联合，即可使骨盆腔缩小，再施行牵引术。

1.2.5.3 剖腹产手术 当胎儿的经济价值较高时，如用本地劣质牛进行良种改良或胚胎移植时，为确保胎儿安全，应及时施行剖腹产手术。

1.2.6 产道检查发现一个胎头和长短不齐的四条腿，其中两个蹄底向下，两个向上。或发现两个胎头或蹄底方向不一致的四条腿。→双胎难产

助产：

先推回一胎儿，再拉出另一胎儿。助产时首先要分清肢体各属于哪个胎儿的，并用附有不同标记的产科绳，分别缚好两胎儿的肢体，以免推拉时发生错误。然后术者用手推回里边的或下面的胎儿，助手配合术者趁势拉出就近的或上边的胎儿，拉出一胎儿后，再拉另一个胎儿。如伴有胎势不正，影响推回及拉出时，须先行矫正再行推回或拉出。

1.2.7 胎势不正 胎势即胎儿的姿势。正生时胎头及两前肢伸直进入产道，倒生时两后肢伸直进入产道，都是正常姿势。如果进入产道的头颈或四肢是弯曲的，则是异常姿势。

1.2.7.1 两前肢进入产道，在盆腔前缘胎儿两前肢之间摸到下弯胎头的额部、项部或下弯的颈部。→胎头下弯

两前肢进入产道，在子宫内胎儿身体一侧摸到转向一侧的胎头或胎颈。→胎头侧弯

助产：

1.2.7.1.1 徒手矫正法 手伸入产道握住胎唇或眼眶，稍推退胎头的同时就可拉正胎头进入盆腔。亦可用手推胎儿的颈部使产道腾出一些空间后，趁势立即握住胎唇及下颌进行拉正胎头，而后牵引胎头及两前肢缓慢拉出胎儿。

1.2.7.1.2 器械矫正法 主要用产科绳套住胎儿的下颌或颈部进行拉正。方法是在

术者右手的中间三指套上单绳套带入子宫，将绳套套在胎儿的下颌部拉紧，术者用拇指和中指捏住两眼眶或握住唇部向对侧压迫胎头，推动胎儿的同时，助手拉绳，两人配合，即可拉正胎头。

最好用双绳套，方法是将绳折叠为二，折叠处借导绳器带入子宫，将绳套绕在胎儿颈部，将两绳端穿于绳套内后拉紧于颈部，然后再将颈上双绳套的一股，用手推移越过耳朵滑至胎儿面部，最好将绳结留于口角内，将两绳拉紧，术者用手或产科梃推胎儿的颈部，趁腾出空隙的瞬间，助手拉绳，术者用手护住胎儿嘴端，二人同时用力即可拉正胎头。

当胎儿死亡时，可用产科钩钩住眼眶或耳道，用手保护住嘴端，在推进胎儿的同时，由助手协助拉正，较为方便。

1.2.7.1.3 颈部截断法 当操作困难无法矫正时，可采用线锯或绞断器将颈部截断，分别取出胎头及胎体。方法是按线锯或绞断器的使用方法，将锯条或钢制绞绳套住颈部，锯管或钢管前端抵在颈的基部，将颈部锯断或绞断，而后分别取出。

1.2.7.1.4 截除前肢法 当前肢进入产道过深时，胎头距骨盆腔口过远，多摸不到胎头。可先截除两前肢，再用手抓住胎儿颈部皮肤即可将胎头拉至骨盆腔口附近，再进行整复。截除前肢的方法较多，其中最为安全的是剥皮截前肢法：于前肢外露部沿前肢纵轴切开皮肤，用钩刀的背面、剥皮铲或平头产科凿分离皮下组织直至肩胛处，用钩刀钩断胸肌的筋腱，再把皮肤于掌部横断，用力牵拉即可将整个前肢的肌肉及骨从皮肤切口中摘除。

1.2.7.2 摸到正常的胎头和一或二前肢屈曲的腕关节。→腕关节屈曲

助产：

1.2.7.2.1 徒手矫正法 术者用产科梃抵于胎儿胸前与不正肢之间交给助手推入胎儿，此时术者用手握住屈曲肢的掌部，尽力向内推的同时向上抬，趁势下滑握住蹄子，护住蹄尖，将蹄子拉入产道。

1.2.7.2.2 用绳牵拉矫正法 术者用单绳套，套在系部或借导绳器将绳带入子宫绕在系部，术者一手握掌骨上部向上并向里推的同时，另一手拉动系部绳子(或由助手拉动)，当拉到一定程度时，另一手可转手拉蹄，协力拉正前肢。

1.2.7.2.3 推成肩部前置 当胎儿较小，产道较为宽松，矫正又有困难时，可将屈曲的腕关节尽力推回子宫内，使其变成肩部前置，然后拉头及正常肢，也可能将胎儿拉出。

1.2.7.2.4 截胎术 如胎儿死亡或屈曲的腕关节挤在产道内，不能拉出时可截断腕关节。方法是用导绳器将锯条带入产道或子宫内，绕过屈曲的腕关节，按线锯操作方法将其锯断，先取出截断的部分，然后把断端包好，再把胎儿拉出。

1.2.7.3 一前蹄或两前蹄(一侧或两侧屈曲)位于胎儿颌下，未伸至唇部之前，并可摸到屈曲的肘关节位于肩关节之下或后方。→肩肘屈曲

助产：先用绳缚好屈曲肢的系部，术者用手推肩关节，或用产科梃抵于肩端与胸壁之间，用力推动胎儿的同时，由助手往外牵拉绳子，即可将屈曲肢拉直。

1.2.7.4 产道内可摸到胎头及一前肢或两前肢前置的肩关节，该肢肩端以下位于胎儿腹侧或腹下。→肩部前置

助产：

1.2.7.4.1　矫正屈曲的前肢　先用产科梃推入胎儿，并用手握住腕或臂部下端，尽力向上抬并向外拉，使之变成腕关节屈曲。也可借导绳器将绳缚在前臂下端，在推动胎儿的同时，由助手牵绳将其拉成腕关节屈曲。以后再按腕关节屈曲的助产方法进行矫正。

1.2.7.4.2　胎儿牵引术　如仅为一前肢肩部前置，胎儿又不太大，可用绳系住正常肢及胎头，不加矫正，有时可能拉出胎儿。

1.2.7.4.3　截胎术　当无法矫正，又不能拉出，且胎儿已死亡时，可施行截胎术，截除一前肢。方法是用隐刃刀或指刀沿肩胛骨的背缘作一深而长的切口，切进皮肤和肌肉或软骨，用导绳器把锯条绕过前肢和躯干之间，锯条放在切口内，装好线锯，再把锯管前端抵在肩关节和躯干之间，锯下前肢，然后分别取出。

1.2.7.5　从产道伸出一蹄底向上的后肢。产道检查，可摸到尾巴、肛门及屈曲的跗关节。或阴门外什么也看不见，可摸到尾巴、肛门及屈曲的两个跗关节。→跗关节屈曲

助产：

先用产科绳缚住屈曲后肢系部，用产科梃抵在胎儿尾根与坐骨弓之间往里推胎儿，助手用力向上向外拉绳子，术者借此时机顺次握跖部乃至蹄部，尽力上举，将屈曲肢拉入产道，最后拉出胎儿。

如果跗关节挤入产道较深，且胎儿又不大，可把跗关节推回子宫，使其成为髋关节屈曲，再用绳套绕在后肢的基部，有时可能拉出胎儿。

1.2.7.6　从产道伸出一蹄底向上的后肢。产道检查，可摸到尾巴、肛门，另一肢向前伸直，置于腹部之下。→一肢髋关节屈曲

产道内可摸到尾巴、肛门及臀的大部分，两后肢均置于腹部之下→两侧髋关节屈曲，又称坐生。

助产：

一肢髋关节屈曲，当胎儿不大时，可用绳子套绕在屈曲肢的基部，有时可能拉出胎儿。当胎儿较大，不可能经过产道时，应考虑截除后肢或进行剖腹产手术。

截除后肢时，先用隐刃刀于髋关节附近切开皮肤，用手钝性分离股骨周围肌肉，用线锯截断股骨颈，或于股骨上系绳牵引，使髋关节囊紧张，用指刀或隐刃刀切开关节囊，再用力牵拉即可将髋关节断开，分离周围肌肉即可截除后肢。

1.2.8　胎儿纵轴与母体纵轴不平行时，近于横卧或纵立于子宫内→胎向不正

助产：

胎向异常的矫正比较困难，往往由于助产时间过长，易造成胎儿死亡，还达不到救助的目的。所以最好考虑及早施行剖腹产手术。

1.2.9　胎儿的背部朝向母畜一侧腹壁或腹下→胎位不正

助产：

必须把胎儿翻转成上胎位或轻度侧胎位，方能拉出胎儿。否则即使能拉出胎儿，很容易造成子宫破裂。整复胎位可用扭转胎儿法或滚转母畜法。

1.2.9.1　扭转胎儿法　施行牵引术前先用绳缚好胎儿两前肢(倒生时为两后肢)。术者用手拉下颌(下胎位时要将胎儿推回子宫)或握住适当位置的同时，由两名助手向一个方向扭转两前肢(或两后肢)，三人协力配合，使之转为上胎位或轻度侧胎位，再拉出胎儿。

1.2.9.2　翻转母畜法　参见子宫扭转的翻转母畜法。

●●●● 必备知识

一、难产

母畜在分娩过程中，由于产力、产道及胎儿异常的影响，不能顺利地通过产道将胎儿分娩出则称为难产。

引起难产的原因

1. 母畜异常

(1)产力不足。

(2)产道狭窄。①子宫颈狭窄。②阴道及阴门狭窄。③骨盆腔狭窄。④子宫扭转。

2. 胎儿异常。

(1)胎儿过大。

(2)双胎难产。

(3)胎势不正。

(4)胎向不正。

(5)胎位不正。

难产的检查

当母畜超过预产期仍没有努责反应，或频频阵缩和努责，但仍不见胎儿产出。母畜外阴部肿胀充血，流有黏液和少量血液及胎粪，食欲减退或废绝，反复起卧、疼痛不安时应及时进行检查。

为了正确决定助产方法，事先必须仔细检查产道、胎儿及母畜全身状态，确定难产的原因及性质，以便做好助产前的准备工作及决定助产措施。

1. 病史调查

调查内容主要有以下几点：

(1)母畜是初产还是经产，一般初产母畜可考虑产道是否狭窄，胎儿是否过大。经产母畜绝大多数是由于胎向、胎位或胎势不正或胎儿畸形、单胎动物的双胎怀孕等原因引起难产。

(2)母畜怀孕是否足月或已超过预产期。不足月时常发生子宫颈口张开不全，超过预产期的多因胎儿过大引起难产。

(3)分娩的开始时间，阵缩、努责的强弱及频率，是否破水，胎膜及胎儿是否露出，露出情况如何。

(4)母畜分娩前是否患过骨盆的损伤、腹部外伤、阴道疾病及软骨病等。

2. 产道检查

首先清洗和消毒外阴部及术者的手臂，手臂涂液体石蜡后伸入产道。检查产道、盆腔是否狭窄，子宫颈口是否完全张开，有无扭转现象，产道是否干燥以及有无水肿和损伤等。

3. 胎儿检查

术者手臂伸入胎膜内，主要检查胎儿进入产道程度、正生或倒生、胎向、胎位、胎势及胎儿的死活等情况。

判定胎儿正生还是倒生时主要依据为：正生时两前肢及头同时进入产道，当发生胎头侧转时可摸到腕关节(呈球状，关节角的方向与蹄底方向一致)及肋骨。倒生时可摸到跗关节(凸出的飞节及跟腱、关节角的方向与蹄底方向相反)、尾及肛门。

判定胎儿的死活，对选择助产方法有重要意义。正生时可将手伸入胎儿口内，轻拉舌头，或牵拉前肢、轻压眼球，注意有无生理性活动反应。倒生时可牵拉后肢，或将手伸入肛门内，或触摸脐带血管，判定有无生理性活动。同时也要注意胎儿有无大量脱毛与气肿等现象。

4. 母畜全身检查

对待难产的母畜，除检查产道及胎儿外，还应检查母畜的精神及营养状况、体温、脉搏、呼吸、结膜以及阵缩、努责的强弱等，以便掌握病情发展状况决定助产方法和步骤，保证施行手术的安全性。

难产助产的原则

难产助产应尽早进行，灵活运用推、拉、整、护、润滑等措施进行助产。故助产时要注意以下几个方面：

1. 保定母畜

为了术者助产时便于将胎儿推回子宫、矫正胎向、胎位、胎势等，病畜应取前低后高的站立姿势，如不能站立可取侧卧保定，同时将后躯垫高。

2. 严密消毒

为了防止感染，施术前对场地、病畜外阴部、胎儿露出部分、助产器械及术者手臂等进行严密消毒。手臂消毒后涂上液体石蜡再进行操作。

3. 润滑产道

对破水较早、产道干燥的病畜，要向产道内灌以适量的液体石蜡，以利引出胎儿，防止损伤产道。

4. 器械准备

根据助产方法的要求，准备好有关产科器械。如产科绳、产科梃、产钳及手术刀、手术剪等，并对器械进行消毒。

5. 保护产道

助产过程中注意对产科器械的尖锐部分及胎儿切齿、蹄尖等进行保护，以免损伤子宫及产道。另外要对子宫颈及阴门等易损伤部位加以保护。

二、产道及子宫损伤

产道及子宫损伤是分娩过程中将阴道损伤或将子宫颈、阴门撕裂的疾病，多见于初产动物或胎儿较大时。

症状

产后母畜仍频频的努责。新鲜的损伤产后有出血，产道检查可发现损伤部位。阴道黏膜损伤及阴门撕裂一般出血不多，子宫颈撕裂较深时出血量较大，甚至危及生命。陈旧性损伤常形成溃疡、化脓。子宫破裂时检查，手可通过产道伸入腹腔摸到肠管等腹腔脏器。

治疗

(1)阴道黏膜轻微的损伤及子宫颈口轻度的撕裂，不需要缝合，清洗伤口，涂抹碘甘油或抗菌药油膏，几天后就可自愈。

(2)阴道壁损伤较深时，及时止血，清洗伤口，涂抹抗菌药，缝合伤口。

(3)子宫破裂口较小时，可经阴道缝合伤口，子宫内投入抗菌药，肌注缩宫素。子宫破裂口较大时，应及时施行剖腹手术进行缝合，缝合前剥净胎衣，缝合完毕后注射缩宫素，子宫内投入抗菌药并全身应用抗菌药防止感染。

(4)子宫颈撕裂较深时出血较快，若能找到出血部位，可用止血钳夹持，24～36 小时后小心取出。若找不到出血部位，可用纱布或干净的毛巾包裹脱脂棉或软的废弃内衣，塞入阴道内压迫止血，24～36 小时后小心取出。填塞物的直径要比胎儿头部直径稍大，过小达不到止血目的。压迫后注射缩宫素及止血药。

三、阴道脱出

阴道的一部分或全部脱出于阴门之外，称为阴道脱出。

病因

日粮中缺乏常量及微量元素、运动不足、过度劳役及年老体弱等，使固定阴道的结缔组织松弛，是引起本病的主要原因。阴门松弛，卧地时异物及细菌进入引起阴道炎、阴道损伤而出现努责致使阴道脱出。瘤胃臌气、饱食后使役、长期卧于向后倾斜过大的床栏，便秘、腹泻等持续性的努责以及分娩、难产时努责等，致使腹压增高而诱发本病。

症状

一般无全身症状，多见病畜不安、拱背、顾腹和做排尿姿势。当继发感染时，则出现全身症状。

1. 部分脱出

病牛卧下时，常在阴门张开处，见到形如鹅卵至拳头大的红色或暗红色的半球状突出物，站立时缓慢缩回。但当反复脱出后，则难以自行缩回。

2. 完全脱出

多由部分脱出发展而成。可见形似排球至篮球大的球状物突出于阴门外，其末端可看到子宫颈外口，尿道外口常被压在脱出阴道部分的底部，故虽能排尿但不流畅。脱出的阴道，初呈粉红色，后因空气刺激和摩擦而瘀血水肿，渐成紫红色肉胨样，表面常有污染的粪土，进而出血、干裂、结痂、糜烂等。

治疗

防治阴道脱出的原则是，清除阴道黏膜上沾污的粪土及坏死组织、消炎及整复固定。

1. 阴道部分脱出

病牛站立时能自行缩回的，一般不需整复和固定，用0.1%高锰酸钾溶液冲洗干净即可。怀孕期阴道脱出的病牛，每 10 天注射一次缓释孕酮 500 mg，直到分娩前 10 天停药。临产病牛要单独饲养，供给柔软易消化的全价饲料，使病牛站立时保持前低后高姿势。对便秘、腹泻、瘤胃臌气等伴有腹压增高的疾病，应当及时治疗。还可以补钙以及给中药补中益气汤。

2. 阴道完全脱出

对于阴道完全脱出和不能复位的病畜，应尽早进行整复，并加以固定，防止再脱。

(1)准备。病畜站立保定取前低后高姿势，小动物可提起后肢保定。当努责强烈，妨碍整复时，应进行荐尾部硬膜外腔麻醉或后海穴封闭。

(2)局部清理。对于脱出部分用防腐消毒液(0.1%高锰酸钾液、0.1%新洁尔灭液等)冲洗消毒，彻底清理沾污的粪土及坏死组织。若脱出的阴道黏膜水肿严重，用消过毒的针头穿刺，排出液体，再用5%的明矾或硫酸镁溶液温敷 10～20 分钟，使脱出部分柔软，体积缩小，然后再涂敷一层抗生素软膏或消过毒的植物油，使其光滑。

(3)整复。助手用消毒毛巾或纱布将脱出的阴道托起与阴门等高，术者趁患畜不努责时，用拳头将脱出的阴道从子宫颈开始向阴门内推送，待全部送入后，用手将阴道壁舒展，手臂在阴道内停留一定时间，当患畜不再努责时，将手臂缓慢抽出。然后向阴道内撒入抗菌药，同时全身应用抗菌药，也可温敷阴门等，以抑制炎症，减轻努责。

(4)固定。整复后为防止阴道再次脱出，应进行固定。

①阴门钮孔缝合固定法。为临时固定法。用 2～3 个钮孔缝合将阴门的上 3/4 缝合。为防止缝线压坏组织，可于阴门两侧垫上大衣扣，增加压迫面积。

②阴门袋口缝合固定法。为临时固定法。距阴门裂 2.5 厘米处进针，与阴门裂平行，在距进针点 3 厘米处出针，按同样距离和方法，围绕阴门缝合一周，将两线头束紧，打一活结，松紧适中，以不影响排尿及努责时阴道又不能脱出为度。

③压迫阴门固定法。为临时固定法。用手指粗软绳编网，或用大小合适的铁环外缠软布，用 4 根绳拴系于颈部绳圈上，于腹部系一绳圈固定 4 根牵引绳，防止其窜动。

(5)中药疗法。黄芪 50 g，党参 30 g，白术 30 g，柴胡 30 g，升麻 20 g，熟地 30 g，枳壳 40 g，陈皮 20 g，生姜 20 g，大枣 20 g，甘草 20 g。水煎 2 次，取汁，牛一次灌服，每日一次，连服 3 日。本方对于因饲养管理不良、老年、体弱、膘情差、骨盆内支持组织张力减退所致的阴道脱出，效果较好。

项目 3　以子宫功能紊乱为主症的牛羊病防治

李某家有一头 5 岁黑白花奶牛，主诉：病牛分娩后 17 天，常表现弓背，做排尿姿势，阴道流出灰白色，并带有脓臭味的分泌物。

现症检查：体温 40.5℃，精神沉郁，食欲、反刍减弱，轻度瘤胃臌气。阴道检查，子宫颈稍张开、肿胀、充血，有分泌物流出。直检，宫角增大、有波动。

任务 1　诊断病牛

临床检查

一般检查：测病牛体温、脉搏、呼吸数，观察其精神状态、饮食欲等。

系统检查：问诊、触诊、视诊、直肠检查、阴道检查等。

检查结果分析：

根据病牛为产后发病，阴道流出灰白色，并带有脓臭味的分泌物，初步诊断为子宫内膜炎或产道损伤，进一步进行阴道检查及直肠检查，诊断为子宫内膜炎。

任务 2　治疗病牛

子宫内膜炎

消毒外阴部，用胶管向子宫内注入温 0.1%高锰酸钾溶液 500～1 000 mL，注入后导出，反复数次，直至冲洗液清亮为止，排净冲洗液。

Rp：

①青霉素 G 钠	160 万 IU×15 支
0.9％氯化钠注射液	100 mL
DS：一次子宫内注入，每天 1 次，连用 5 天。	
②催产素注射液	20 IU
DS：一次肌内注射，每日一次，连用 3 天。	
③青霉素 G 钠	160 万 IU×20 支
0.9％氯化钠注射液	1 000 mL
DS：一次静脉注射，每日一次，连用 5 天。	

●●●● 必备知识

一、子宫内翻及脱出

子宫脱出是子宫角的一部分或全部翻转于阴道内(子宫内翻)，或子宫翻转并垂脱于阴门之外。常在分娩后 1 天之内子宫颈尚未缩小和胎膜还未排出时发病。

病因

体质虚弱，运动不足，胎水过多，胎儿过大和多次妊娠，致使子宫肌收缩力减退和子宫过度伸张所引起的子宫松弛，是本病的主要原因。分娩过程延滞时子宫黏膜紧裹胎儿，随着胎儿被迅速拉出而造成的宫腔减压；难产和胎衣不下时强烈努责；产后长期站立于向后倾斜的床栏，以及便秘、腹泻、腹痛等引起的腹压增大，是本病的诱因。

症状

1. 子宫角内翻

多发生于孕角。病牛表现不安、努责、举尾等腹痛的症状，阴道检查，则可发现翻入阴道或子宫内的子宫角尖端。

2. 子宫完全脱出

在阴门外可看到呈不规则的长圆形囊状物体垂吊于阴门外，有时可达跗关节。脱出的子宫，表面布满圆形或半圆形的海绵状母体胎盘(子宫阜)，极易出血。羊脱出的子宫，近似于牛，但其胎盘呈圆形，且中央有一凹陷。脱出的子宫黏膜表面常附着尚未脱落的胎膜，剥去胎膜或自行脱落后呈粉红色或红色，后因淤血而变为紫红色或深灰色。脱出时间久则子宫黏膜充血、水肿呈黑红色肉胨状，且多被粪土污染和摩擦而出血。一般开始无全身症状，仅有拱腰、努责、不安等表现。久则脱出的子宫发生糜烂、坏死，甚至感染而引起败血症而表现出全身症状，精神沉郁，体温升高，呼吸、脉搏加快；反刍减少或消失，食欲减少或废绝；产奶量下降；病牛逐渐消瘦而衰竭死亡。

急性病例因子宫脱垂使悬韧带上大血管损伤，迅速出现失血性贫血的相应症状，可于短时间内死亡。

治疗

以整复为主，整复必须及早施行，再配以药物治疗。但当子宫严重损伤、坏死及穿孔而不宜整复时，应实施子宫截除术。整复步骤如下：

1. 病畜的保定

病畜取前低后高的姿势站立保定(病畜不能起立时取前低后高的伏卧保定，此时应在子宫下面垫上塑料布)。努责强烈时可先做荐尾部硬膜外腔麻醉，于硬膜外腔注2%盐酸普鲁卡因6～8 mL。

2. 子宫的处理

用温热的淡盐水、2%的明矾水或0.1%的高锰酸钾液充分清洗脱出的子宫，以除净其表面的污物；如水肿严重，则用3%的温明矾液浸泡或温敷，以缩小体积；如有出血时应进行结扎止血，有伤口进行缝合，然后涂以油剂青霉素或碘甘油，进行整复。

3. 整复方法

(1)由两助手用消毒布或用瓷盘将子宫兜起抬高(同阴门等高或稍高于阴门)，整复可以先从靠阴门的部分开始，先将其内包着的肠管压回腹腔，然后将手指并拢或用拳头向阴门内压迫子宫壁。整复也可从子宫角尖端开始，就是将拳头伸入子宫角的凹陷中，顶住子宫角的尖端推入阴门，先推进去一部分，然后由助手压住子宫，术者抽出手来，再向阴门内推送其余部分。全部送入后，术者手臂尽量伸入其中，将子宫深深推入腹腔内，然后向宫腔内放入抗生素，以防感染。在整复过程中，病畜努责时，应及时将送回的部分顶住，以免又脱出来。

(2)用宽6厘米双层灭菌纱布或用同样规格的白布，从子宫角尖端呈螺旋式缠绕，每缠绕一圈，压住前一圈的1/2，直缠到阴门口，使其呈直棒状，然后由助手抬起与阴门等高，术者从靠近阴门端边拆一圈布带，边往里推送子宫，直至将脱出的子宫全部送回阴道内，术者手伸入阴道内顶住子宫角尖端，送入腹腔内恢复原位，为防止努责，术者手在阴道内停留片刻。

子宫整复时应注意将子宫角部分充分展平，当手臂不够长时可介助于啤酒瓶等向内推送。

4. 防止感染

可向子宫内放入抗生素。

5. 固定

为防再脱出，可用下列方法固定。

(1)固定器固定阴门法。首先于固定器的三个顶角上系好结实的细绳，再在母牛髋结节前方系一条结实的皮带，然后将固定器的口准确地对准阴门口，再将细绳系在皮带上，使得各个细绳的受力均匀，即可固定。

(2)缝合阴门固定法。用两个钮孔缝合将阴门的上3/4缝合，下方留口排尿。4～6小时后拆除。

选一种固定方法后，肌注缩宫素30～100 mL，以促进子宫收缩，一般经2～4小时子宫腔变小、壁变厚即不再脱出。对努责不是很严重的病牛整复后不需固定，肌注缩宫素后加强护理，适当牵蹓抑制其努责，4～6小时后就不再脱出。

二、胎衣不下

胎衣不下，又称为胎膜停滞，是指母畜分娩后不能在正常时间内将胎膜完全排出。一般正常排出胎衣的时间，大约在分娩后，牛为12小时、山羊为2.5小时、绵羊为4小时。

病因

产后子宫收缩无力、胎儿胎盘与母体胎盘附着、环境应激反应等。

症状

1. 全部胎衣不下

全部胎衣不下时，悬垂于阴门外的胎膜表面有大小不等的稍突起的朱红色的胎儿胎盘，随胎衣腐败分解(1～2天)发出特殊的腐败臭味，并有红褐色的恶臭黏液和胎衣碎块从子宫排出，且牛卧下时排出量显著增多，子宫颈口不完全闭锁。

2. 部分胎衣不下

仅有一部分残存的胎膜存留于子宫内，继发子宫炎和子宫颈延迟封闭，病牛出现拱背、举尾及努责等症状，超过4～5天时胎衣开始腐败，阴门中流出恶臭的腐败分解产物。当腐败产物被吸收后，可见体温升高，脉搏增数，反刍及食欲减退或停止，前胃弛缓，腹泻，泌乳减少或停止，严重时继发败血症而引起死亡。

治疗

1. 药物疗法

用药的目的为促进子宫收缩、防止子宫颈口关闭、促进胎衣分解排出及防止感染。可选用以下药物：

(1)垂体后叶素注射液或催产素注射液，牛50万～100万IU，羊10万～50万IU，皮下注射或肌注。也可用马来酸麦角新碱注射液，牛5～15 mg，羊5 mg，肌注。

10%氯化钠注射液，牛300～500 mL，静注。

(2)苯甲酸雌二醇注射液，牛10～30 mg，羊1～3 mg，肌注，每日或隔日一次。

(3)胃蛋白酶20 g、稀盐酸15 mL、水300 mL，混合后子宫灌注，以促进胎衣的自溶分离。

(4)为预防胎衣腐败及子宫感染，可向子宫内注入抗生素(土霉素、氯霉素、四环素等均可)1～3 g，隔日一次，连用1～3次。

2. 手术剥离

是用手将胎儿胎盘与母体胎盘分离的一种方法，适用于牛。术前确实保定患畜。阴门及其周围、手臂和长臂手套等均应消毒。剥离时，以不残存胎儿胎盘，又不损伤母体胎盘为原则。术后应送入适量抗菌防腐药。

牛的手术剥离法宜在产后24～36小时进行。过早，由于胎盘结合紧密，剥离时不仅因疼痛而使母畜强烈努责，而且易损伤子宫造成较多出血，过迟，由于胎衣分解，胎儿胎盘的绒毛断离在母体胎盘小窦中，不仅造成残留，而且易于继发子宫内膜炎，同时可因子宫颈口紧缩而无法进行剥离。

剥离时，一手握住悬垂的胎衣向一个方向扭转并稍牵拉，另一手伸入子宫内，沿子宫壁或胎膜找到子宫基部，向胎盘滑动，以无名指、小指和掌心挟住胎儿胎盘周围的绒毛膜成束状，并以拇指辅助固定子宫；然后以食指及中指剥离开母、子胎盘相结合的周缘，待剥离半周以上后，食、中两指缠绕该胎盘周围的绒毛膜，以挤压的方式将绒毛从小窦中分离出。若母子胎盘结合不牢或胎盘很小时，可不经剥离，以扭转的方式使其脱离。子宫角尖端的胎盘，手难以达到，可握住胎衣。随患畜努责的节奏轻轻牵拉，借子宫角的反射性收缩上升后，再行剥离。

为了防止子宫感染和胎衣腐败而引起子宫炎及败血症，在手术剥离后，应冲洗子宫、放置或灌注抗菌防腐药，如金霉素、四环素，亦可用土霉素、雷佛奴尔等。

3. 中药疗法

以活血散淤、清热理气、止痛为主，可用“加味生化汤”：当归 100 g，川芎 40 g，桃仁 40 g，红花 25 g，炮姜 40 g，炙草 25 g，党参 50 g，黄芪 50 g，苍术 30 g，益母草 100 g，共研末，开水冲调，加黄酒 300 mL 灌服。或用车前子 250～300 g，用白酒或者 75%的酒精浸湿点燃，边燃边搅拌，待酒精燃尽后，冷却研碎，再加温水适量，一次灌服。

三、子宫内膜炎

子宫内膜炎是子宫黏膜的炎症病变。本病是常见的母畜生殖器官疾病，是造成母畜不孕的主要原因之一。

病因

配种、人工授精、产道检查、分娩及难产、助产时消毒不严，操作方法不当，生殖道损伤之后，细菌侵入而引起发病；另外，饲养管理或使役不当，机体抵抗力下降时，生殖道内存在的非致病性细菌乘机大量繁殖，亦可引起发病。也常继发于产道损伤、阴道炎、子宫弛缓、胎衣不下、子宫脱出、难产、子宫复旧不全及流产。此外，结核、布鲁氏杆菌病、副伤寒等传染病也常并发子宫内膜炎。

症状

1. 急性子宫内膜炎

一般发生在产后或流产后，患畜拱背、努责、常将尾根举起，从阴门排出灰白色浑浊的黏液性或黏液脓性分泌物，卧下时排出量增多。患病动物精神沉郁，体温升高，食欲减退、反刍减少或停止，并伴有轻度瘤胃臌气。

阴道检查时，子宫颈稍张开，外口充血肿胀，常流出炎性分泌物。直肠检查时，可感到子宫角增大、疼痛，呈面团样，有时有波动。严重时流出含有腐败分解组织碎块的恶臭液体，并有明显的全身症状。

2. 慢性子宫内膜炎

根据炎症性质可分为卡他性、卡他性脓性和脓性三种。

(1)慢性卡他性子宫内膜炎。病畜性周期紊乱，有的虽然正常但屡配不孕，卧下或发情时常从阴门排出较多浑浊带有絮状物的黏液。阴道检查时子宫颈外口黏膜充血肿胀，并有上述黏液。直肠检查时感到子宫壁肥厚。

(2)慢性卡他性脓性及脓性子宫内膜炎。病畜性周期紊乱，屡配不孕，牛有时并发卵巢囊肿。阴道内存有较多的污白色或褐色混有脓汁的分泌物，或从阴道排出带有臭味的灰白色或褐色浑浊浓稠的脓性分泌物。

阴道检查时，子宫颈外口松弛，充血肿胀，有时发生溃疡。

直肠检查时感到子宫壁厚度和硬度不均，有时还出现波动部位。

有的由于子宫颈黏膜肿胀和组织增生而狭窄，脓性分泌物积聚于子宫内，称为子宫积脓。如卡他性渗出物不得排出，积聚于子宫内，称为子宫积液。病畜常伴有精神不振，食欲减退，逐渐消瘦，体温有时升高等轻微的全身症状。

3. 隐性子宫内膜炎

呈慢性经过，患病动物无明显症状，发情周期正常，但屡配不孕。

诊断

患急、慢性子宫内膜炎的动物，症状比较明显，不难做出诊断。隐性子宫内膜炎，因无明显症状，较难诊断，可于实验室检查子宫回流液、发情时分泌物等诊断方法进行确诊。

治疗

治疗原则是增强机体的抵抗力，消除炎症及恢复子宫机能。

1. 改善饲养管理

给予富有营养和含维生素的全价饲料，适当加强运动和放牧，提高机体抵抗力，促进生殖机能的恢复。

2. 冲洗子宫

使用防腐剂冲洗子宫，清除子宫内的渗出物，消除炎症，是治疗急、慢性子宫内膜炎的有效疗法之一。

冲洗子宫，除在产后以外，最好在发情时进行。必要时事先可肌注苯甲酸雌二醇 20～30 mg，促使子宫颈松弛张开后，再行冲洗。药液温度最好在 35～45℃，能增强子宫的血液循环。量不宜过大，压力不宜过强，一般每次进量不超过 1 000 mL，反复冲洗，直至排出的液体变为透明为止。冲洗后必须排净子宫内液体，以免引起子宫弛缓或感染的扩散。

(1)急、慢性卡他性子宫内膜炎，每天可选用 0.1%高锰酸钾溶液、0.1%雷佛奴尔溶液、1%～2%等量碳酸氢钠盐水或 1%氯化钠溶液，反复冲洗子宫，直至排出透明液体为止。排净药液后，向子宫内注入抗生素溶液，每日冲洗一次，连用 2～4 次，有良好效果。

(2)隐性子宫内膜炎，在配种前 1～2 小时用生理盐水、1%碳酸氢钠盐水或碳酸氢钠糖溶液(氯化钠 1 g、碳酸氢钠 3 g、葡萄糖 90 g、蒸馏水 1 000 mL)300～500 mL，加入青霉素 40 万 IU，冲洗子宫。或于配种前直接向子宫内注入抗生素溶液，可提高受胎率。

(3)慢性卡他性脓性及脓性子宫内膜炎，可用碘盐水(1%氯化钠溶液 1 000 mL 中加 2%碘酊 20 mL)3 000～5 000 mL，反复冲洗。此外，也可用 0.02%新洁尔灭溶液、0.1%高锰酸钾溶液冲洗子宫。

当子宫内分泌物腐败带恶臭味时，可用 0.5%煤酚皂或 0.1%高锰酸钾溶液冲洗子宫，但次数不宜过多。以后根据情况再采用其他药液冲洗。

(4)对病程较久的慢性病例，可用 3%～5%氯化钠溶液冲洗子宫，然后再按一般方法冲洗。也可用 3%过氧化氢溶液 200～500 mL 冲洗。经过 1～1.5 小时后，再用 1%氯化钠溶液冲洗干净，而后向子宫内注入抗生素。上述两法一般只用一次，必要时可用第二次。

3. 注入药液

一般在冲洗后，均要向子宫内注入抗生素，增强抗感染的能力。如子宫内渗出物不多，也可不进行冲洗，直接向子宫内注入 1∶4～1∶2 碘甘油液体石蜡溶液 20～40 mL、等量的液体石蜡复方碘溶液 20～40 mL、磺胺石蜡混悬液(磺胺 10～20 g、液体石蜡 20～40 mL)或抗生素等，有良好效果。

4. 激素疗法

对产后患子宫内膜炎的动物，可肌注催产素或麦角新碱，促进炎性产物排出和子宫复原。催产素用量：牛 20 IU，羊 10 IU，每天注射一次，连用 3 天。对有炎性渗出物蓄积的患畜，每 3 天注射一次雌二醇 8～10 mg，注射后 4～6 小时再注射催产素10～20 IU。

5. 生物疗法

将乳酸杆菌接种于 1%葡萄糖肝汁肉汤培养基中，37～38℃培养 72 小时，使 1 mL 培养物中含菌 40 亿～50 亿个，吸取 4～5 mL 注入病牛子宫，经 11～14 天可见症状消失，

20 天后可恢复正常发情和配种。

6. 全身疗法

当病畜伴有全身症状时，宜配合抗生素和磺胺疗法，并注意全身变化，进行对症治疗。

项目 4　以卵巢功能紊乱为主症的牛羊病防治

李某家有一头 5 岁黑白花奶牛，主诉：病牛产后 5 个多月，最初 2 个月每隔 25～30 天发情一次，发情表现不明显，之后一直不发情。

任务 1　诊断病牛

临床检查

一般检查：通过问诊、视诊，判断病牛营养状况及饲养管理情况。

直肠检查：判断卵巢及子宫状态。

检查结果分析：

依据母牛发情周期延长及后期不发情，重点怀疑为卵巢机能减退与萎缩、黄体囊肿、持久黄体。

1.1　直肠检查摸到卵巢上有比正常卵泡大 1～3 倍的囊泡，多次检查，依然存在。若超过一个发情周期，再次检查结果相同。→黄体囊肿

1.2　直肠检查感到一侧或两侧卵巢增大，有质地较卵巢实质硬、呈绿豆大乃至黄豆大的硬结突出于卵巢表面，经过 2～3 次的检查(每次间隔 10～14 天)，每次检查在卵巢同一部位触到同样的硬结。→持久黄体

1.3　直肠检查卵巢紧缩，表面光滑，形状和硬度无变化，既无卵泡，也无黄体。或于一侧卵巢上有黄体残迹。→卵巢机能减退

1.4　直肠检查卵巢紧缩、硬固，体积缩小，无卵泡，无黄体。每隔一周检查，卵巢无变化。→卵巢萎缩

任务 2　治疗病牛

2.1　黄体囊肿及持久黄体

Rp：

前列腺素 $F_{2\alpha}$　　20 mg

DS：一次肌肉注射。

2.2　卵巢机能减退与萎缩

用发情公畜催情。

Rp：

促卵泡素　　100 单位

DS：一次肌肉注射，隔日再注射一次。

●●●● 必备知识

一、卵巢机能减退及萎缩

卵巢机能减退是指卵巢机能暂时性紊乱，机能减退，性欲缺乏，久不发情，卵泡发育中途停滞等。卵巢机能长期衰退可引起卵巢组织萎缩。

病因

1. 饲养管理不当

使役过重，利用过度，运动不足，尤其冬末春初光照不足，喂养不充足或不全价的饲料，处于饿饥状态，缺乏营养。

2. 子宫、卵巢疾病及全身性严重疾病

使体内激素的平衡紊乱，特别是 FSH、LH、Gn－RH 平衡紊乱。

症状

1. 性周期紊乱

发情不定期，发情时的外表征候不明显(安静发情)，或出现发情但不排卵(假发情)，或长期不发情。

2. 直肠检查

(1)卵巢机能减退。卵巢紧缩，表面光滑，形状和硬度无变化，既无卵泡，也无黄体。有时于一侧卵巢上有黄体残迹。

(2)卵巢萎缩。卵巢紧缩、硬固，体积缩小，无卵泡，无黄体。每隔一周检查，卵巢无变化。

(3)卵巢机能不全。延迟排卵或不排卵。

治疗

1. 改善饲养管理与利用

特别注意增加运动与光照，调整饲料配方，改善营养成分。

2. 消除原发病

3. 激发卵巢功能

(1)利用公畜催情(公畜必须健康，性欲旺盛)。

(2)按摩子宫及卵巢，每日 1～2 次，每次 3～5 分钟，持续 3～5 天。

(3)按摩子宫颈口或涂稀碘酊等刺激剂。

4. 激素疗法

(1)促卵泡素(FSH)。牛肌注 100～200 IU，羊肌注 10～20 IU，每日或隔日 1 次，共用 2～3 次，每注射 1 次后须做检查，无效时方可连续应用，直至出现发情表现为止。

(2)人绒毛膜促性腺激素(HCG)。牛静注 2 500～5 000 IU，肌注 10 000～20 000 IU，羊肌注 500～1 000 IU，必要时间隔 1～2 天重复一次。在少数病例，特别是重复注射时，可能出现过敏反应，应当慎用。

(3)孕马血清(PMSG)或全血。妊娠 40～90 天的母马血液或血清中含有大量促性腺激素，因而可用于催情。孕马血清粉剂的剂量按单位计算，牛 1 000～2 000 IU，羊 200～1 000 IU，肌注。

(4)苯甲酸雌二醇(或丙酸雌二醇)。肌注，牛 4～10 mg，羊 1～2 mg。应当注意，牛在剂量过大或长期应用雌激素时，可以引起卵巢囊肿或慕雄狂，有时尚可引起卵巢萎缩或发情周期停止，甚至使骨盆韧带及其周围组织松弛而导致阴道脱出或直肠脱出。

二、卵巢囊肿

卵巢囊肿包括卵泡囊肿和黄体囊肿两种。

病因

引起卵巢囊肿的原因，目前尚未完全清楚。涉及的因素包括：

(1)饲料中缺乏维生素A或含有多量的雌激素。饲喂精料过多而又缺乏运动，故舍饲的高产奶牛多发，且多见于泌乳盛期。

(2)垂体或其他激素腺体机能失调或雌激素用量过多，均可造成囊肿。

(3)由于子宫内膜炎、胎衣不下及其他卵巢疾病而引起卵巢炎，可致使排卵受阻，也与本病的发生有关。此外，本病的发生也与气候剧变、遗传有关。

症状

卵泡囊肿时，发情周期变短，发情期延长，甚至持续表现强烈的发情行为，可成为慕雄狂。母牛表现高度性兴奋，哞叫不安，追逐或爬跨其他母牛，久之食欲减退，消瘦，因盆腔韧带松弛，尾根与坐骨结节间形成明显凹陷。虽然发情表现明显，但屡配不孕。

黄体化囊肿时，由于分泌的LH不足，黄体的正常发育受到扰乱，使未排卵的卵泡壁上皮细胞黄体化，长期存在于卵巢中，且能分泌孕酮，使血浆孕酮的浓度升高，因而患畜长期不发情。

直肠检查：当发生卵泡囊肿时，可以摸到卵巢上有一个或数个泡壁紧张而有波动的囊泡，间隔2～3天再次检查，若为正常卵泡则消失，若为囊肿卵泡则长期存在。黄体化卵泡比正常卵泡大1～3倍，多次检查，依然存在；若超过一个发情周期，再次检查结果相同，母畜长期不发情，即可确诊。

治疗

治疗卵巢囊肿首先应消除病因，从改善饲养管理及使役制度着手，增喂所需饲料，含有维生素的饲料更为重要。这样做不仅可以使囊肿自行消散，而且治愈后不易复发。舍饲高产奶牛可以增加运动，减少挤奶量；役用牛要减轻使役。

1. 激素疗法

包括促性腺激素、性腺激素、肾上腺皮质激素等。常用制剂有以下几种：

(1)绒毛膜促性腺激素。牛1 000～5 000 IU，羊50～100IU，肌注，一般用药后1～3天外表症状逐渐消失。

(2)黄体酮注射液。牛50～100 mg，羊15～25 mg，一次肌注，每天或隔天注射一次，连用2～7次。

(3)促性腺激素释放激素。牛0.5～1.0 mg，肌注，对卵泡囊肿疗效较好。于产后第12～14天给母牛注射可预防囊肿发生。

(4)促黄体激素。牛100～200 IU，肌注。对卵泡囊肿和黄体囊肿都可应用，一般用药一周以后，症状可逐渐消失。15～30天可恢复正常发情周期，如无效可稍加大剂量，再次用药。

2. 假妊娠疗法

将特制的橡皮气球或子宫环从阴道送入子宫，造成人为的假妊娠，促使卵巢产生黄体，一般经 10 天左右直肠检查，若囊肿变小或已形成黄体，则证明有效，此后再存放 10 天，以巩固疗效。

3. 糖皮质激素疗法

地塞米松磷酸钠注射液肌注或静注，牛 5～20 mg，羊 4～10 mg。

4. 中药疗法

以破血逐瘀、温经理气为治疗原则。常用大承气汤加减。

处方：三棱 30 g，莪术 30 g，桃仁 25 g，红花 20 g，香附 40 g，益母草 50 g，青皮 30 g，陈皮 30 g，肉桂 15 g，甘草 15 g，水煎取汁，候温灌服，或共研为末开水冲，候温灌服。隔日一剂，连用 2～3 剂。

5. 手术疗法

在上述疗法无效时，可考虑采用下述手术疗法。

(1)囊肿穿刺术。一手经直肠握住卵巢，并将卵巢拉到阴道前端的上方固定后，另一手将消毒过并接有细胶管的 12 号针头从阴道穹窿部穿过阴道壁刺入囊肿，或一手在直肠内固定卵巢，另一手(或助手)用长针头从体表肷部刺入囊肿，抽出囊肿液后再向囊肿腔内注入 HCG 2 000～5 000 IU。

(2)囊肿挤破法。从直肠内用中指及食指夹住卵巢系膜并固定卵巢，中指逐渐向食指方向挤压，挤破后持续压迫 5 分钟以达到止血的目的。

预防

供给全价并富含维生素 A 及维生素 E 的饲料，防止精料过多；适当运动，合理使役，防止过劳和运动不足；对正常发情的母畜，要适时配种或授精；对其他生殖器官疾病，应及早合理地治疗。

三、持久黄体

怀孕黄体或发情周期黄体，超过正常时间而不消失，仍对机体产生作用，称为持久黄体。

病因

1. 饲养管理不当

舍饲时运动不足、饲料单纯、缺乏维生素及矿物质等，可引起黄体滞留；高产奶牛于寒冷冬季，饲料不足及泌乳过多等，可引起卵巢营养不良，使卵巢机能减退，以致黄体不能按时消退而形成持久黄体。

2. 子宫疾病

当母畜患有子宫内膜炎、子宫积液或积脓、子宫复旧不全，以及子宫内滞留胎衣、死胎或肿瘤等时，均可影响黄体的消退和吸收，而成为持久黄体。

症状

持久黄体的特征是发情周期停止，母畜长期不发情。病程较久的患畜外阴部呈三角形，有明显的皱纹，阴道黏膜苍白，阴道内分泌物较少。直肠检查可感到一侧或两侧卵巢增大，牛的持久黄体呈绿豆大乃至黄豆大突出于卵巢表面，质地较卵巢实质硬。经过 2～3 次的检查(每次间隔 10～14 天)，若每次检查在卵巢同一部位触到同样的黄体，即可确认为持久黄体。

治疗

1. 改善饲养管理

增加放牧或运动，适当减少泌乳和使役，补充矿物质和维生素，以增强体质，促进发情周期恢复正常。

2. 前列腺素疗法

前列腺素是有显著效果的黄体溶解剂，但其最佳剂量，目前处于试用阶段，尚待研究。

(1)前列腺素 $F_{2\alpha}$。牛 5～10 mg，肌注，或按每千克体重 9 μg 计算用药。一次用药后，绝大多数病牛可于 3～5 日内发情，配种并能受孕。

(2)氯前列烯醇。为氯前列烯醇的安瓿制剂，2mL 安瓿含主药 500 μg，一次肌注。一般注射一次以后，一周内即可见效，如效果不明显，可间隔 7～10 天再注射一次。

3. 孕马促性腺激素疗法

牛 1 000～2 000 IU，一次皮下注射或肌注。

4. 胎盘组织液疗法

对治疗持久黄体，也有良好效果。每次皮下注射 20 mL，每隔 1～2 天注射一次，直至出现发情为止。多数母牛经 8～10 天用药后即可发情。

5. 注射促卵泡激素及雌激素等

对治疗持久黄体也有同样疗效。

6. 激光疗法

用氦氖激光照射阴蒂或阴唇黏膜部分，亦可照射交巢穴，光斑直径 0.25 厘米，距离 40～60 厘米，每日照射一次，每次 15～20 分钟，14 天为一疗程。

7. 中药疗法

根据病征分别以补气养血或补肾壮阳为主。处方可选用：

(1)八珍益母汤：党参 40 g，白术 40 g，云苓 30 g，当归 30 g，川芎 20 g，白芍 30 g，丹参 30 g，益母草 60 g，甘草 20 g，水煎后牛一次灌服，隔日 1 次，3 次为一疗程。

(2)复方仙阳汤：仙灵脾 20 g，阳起石 20 g，益母草 50 g，当归 30 g，赤芍 30 g，菟丝子 30 g，补骨脂 30 g，枸杞子 40 g，熟地 30 g，水煎后牛一次灌服，隔日 1 次，3 次为一疗程。

对伴有子宫疾病的，必须同时加以治疗，才能获得满意效果。

项目 5　以乳房功能紊乱为主症的牛羊病防治

张某家一头 3 岁黑白花奶牛，分娩 1 个多月，近 2 天连续检出“坏奶”。

任务 1　诊断病牛

临床检查

一般检查：测定病牛 T、P、R。

乳腺检查：视诊、触诊乳腺。

检查结果分析：

1.1　病牛体温升高，乳房的体积增大，皮肤紧张，发红，乳房表面增温，疼痛。→临床型乳房炎

1.2　病牛体温变化不明显，乳腺检查无异常。需进行乳汁的实验室检查，确定是隐

性乳房炎还是低酸度酒精阳性乳。

1.2.1 隐性乳房炎的实验室检查

1.2.1.1 过氧化氢玻片法

原理：乳房炎的乳汁中白细胞增多，而白细胞内含过氧化氢酶，能分解过氧化氢产生氧气，可根据乳液中产生气泡的多少确诊。

试剂：6%～9%过氧化氢(33%过氧化氢与中性馏水按1∶2.33或1∶4的比例混合)

方法：载玻片—白色衬垫物—被检乳1滴—过氧化氢1滴—混匀—静止2分钟—观察。

判定：

正常乳：无或仅有小如针尖的气泡。

可疑乳：有少量粟粒大的气泡。

阳性乳：布满或多量大气泡。

1.2.1.2 氢氧化钠凝乳法(初乳和停乳前不适用)

原理：正常乳加氢氧化钠无变化，乳房炎乳加氢氧化钠后使其变为黏稠或混有絮片。

试剂：4%氢氧化钠溶液。

操作：载玻片—直径2.5 cm圆圈—黑色衬物—被检乳5滴—氢氧化钠2滴—迅速扩散—搅拌20秒—观察。

判定：

正常乳：无变化。

可疑乳：小凝乳块。

阳性乳：乳汁水样、凝乳块较大。

1.2.1.3 酒精法

原理：酸奶中加入68%～70%的酒精后，会产生很多絮状凝乳块(24 ℃环境下)。

试剂：68%～70%酒精，酚酞指示剂2滴，0.1N氢氧化钠混合初现粉红色。

操作：试管—被检乳3 mL—等量酒精—混匀—5分钟内观察。

1.2.2 低酸度酒精阳性乳的检查。在1.2.1的检测中，只有1.2.1.3的检测结果呈阳性，即可判定为低酸度酒精阳性乳。

任务2 治疗病牛

乳房炎

Rp：

①10%磺胺嘧啶钠　　300 mL

5%葡萄糖注射液　　1 000 mL

DS：一次静脉注射，每日2次，连用5天。

②青霉素G钠　　200万IU

0.5%盐酸普鲁卡因　　200 mL

DS：在乳房前叶或后叶基部之上，紧贴腹壁刺入8～10厘米，每个乳叶基部注入100 mL。

③1%磺胺嘧啶钠溶液　　300 mL

DS：挤净乳汁，消毒乳头，插入灭菌的乳导管，注入乳池内，由下向上按摩，注进后 2～3 小时，再慢慢挤出。每日注射 2 次。

④20%硫酸镁溶液。急性期冷敷；急性炎症缓和后改用温热疗法，配合按摩疗法。

必备知识

乳房炎

乳房炎(Mastitis)是由各种致病因素引起的乳房的炎症，其特点主要是乳汁发生理化性质及细菌学变化，乳腺组织发生病理学变化。

病因

(1)病原微生物感染是引起本病的主要原因。

(2)管理不当，使乳房受到摩擦、挤压、冲撞等损伤所致。

(3)某些传染病(布鲁氏杆菌病、结核病等)、子宫炎、胃肠炎等也常并发乳房炎。

症状

1. 临床型乳房炎

乳房患病区域红、肿、热、痛，泌乳减少或停止，乳汁变性，体温升高，食欲不振，反刍减少或停止。根据炎症性质的不同，乳汁的变化亦有所差异。

(1)浆液性乳房炎。呈急性经过，乳汁变稀薄并含有絮片。

(2)卡他性乳房炎。乳腺腺泡上皮及其他上皮细胞变性脱落。

(3)纤维素性乳房炎。纤维素凝固阻塞乳腺腺泡及乳腺管，挤不出乳汁或只能挤出少量乳清，或挤出带有纤维素的脓性渗出物。

(4)化脓性乳房炎。乳房中有脓性渗出物流入乳池和输乳管腔中，乳汁呈黏脓样。

(5)出血性乳房炎。乳汁呈水样淡红或红色。并混有絮状物及凝血块。

(6)征候性乳房炎。常见于乳房结核、口蹄疫及乳房放线菌病等。

2. 非临床型(隐性)乳房炎

无临床症状，乳汁亦无肉眼可见异常。但是通过实验室对乳汁检验，可发现被检乳中的病原菌及白细胞数增加(每毫升乳中白细胞数超过 50 万个即为乳房炎阳性乳)。

诊断

临床型乳房炎根据乳房及乳汁的变化较易诊断。非临床型乳房炎需通过实验室对乳汁检验进行诊断。

治疗

对乳房炎的治疗，应根据炎症类型、性质及病情等，分别采取相应的治疗措施。

1. 改善饲养管理

厩舍要保持清洁、干燥，注意乳房卫生，限制泌乳过程，应增加挤奶次数，及时排出乳房内容物。减少多汁饲料及精料的饲喂量，限制饮水量。每次挤乳时按摩乳房 15～20 分钟，根据炎症类型不同，分别采取不同的按摩手法：浆液性乳房炎可采取自下而上按摩；卡他性乳房炎可采取自上而下按摩；纤维素乳房炎、乳房脓肿、出血性乳房炎等应禁止按摩。

2. 乳房局部治疗

(1)对急性乳房炎的初期可进行冷敷，2 天后可改为温热疗法，每次 30 分钟，每日 2～3次。

(2)可以用仙人掌去刺，捣碎成泥，将病乳区洗净擦干，按摩并挤净乳汁，再将药泥涂敷于患部，每日 2 次。

(3)乳池冲洗，挤净乳汁后，可用 0.1%雷夫奴尔溶液或呋喃西林溶液和 1%磺胺嘧啶钠溶液 100～300 mL，用乳头导管注入乳池内，然后由下向上按摩，注进后 2～3 小时，再慢慢挤出。每日注射 1～2 次。对于纤维素性乳房炎效果较好。

(4)乳池封闭疗法。青霉素 200 万 IU，用 0.5%盐酸普鲁卡因生理盐水 200 mL 稀释，挤净乳汁后，用乳头导管注入乳池内，每个乳池内注入 30～50 mL，每日注射 1～2 次。

也可采用乳房基部封闭，即在乳房前叶或后叶基部之上，紧贴腹壁刺入 8～10 厘米，每个乳叶注入普鲁卡因青霉素溶液 100～200 mL。

3. 会阴神经封闭

部位在阴唇下联合，即坐骨弓上方的正中凹陷处。局部消毒后，左手拇指按压在凹陷处，右手持封闭针头向患侧坐骨小切迹方向刺入 10～13 厘米，注入 0.25%盐酸普鲁卡因溶液 10～20 mL(内含青霉素 80 万 IU)。如果两侧乳房患病，应依此法向两侧注射。本法不但对临床型乳房炎有效，对隐性乳房炎也有良好效果。

4. 免疫调节

盐酸左旋咪唑(LMS)简称左咪唑，是一种免疫机能调节剂，以每千克体重 7.5 mg 拌精料中任牛自行采食，一日一次，连用 2 天，效果较好。

5. 止血

出血性乳房炎，除抗菌消炎外，适当肌注止血药，如维生素 K_3 20～40 mg，或用 0.1%肾上腺素注射液 3～5 mL，皮下注射，每日一次，连用 2～4 次。

6. 全身治疗

根据病情在局部治疗的同时，积极配合全身治疗。如青霉素、链霉素混合肌注，或磺胺类药物及其他抗生素类药物静注等。此外，也可用 10%水杨酸钠注射液 50～200 mL、40%乌洛托品注射液 40～60 mL、10%氯化钙注射液 50～150 mL，混合一次静注，每日一次。也可用 0.5%黄色素注射液 100～150 mL，5%葡萄糖注射液 500 mL，静注，或静注磺胺嘧啶加乌洛托品。

7. 中药治疗

治以清热解毒、疏肝行气、消肿散瘀为主。可选用仙方活命饮和消黄散。

仙方活命饮：金银花 60 g，连翘 30 g，归尾、甘草、赤芍、乳香、没药、花粉、贝母各 15 g，防风、白芷、陈皮各 20 g，共研为末，黄酒 100 mL 为引，同调灌服。适用于急性乳房炎。

消黄散：二母各 20 g，二药各 20 g，二花 20 g，连翘 30 g，水牛角 20 g，羊角 20 g，大黄 20 g，花粉 20 g，郁金 20 g，生地 20 g，薄荷 15 g，蝉蜕 10 g，僵虫 10 g，蒲公英 30 g，山甲珠 15 g，豆根 15 g，地丁 15 g，射干 15 g，黄连 15 g，黄芩 15 g，黄柏 15 g，栀子 20 g，桔梗 15 g，甘草 15，研末开水冲，凉后加鸡蛋清 4 个，蜂蜜 150 g 灌服。

黄芪散：生芪、全当归、元参各 30 g，肉桂 15 g，连翘、金银花、乳香、没药各

25 g，生香附、青皮各25 g，有硬结者加穿山甲25 g，皂刺30 g，煎汁灌服(牛)。适用于慢性乳房炎。

降痛饮：当归90 g，生芪60 g，甘草30 g，酒煎灌服(牛)，日服一剂，连服2～8剂。对一切肿毒(包括乳房炎)，不论其急性或慢性，有脓或无脓，都有较好疗效。

冲和膏：炒紫荆皮15 g，独活90 g，炒赤芍60 g，白芷120 g，石菖蒲45 g，共研为末，葱汁、酒调，敷于患部。适用于慢性乳房炎。

预防

(1)干奶期预防。主要是向乳房内注入长效抗菌药物，杀灭侵入的病原体，有的有效期可达4～8周。

(2)保持厩舍、运动场、挤乳人员手指和挤乳用具的清洁，以创造良好的卫生条件。

(3)正确进行挤乳，挤乳前先用温水将乳房洗净并进行按摩，挤乳时用力均匀并尽量挤尽乳汁，先挤健畜再挤病畜。挤乳前后做好乳头药浴。

(4)正确停乳，停乳后要注意乳房的充盈及收缩情况。发现异常立即检查处理。

(5)停乳的后期和分娩之前，乳房明显膨胀时，要减少多汁饲料和精饲料的饲喂，分娩后，应适当控制饮水量，增加运动和挤乳次数。

(6)做好传染病的防检疫工作，如有乳房炎征兆时，除采取医疗措施外，并根据情况隔离患畜。

材料设备动物清单

学习情境 6	生殖系统症状为主的牛羊病防治						
项目	序号	名称	作用	数量	型号	使用前	使用后
所用材料设备	1	保定栏	保定动物	6 个			
	2	听诊器	听诊	6 个			
	3	开膣器	产道检查	6 个			
	4	注射器	给药	6 个			
	5	点滴管	给药	6 个			
	6	消毒棉球	消毒	若干			
	7	秤	称羊	1 个			
	8	产科器械	难产助产	2 套			
	9	常规手术器械	剖腹产	2 套			
	10	长臂手套	产道检查、直肠检查	若干			
	11	子宫洗涤器	冲洗子宫	6 个			
所用动物	12	牛	诊治	6 头			
	13	羊	诊治	6 只			
班　级			第　组	组长签字		教师签字	

计　划　单

学习情境 6	生殖系统症状为主的牛羊病防治	学时	24
计划方式	小组讨论、同学间互相合作共同制订计划		
序号	实施步骤	使用资源	备注
制订计划说明			

计划评价	班　级		第　组	组长签字	
	教师签字			日　期	
	评语：				

决策实施单

<table>
<tr><td>学习情境 6</td><td colspan="7">生殖系统症状为主的牛羊病防治</td></tr>
<tr><td colspan="8">计划书讨论</td></tr>
<tr><td rowspan="6">计划
对比</td><td>组号</td><td>工作流程
的正确性</td><td>知识运用
的科学性</td><td>步骤的
完整性</td><td>方案的
可行性</td><td>人员安排
的合理性</td><td>综合
评价</td></tr>
<tr><td>1</td><td></td><td></td><td></td><td></td><td></td><td></td></tr>
<tr><td>2</td><td></td><td></td><td></td><td></td><td></td><td></td></tr>
<tr><td>3</td><td></td><td></td><td></td><td></td><td></td><td></td></tr>
<tr><td>4</td><td></td><td></td><td></td><td></td><td></td><td></td></tr>
<tr><td>5</td><td></td><td></td><td></td><td></td><td></td><td></td></tr>
</table>

<table>
<tr><td colspan="6">制订实施方案</td></tr>
<tr><td>序　号</td><td colspan="3">实施步骤</td><td colspan="2">使用资源</td></tr>
<tr><td>1</td><td colspan="3"></td><td colspan="2"></td></tr>
<tr><td>2</td><td colspan="3"></td><td colspan="2"></td></tr>
<tr><td>3</td><td colspan="3"></td><td colspan="2"></td></tr>
<tr><td>4</td><td colspan="3"></td><td colspan="2"></td></tr>
<tr><td>5</td><td colspan="3"></td><td colspan="2"></td></tr>
<tr><td colspan="6">实施说明：</td></tr>
<tr><td>班　级</td><td></td><td>第　组</td><td>组长签字</td><td colspan="2"></td></tr>
<tr><td>教师签字</td><td colspan="2"></td><td>日　期</td><td colspan="2"></td></tr>
<tr><td></td><td colspan="5">评语：</td></tr>
</table>

作　业　单

<table>
<tr><td>学习情境 6</td><td colspan="7">生殖系统症状为主的牛羊病防治</td></tr>
<tr><td>作业完
成方式</td><td colspan="7">课余时间独立完成</td></tr>
<tr><td>作业题 1</td><td colspan="7">分析案例一，给出诊断结果及治疗方案。</td></tr>
<tr><td>作业解答</td><td colspan="7"></td></tr>
<tr><td>作业题 2</td><td colspan="7">分析案例三，给出诊断结果及治疗方案。</td></tr>
<tr><td>作业解答</td><td colspan="7"></td></tr>
<tr><td>作业题 3</td><td colspan="7">总结难产的原因及救助方法。</td></tr>
<tr><td>作业解答</td><td colspan="7"></td></tr>
<tr><td rowspan="4">作业评价</td><td>班　级</td><td></td><td>第　　组</td><td colspan="2">组长签字</td><td colspan="2"></td></tr>
<tr><td>学　号</td><td></td><td>姓　名</td><td colspan="4"></td></tr>
<tr><td>教师签字</td><td></td><td>教师评分</td><td></td><td colspan="2">日　期</td><td></td></tr>
<tr><td colspan="7">评语：</td></tr>
</table>

效果检查单

<table>
<tr><td>学习情境6</td><td colspan="5">生殖系统症状为主的牛羊病防治</td></tr>
<tr><td>检查方式</td><td colspan="5">以小组为单位，采用学生自检与教师检查相结合，成绩各占总分(100分)的50%。</td></tr>
<tr><td>序　号</td><td colspan="2">检查项目</td><td>检查标准</td><td>学生自检</td><td>教师检查</td></tr>
<tr><td>1</td><td colspan="2">分娩时产道的检查</td><td>正确判定软产道张开状态及硬产道是否狭窄。</td><td></td><td></td></tr>
<tr><td>2</td><td colspan="2">分娩时胎儿的检查</td><td>能正确判断胎势、胎位、胎向。</td><td></td><td></td></tr>
<tr><td>3</td><td colspan="2">助产</td><td>对软产道张开不全及不正常的胎势、胎位、胎向能提出合理的治疗措施。</td><td></td><td></td></tr>
<tr><td>4</td><td colspan="2">助产后处理</td><td>能提出合理的助产后处理措施。</td><td></td><td></td></tr>
<tr><td rowspan="3">检查评价</td><td>班　级</td><td></td><td>第　组</td><td>组长签字</td><td></td></tr>
<tr><td>教师签字</td><td colspan="2"></td><td>日　期</td><td></td></tr>
<tr><td colspan="5">评语：</td></tr>
</table>

评价反馈单

学习情境 6	生殖系统症状为主的牛羊病防治				
评价类别	项目	子项目	个人评价	组内评价	教师评价
专业能力（60%）	资讯（10%）	获取信息（5%）			
		引导问题回答（5%）			
	计划（5%）	计划可执行度（3%）			
		用具材料准备（2%）			
	实施（20%）	各项操作正确（8%）			
		完成的各项操作效果好（6%）			
		完成操作中注意安全（4%）			
		操作方法的创意性（2%）			
	检查（10%）	全面性、准确性（5%）			
		生产中出现问题的处理（5%）			
	结果（5%）	使用工具的规范性（2%）			
		操作过程规范性（2%）			
		工具和设备使用管理（1%）			
	作业（10%）	结果质量			
社会能力（20%）	团队合作（10%）	小组成员合作良好（5%）			
		对小组的贡献（5%）			
	敬业、吃苦精神（10%）	学习纪律性（4%）			
		爱岗敬业和吃苦耐劳精神（6%）			
方法能力（20%）	计划能力（10%）	选择计划合理			
	决策能力（10%）	计划选择正确			
意见反馈					
请写出你对本学习情境教学的建议和意见					

评价评语	班级		姓名		学号		总评	
	教师签字		第　组	组长签字			日期	
	评语：							

学习情境 7

以运动异常为主症的牛羊病防治

学习任务单

<table>
<tr><td>学习情境 7</td><td colspan="4">以运动异常为主症的牛羊病防治</td><td>学时</td><td>14</td></tr>
<tr><td colspan="7">布置任务</td></tr>
<tr><td>学习目标</td><td colspan="6">1. 明确以运动异常为主的牛羊病的种类及其基本特征。
2. 能够说出各病的病性和主要临床症状。
3. 能够通过一般检查、系统检查及与类症疾病鉴别，进行本类疾病的现场诊断。
4. 能够运用实验室诊断、影像诊断等技术最后做出正确诊断。
5. 能够对诊断出的疾病予以合理治疗。
6. 能够根据养殖场的具体情况，制定合理的防治措施。
7. 能够组织、实施防制措施。
8. 养成科学态度及团队协作、严谨工作能力，增强职业责任感。</td></tr>
<tr><td>任务描述</td><td colspan="6">对临床生产实践多发的运动异常症状为主症的牛羊病做出诊断，予以治疗，制定及实施防治措施。具体任务如下：
1. 诊治产后截瘫、生产瘫痪、骨软症、佝偻病、孕畜截瘫。
2. 诊治骨折、脱臼、关节扭伤、关节炎、滑膜炎、蹄叶炎、腐蹄病、风湿病、硒与维生素 E 缺乏。
3. 鉴别诊断以运动异常症状为主的疾病。</td></tr>
<tr><td>学时分配</td><td>资讯 2 学时</td><td>计划 1 学时</td><td>决策 1 学时</td><td>实施 8 学时</td><td>考核 1 学时</td><td>评价 1 学时</td></tr>
<tr><td>提供资料</td><td colspan="6">1. 孙英杰. 牛羊病防治. 北京：中国农业出版社，2011
2. 李玉冰. 兽医临床诊疗技术. 北京：中国农业出版社，2008
3. 牛羊病防治精品课网址：
http：//113.0.240.9：8080/book－show/flex/book.html? courseNumber＝587322</td></tr>
<tr><td>对学生要求</td><td colspan="6">1. 以小组为单位完成任务，体现团队合作精神。
2. 严格遵守兽医诊所和养殖场制度。
3. 严格遵守操作规程，避免安全事故发生。
4. 严格遵守生产劳动纪律，爱护劳动工具。</td></tr>
</table>

任务资讯单

学习情境 7	以运动异常为主症的牛羊病防治
资讯方式	通过资讯引导，观看视频，到本课程的精品课网站、图书馆查询，向指导教师咨询。
资讯问题	1. 产后截瘫、生产瘫痪、骨软症、佝偻病及孕畜截瘫的发病原因、症状、诊断方法、治疗原则及方案。 2. 骨折、脱臼、关节扭伤、关节炎、滑膜炎、蹄叶炎、腐蹄病、风湿病、硒与维生素 E 缺乏的病因、症状、临床特点、鉴别诊断要点、治疗原则及方案。
资讯引导	1. 在信息单中查询。 2. 进入牛羊病防治精品课 http：//113.0.240.9：8080/book－show/flex/book.html？courseNumber＝587322 网站查询。 3. 相关教材和网站资讯查询。

案例单

学习情境 7	以运动异常为主症的牛羊病防治	
序号	案例内容	诊断思路提示
案例一	一头 7 岁黑白花乳牛，产后第 3 天，突然卧地不起。检查：该牛舌体绵软，四肢发凉，两腿屈曲。体温 36.5℃，心音微弱，心率 112 次/分钟。肛门反射和皮肤反射均减弱。	根据病牛的发病时间和卧地不起可初步诊断。可取血液做血清糖、钙含量测定进行确诊。
案例二	一头黑白花乳牛，产后 4 天，产犊时发生了难产，病牛产后一直卧地，但食欲和反刍均正常。T. 38.5℃，R. 18 次/分钟，P. 70 次/分钟。针刺后肢无反应，其余部位的触觉和痛觉反射均正常。	根据病史及临床症状可做出初步诊断，结合针刺反射可确诊。
案例三	一头 3 岁黑白花乳牛，该牛以前总舔土，最近发现站立不愿趴下，趴卧时不愿起立，站立时弓腰，走路时迈步小心。前天开始卧地不起，但吃草、反刍正常。检查：该牛精神状态良好，但卧地不起，肋骨有明显的“串珠肿”，倒数第一到第三尾椎软化明显。	通过病史调查及临床检查可做出诊断。
案例四	一头 4 岁黑白花乳牛，今天上午因进入园子中偷吃玉米，主人在驱赶时由于该奶牛急速奔跑，在跨越围栏后跌倒，一直卧地不起。检查：左前肢腕关节上部变形肿胀，触诊疼痛，被动运动左前肢可向左侧弯曲近 90 度，并能听到有骨摩擦音。	通过病史调查及临床检查可做出诊断。
案例五	一头 6 岁黑白花乳牛，发现该牛从刚开春后就出现走路费力，特别是在早晨驱赶牛进入运动场时，跛行最为明显，并且该牛在卧下后起立困难，时常弓背。但饮食欲和精神状态尚可。 临床检查：运动时运步不灵活，后肢拖拉前进，捏压腰部时凹腰不明显，该牛在软地运动时跛行比较明显，驱赶行走一段时间后跛行减轻。	通过病史调查及临床检查可做出初步诊断。

相关信息单

【学习情境7】

以运动异常为主症的牛羊病防治

项目1 以趴卧不起为主症的牛羊病防治

一头黑白花乳牛，平日常拴于圈内，很少运动。食欲稍减，卧地不起。

任务1 诊断病牛

1.1 临床检查

一般检查：测病牛体温、脉搏、呼吸数，观察其精神状态、饮食欲、皮肤黏膜等。

系统检查：听诊、触诊、视诊等。

检查结果分析：

1.1.1 患牛的精神、食欲、体温等情况均无异常表现。但后肢不能站立，除两后肢外其余部位的触觉和痛觉反射均正常。→产后截瘫

1.1.2 患牛为3～6胎的高产奶牛，发生在产后的5天以内，体温低于正常。昏睡，眼睑反射减弱或消失，瞳孔散大，出现特征性的瘫痪姿势。患牛对钙剂治疗和乳房送风疗法有特效。→初步诊断为生产瘫痪

1.1.3 患牛初期异嗜，逐渐出现运动及站立异常，跛行渐重，最后1～4个尾椎软化明显。→初步诊断为骨软症

1.2 实验室诊断

血液学检查血清钙降低，在0.08 mg/mL以下。→生产瘫痪

任务2 治疗病牛

2.1 产后截瘫

厚铺垫草，勤翻畜体，以防发生褥疮。

Rp：

①硝酸士的宁　　30 mg

DS：一次皮下注射，每日一次，连用3天。

②电针汗沟穴，每日3次，每次30分钟。

2.2 生产瘫痪

Rp：

①10%葡萄糖酸钙　　1 500 mL

10%葡萄糖　　1 000 mL

20%安钠咖　　20.0 mL

DS：一次静注，1次/天，连用2天。

②乳房送风：清洗并消毒乳头，用灭菌后的乳导管涂润滑剂插入乳头内，连接乳房送风器，分别向四个乳区注入过滤的空气，至乳房皮肤紧张，基部变厚，界线明显，轻弹

乳房呈鼓音为止，退出乳导管，用纱布条轻扎乳头基部，一小时后放出气体。

2.3 骨软症

Rp：

①20%磷酸二氢钠注射液 500 mL

DS：一次静注，每天1次，连用5天。

②维生素A、维生素D液 5 mL

DS：一次肌注，每日1次，连用5天。

③每天向饲料中添加磷酸氢钙150 g、麦麸子1 500 g，待症状消失后改为磷酸氢钙100 g、麦麸子1 000 g常年补喂。

必备知识

一、产后截瘫

产后截瘫是母畜在分娩过程中由于后躯神经被压迫或损伤引起的，分娩后立即出现的后躯不能起立的一种疾病。

病因

1. 由于胎儿过大或骨盆腔狭窄、胎儿在产道内停留时间过长或牵拉胎儿力量过大，使闭孔神经或坐骨神经受压迫或损伤引起。

2. 胎儿经过产道时使荐髂关节韧带剧伸、骨盆骨折或肌肉损伤，也可引起产后不能起立。

症状

分娩后立即出现后肢不能起立或后肢站立、运动困难，全身症状轻微。一侧闭孔神经麻痹时，病畜仍可站立，但患肢外展，不能负重。行走时患肢亦外展，膝部伸向外前方，膝关节不能屈曲，容易跌倒。两侧闭孔神经麻痹时，两后肢强直外展，不能站立。坐骨神经麻痹时完全不能站立。

诊断

产后立即发病，以后躯运动障碍为主。针刺后躯反射减弱甚至消失，全身其他部位反射正常。

预后

由于神经被压迫麻痹导致的产后截瘫，预后良好。若神经被损伤，多预后不良。

治疗

1. 应用外周神经兴奋药

硝酸士的宁，牛15～30 mg，羊2～4 mg，一次皮下注射，每日一次。

2. 针灸疗法

根据患病部位，针刺或电针相应的穴位。多选巴山、汗沟、路股等穴。

3. 加强护理

厚铺垫草，勤翻畜体，以防发生褥疮。

二、生产瘫痪

生产瘫痪是母畜分娩前后由于血糖、血钙急剧降低而引起的一种严重的代谢性疾病。以四肢瘫痪，知觉丧失，舌、咽、消化道麻痹，血糖、血钙急剧降低为主要特征。多发生于 3～6 产的高产奶牛，2～5 产的高产奶山羊。

病因

1. 分娩前后大量血糖、血钙随初乳排出体外是引起血糖、血钙降低的主要原因。

2. 怀孕末期不变更饲料，特别是饲喂高钙饲料，使产畜血钙浓度较高，一方面刺激甲状腺分泌大量降钙素，使血钙降低；另一方面抑制甲状旁腺机能，甲状旁腺素分泌不足，动用骨钙的能力降低。

3. 孕畜怀孕后期，胎儿生长消耗大量钙、磷，同时孕畜腹压增大，限制胃肠蠕动，从肠道吸收的钙磷减少。

4. 饲料中长期缺乏钙、磷，骨胳中钙贮减少，当血钙降低时可动用能力不足。

症状

1. 典型生产瘫痪

发病急，从最初症状出现至典型症状出现至多不超 12 小时，多数病牛于产后 3 日内发病，病初轻度不安，不愿走动，站立不稳，走路摇摆，有些病畜则出现短暂的兴奋症状，如惊慌、哞叫、对外界刺激反应敏感等，很快转为抑制状态。

知觉消失、意识抑制是典型生产瘫痪的特征症状之一，病牛昏睡，各种反射减弱或消失，心跳加快，80～120 次/分钟；针刺肛门、皮肤无反应。

特殊卧地姿势，病牛伏卧，四肢屈于躯干之下，头颈弯于胸部一侧，人为将其拉直，松开后又重新弯向胸侧。

体温降低也是典型生产瘫痪的一个症状，病初体温在正常范围之内，随病程发展体温逐渐降低，最低可达 35～36℃。

2. 非典型生产瘫痪

除瘫痪症状外，主要特征是由头部至髫甲呈一轻度 S 状弯曲，病牛精神极度沉郁，但不昏睡，各种反射减弱，但不消失，病牛有时能勉强站立，但站立不稳，且行动困难，步态摇摆。体温正常或不低于 36℃。

诊断

典型生产瘫痪，根据多发于 3～6 产高产奶牛，产后不久发病，出现特征瘫痪症状，意识抑制，各种反射减弱或消失，体温降低等不难诊断。

非典型生产瘫痪应与酮血病、产后截瘫等疾病进行鉴别。

预后

若不及时治疗，有 50%～60%的病牛在 12～48 小时内死亡，个别的可在病后数小时内死亡，如果治疗及时而正确，90%以上的病牛可迅速痊愈，有的病牛治愈后可复发，复发者预后较差。

治疗

治疗原则为迅速补充血糖、血钙。

1. 糖钙疗法

10%葡萄糖酸钙 1 000～1 500 mL(5%氯化钙等量)，25%葡萄糖 500～1 000 mL，20%安钠咖 20 mL，混合后一次静注。为迅速提高血钙浓度，可静注地塞米松磷酸钠或氢化可的松 100～150 mg。

若 6～12 小时不见好转，可用 10%葡萄糖酸钙 800～1 400 mL，25%葡萄糖 500～

1 000 mL，20％安钠咖 20 mL，混合后一次静注。或 25％磷酸二氢钠 300～500 mL，5％葡萄糖 500～1 000 mL，25％硫酸镁 100 mL，5％氯化钾 50 mL，混合后一次静注。

2. 乳房送风疗法

将病牛侧卧保定，清洗并消毒乳头，用灭菌后的乳导管涂润滑剂插入乳头内，连接乳房送风器，分别向四个乳区注入过滤的空气，至乳房皮肤紧张，基部变厚，界线明显，轻弹乳房呈鼓音为止，退出乳导管，用纱布条轻扎乳头基部，一小时后放出气体。

乳房送风时应注意：(1)注入的空气需过滤，防止乳房感染；(2)注射量要适量，过少起不到应有的作用，过多会胀破乳腺腺泡。

三、佝偻病

佝偻病是幼龄动物在生长发育过程中，由于维生素 D 缺乏和钙磷代谢障碍而引起的一种代谢性疾病。临床上以发育迟缓、消化紊乱、异嗜、运动障碍和骨骼变形为特征。

病因

1. 孕畜或哺乳母畜饲料中缺乏维生素 D 和钙、磷等矿物质。
2. 幼畜早期断奶，母乳不足或饲料中缺乏钙、磷和维生素 D。
3. 幼畜日光照射不足或胃肠疾病等。

症状

病畜精神沉郁，喜卧，异嗜，常有消化不良症状。营养不良、消瘦、贫血、生长发育缓慢。四肢各关节肿大，特别是腕关节和跗关节最为明显，四肢长骨弯曲变形，肋骨和肋软骨连接处肿大呈“串珠”样；脊柱变形。由于骨及关节的变化，从而影响全身的变化。站立时拱背，两前肢蹄内收、腕关节外展呈“O”形；两后肢跗关节向内收呈“X”状，运步强拘，起立和运动困难，跛行，喜卧不起，牙齿发育不良，咀嚼困难；胸廓变形，鼻、上颌肿大、隆起，颜面增宽，呈“大头”现象。呼吸困难。重症病牛有神经症状，抽搐，痉挛，易发生骨折、韧带剥脱。先天性佝偻病，幼畜出生后即出现上述症状，且多体质衰弱，不能站立。

诊断

主要根据异嗜、生长缓慢、关节肿胀和异常姿势进行诊断。

治疗

对骨骼变化不明显的轻症佝偻病病畜，可用骨化醇(维生素 D_2)，40 万～80 万 IU，肌注，每周一次；在应用维生素 D 的同时，内服钙剂，碳酸钙 5～20 g 或乳酸钙 5～10 g，每日一次。也可适当内服维丁钙片，或用维丁胶性钙液 5～10 mL，皮下注射或肌注。对骨骼变形明显的重症佝偻病病畜，应用骨化醇可采用突击剂量，400 万 IU，分 2～3 点肌注，每周一次，连续 2～3 周，同时静注 10％氯化钙注射液 5～10 mL 或葡萄糖酸钙注射液 10～20 mL。对四肢弯曲严重的幼畜，可用副木固定，辅助负重，以利矫形。

四、骨软症

骨软症是成年动物由于钙磷代谢障碍导致的骨营养不良。其特征性病理变化是骨质进行性脱钙，呈现骨质软化及形成过量的未钙化的骨基质。临床特征是消化紊乱、异嗜、跛行、骨变形及易骨折。

病因

1. 发病的主要原因是钙、磷的缺乏或比例不当。日粮中合理的钙磷比例：黄牛为

(1.5～2)∶1；泌乳牛为0.8∶0.7。日粮中钙、磷某一种缺乏或过剩时，这种正常比例关系即发生改变。乳牛的含磷饲料补充不足，特别在大量应用石粉或贝壳粉时发生的骨软症，则是由于日粮中补充过量的钙所致。

2. 泌乳高峰期的高产奶牛，体内钙、磷随乳汁大量丢失；妊娠后期的母牛，体内钙、磷大量被胎儿吸收，此时钙磷补给不及时或补给不足时发病率最高，尤其高产母牛的发病率显著增高。

3. 维生素D、维生素A和维生素C缺乏或胃肠机能紊乱时，能直接影响钙、磷的吸收和利用，进而引起骨软症。

4. 日粮中锌、铜、锰等不足也影响骨的形成和代谢。

5. 甲状旁腺机能代偿性亢进，引起甲状旁腺激素大量分泌，肾排磷量增加，引起低磷血症，继发骨软症。

6. 饲料和饮水中含有拮抗钙、磷吸收的因子时也会导致钙磷的吸收障碍。如高氟饲料和饮水，饲料中含有过多的可溶性硫酸盐、草酸盐、鞣酸及脂肪等物质时，都会导致钙的缺乏。

7. 长期干旱，植物对磷的吸收减少，或由于土壤贫磷等，其发病率相对提高。

症状

在本病初期，患病牛无明显症状；随病情加重，其症状主要表现在如下几个方面。

1. 消化功能紊乱

病牛出现异嗜现象，常舔食墙壁、牛栏、泥土、沙子、喝粪汤尿水；消瘦，被毛粗乱。产奶量下降；发情、配种延迟。

2. 运动障碍

病牛出现运动障碍，由于骨骼疼痛，站立时，肘头外展，四肢频繁交替负重，拱背或经常卧地，不愿起立。运动时小心谨慎，步态僵硬、不愿行走，走路时拱腰、后肢抽搐、拖拽两后肢，有人形象地将其表现称为“翻蹄亮掌拉拉胯”，严重者不能站立。有些病牛两后肢跗关节以下向外倾斜，呈“X”形。

3. 骨骼变形

此病持续时间较久时会表现骨骼变形，骨骼脱钙最早发生于负重较轻的骨骼，如肋骨、尾椎、蹄等部位。

(1)尾椎骨变软，易弯曲，尾椎骨骺变粗、移位，最后几个尾椎萎缩或吸收消失。此症状可出现于其他任何症状都未出现之前。

(2)肋骨肿胀、畸形，肋软骨呈“串珠”样，有些牛最后一根肋骨被吸收剩下半根。

(3)病牛骨骼骨髓腔扩张，骨皮质变脆变软，易骨折。

4. 蹄变形

蹄生长不良，磨灭不整，呈翻卷状等变形蹄；骨质疏松病牛在后期常出现蹄底溃疡等病理变化。

诊断

根据发病牛食欲下降、异嗜、跛行、骨骼变形等特征性症状可做出初步诊断。其中尾椎骨变软，易弯曲，尾椎骨骺变粗、移位等症状，可作为两产以前牛患本病的诊断依据。

治疗

1. 饲料中补磷、补钙

改变日粮的组成，给予易消化、富含矿物质和维生素的饲料，以补磷为主，辅助补钙。使钙、磷比例适当，每日补喂磷酸氢钙150 g、麦麸子1 000～1 500 g，待症状消失后改为磷酸氢钙100 g、麦麸子500～1 000 g，常年补喂。

2. 药物治疗

(1)补磷、补钙。20%磷酸二氢钠注射液300～500 mL，或30%次磷酸钙注射液1 000 mL，静注，每天1次，连用5～7天。

(2)促进钙盐向骨中沉积。维生素A、维生素D液5 mL，肌注，每日1～2次，或鱼肝油100 mL，加水一次内服。患畜适当运动和增强日光照射。不能起立的患畜，应厚铺垫草，勤翻畜体，以免发生褥疮。

注意：牛患骨软症因疼痛而表现跛行时，禁用止痛药，以防发生骨折。

项目2 以跛行为主症的牛羊病防治

一头4岁黑白花乳牛，站立时姿势不稳，走路时躯体摇摆，出现跛行症状。

任务1 诊断病牛

1.1 临床检查

一般检查：测病牛体温、脉搏、呼吸数，观察其精神状态、饮食欲、皮肤黏膜等。

系统检查：听诊、触诊、视诊等。

检查结果分析：

1.1.1 骨骼出现变形，异常活动，不能负重，患肢延长或缩短，被动运动检查有骨摩擦音。→骨折

1.1.2 关节变形，患肢缩短或延长，患肢异常固定、肢势改变，运动时关节有钝性撞击音。→脱臼

1.1.3 关节肿胀，触诊增温、疼痛、指压留痕或坚实，关节被动运动检查时有明显的疼痛方向。→关节扭伤

1.1.4 运动时呈紧张步样，蹄温升高，敲打、钳夹蹄壁疼痛明显，指(趾)动脉搏动亢进。→蹄叶炎

1.1.5 发病突然，患部关节、肌肉肿胀、增温、疼痛；慢性病例患病关节、肌肉肿胀、僵硬、凹凸不平。反复出现，疼痛具有转移性和对称性，随运动量的增加和运动时间的延长跛行程度减轻或消失。寒冷天跛行加重。→风湿病

1.2 实验室诊断

1.2.1 超大型X光机检查，若出现骨骼和关节发生断、裂、碎。→骨折

1.2.2 超大型X光机检查，若关节头脱离关节窝。→脱臼

1.2.3 超大型X光机检查，若骨骼和关节未发生异常。→关节扭伤

1.2.4 关节穿刺检查，关节滑液比较浑浊，呈黄色或黄绿色，容易凝固或混有浓汁。→关节炎

1.2.5　超大型X光机检查，若发现蹄骨转位以及骨质疏松。蹄骨尖被压向后下方，并接近蹄底角质。→慢性蹄叶炎

任务2　治疗病牛

2.1　骨折

整复固定后应用药物治疗。

Rp：

①30%安乃近注射液　　30.0 mL

破伤风抗毒素　　2万IU

DS：一次分别静注。

②10%氯化钙　　100.0 mL

DS：一次静注，1次/天，连用3天。

③0.9%生理盐水　　1 000.0 mL

青霉素G钠　　1 600万IU

DS：混合后一次静注，1次/天，连用7天。

④黄瓜籽　　300.0 mL

DS：一次内服，1次/天，连用7天。

2.2　脱臼

Rp：

①速眠新　　2.0 mL

DS：一次肌肉注射，10分钟后沿肢体纵轴方向牵引患肢，术者用按、揣、揉、踹、压、抬等方法将脱出的骨端送回关节窝内，让动物安静1～2周。

②95%酒精　　5.0 mL

DS：患关节周围组织数点皮下注射。

③0.9%生理盐水　　1 000.0 mL

青霉素G钠　　1 600万IU

DS：混合后一次静注，1次/天，连用7天。

2.3　关节扭伤

Rp：

①硫酸镁　　500.0 mL

常水　　2 000.0 mL

DS：病初1～2天内用冷水，以后用热水。混合后敷于患处，每天早晚各一次，连用5天。

②0.5%盐酸普鲁卡因　　20.0 mL

青霉素G钠　　160.0万IU

DS：混合后一次关节内注射，1次/天，连用5天。

③30%安乃近　　30.0 mL

DS：患肢上方穴位注射或肌肉注射，1次/天，连用5天。

2.4 蹄叶炎

Rp：

①静脉放血 2 000 mL，治疗初应用一次。

②0.1%高锰酸钾溶液 1 000.0 mL

DS：病初 3 天内进行冷脚浴，3 天后可行温脚浴。

③30%安乃近 30.0 mL

DS：一次肌肉注射。

④10%氯化钠 500.0 mL

10%氯化钙 150.0 mL

25%葡萄糖 300.0 mL

5%碳酸氢钠注射液 500.0 mL

DS：一次静注，1 次/天，连用 3 天。

⑤硫酸钠 300.0 mL

鱼石脂 15.0 mL

酒精 20.0 mL

DS：一次内服。

2.5 风湿病

Rp：

①10%水杨酸钠 200.0 mL

40%乌洛托品 30.0 mL

20%安钠咖 20.0 mL

DS：一次静注，每天一次，连用 5 天。

②10%葡萄糖酸钙 300.0 mL

DS：一次静注，每天一次，连用 5 天。

③5%碳酸氢钠 300.0 mL

DS：一次静注，每天一次，连用 5 天。

④30%安乃近注射液 40.0 mL

2.5%醋酸可的松注射液 10.0 mL

DS：一次分别肌注，每天一次，连用 5 天。

必备知识

一、跛行诊断

跛行不是病名，而是四肢机能障碍的综合症状。许多外科病，特别是四肢病常可引起跛行。除了外科病，有些传染病、寄生虫病、产科病和内科病也可引起跛行，必须注意鉴别。

跛行诊断，在临床上一般是比较困难的，需应用各种办法收集病史和所表现的临床症状，仔细地、反复地观察、比较，并结合解剖和生理知识，进行归纳整理，加以综合分析，找出其发病原因和部位，定出病名。

跛行的种类

四肢在运动的时候，每条腿的动作可分为两个阶段：悬垂阶段和支柱阶段。

在运动过程中，同一肢相邻两蹄迹间的距离称为一步，其长度称为步幅。这一步又被当这一肢做为悬垂肢时的对侧支柱肢的蹄迹分成两个半步。正常时，其前方半步与后方半步大致相等，发生跛行时其长度此例发生改变，以健肢蹄迹将病肢蹄迹分成两个半步，其中一个变短，称为短步(图 7-1)。

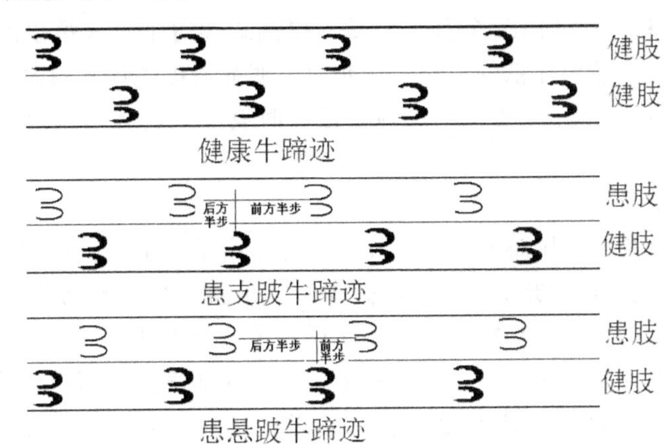

图 7-1　健康牛与跛行牛蹄迹

1. 支跛　患肢在支柱阶段表现机能障碍，被称为支柱跛行，简称支跛。其特征是患肢负重时间缩短和避免负重，驻立时系部直立以减负体重或免负体重，严重时仅以蹄尖着地或患肢提起。在运步时，患肢接触地面时为了避免负重，使对侧的健肢比正常运步时伸出得快，即提前落地，观察蹄迹时可见后半步短缩，临床上称为后方短步。在运步时也可听到蹄音低。

后方短步、减负或免负体重、系部直立和蹄音低是临床上确定支跛的依据。其患病部位多在腕、跗关节以下，即“敢抬不敢踏，病痛腕跗下”。

2. 悬跛　患肢在空间悬垂阶段表现机能障碍，被称为悬垂跛行，简称悬跛；其特征是“抬不高”和“迈不远”。运步缓慢，该肢的蹄及腕跗关节抬举的高度比健肢低，重者呈拖拉前进。观察蹄迹时可见前半步短缩，临床上称为前方短步。

运步缓慢，抬腿困难及前方短步是临床上确定悬跛的依据。其患病部位多在腕、跗关节以上，即“敢踏不敢抬，病痛上段呆”。

3. 混跛　患肢在悬垂阶段和支柱阶段都表现有程度不同的机能障碍称为混合跛行，简称混跛。单纯的悬跛和支跛比较少见，而最多的还是混合跛行。值得注意的是：在临床上应判明是以悬跛为主的混合跛行，还是以支跛为主的混合跛行，因为这样确定，对寻找患病的部位有很大帮助。

4. 特殊跛行

(1)间歇性跛行　病畜在运动过程中突然发生严重的跛行，甚至卧下不能起立，过一会儿跛行消失，可正常运动，但在以后运动中，可再次复发。这种跛行常见于动脉栓塞、习惯性脱位、关节石等疾病过程中。

(2)黏着步样　当两前肢或两后肢同时患悬跛时，呈现缓慢短步，称黏着步样。常见于肌肉风湿、破伤风等。

(3)紧张步样　当两前肢或两后肢同时患支跛时，则两肢频频交替负重，呈现急速短步，称紧张步样，常见于蹄叶炎。

跛行的程度

1. 轻度跛行　患肢驻立时可以蹄全负缘着地，有时比健肢着地时间短。运步时稍有异常，或病肢在不负重运动时跛行不明显，而在负重运动时出现跛行。

2. 中度跛行　患肢不能以蹄全负缘负重，仅用蹄尖着地，或虽以蹄全负缘着地，但上部关节屈曲，减轻患肢对体重的负担。运步时可明显看出提伸有障碍。

3. 重度跛行　患肢驻立时几乎不着地，运步时有明显的提举困难，甚至呈三肢跳跃前进。

跛行的诊断方法

跛行诊断是比较复杂、困难的临床工作，首先是由于产生跛行的原因很多，多种疾病都可引起跛行，因而在进行跛行诊断时，必须细致地按一定方法和顺序从各方面收集症状，然后加以综合分析、判断和推理，必要时还需进行治疗试验。

跛行诊断和认识其它疾病一样，不能只单纯注意局部病变，而应该从有机体是一个整体出发来诊断疾病，应该对机体的全身状况加以检查，包括体格、营养、姿势、精神状态、被毛、饮欲、食欲、排尿、排粪、呼吸、脉搏、体温等，逐项加以检查，以供在判断病情时参考。同时也要注意患畜和外界环境的联系。

1. 病史调查　向畜主或饲养管理人员询问病畜的饲养、管理、使役和发病前后的情况等。应特别注意调查以下内容：

(1)病畜的饲养、管理、使役或运动情况，其他同群动物情况如何。

(2)是在什么环境下发病的，是突然发病还是缓慢发病的，发病后其病情减轻了还是逐渐加重的。

(3)是否受过伤或是否滑倒过，若滑倒过是否马上发的病。

(4)其跛行什么时候最重？运动过之后其症状减轻了还是加重了？

(5)患病后是否治疗过，如何治的，效果如何？

若突然发病应重点考虑由损伤引起的疾病，如关节扭伤、脱臼、骨折等。若是缓慢发病的应重点考虑营养代谢病，如骨软症、硒－维生素 E 缺乏症等。若随运动其症状减轻了应重点考虑风湿病。若其活动的场地不平，应重点考虑蹄部损伤或趾间韧带拉伤等。

当然，在进行问诊时，不能死板地逐条询问，应根据当时情况提出不同问题，必要时除这些问题外还可提出与疾病有关的其它问题。但对畜主所提供的情况也应该进行分析和判断，去粗取精、去伪存真地加以取舍。

2. 确定患肢　在问诊基础上以视诊为主进行检查。

(1)站立检查　检查时，应离患畜 1m 以外，从不同角度仔细观察病畜各部位的异常情况。比较两前肢或两后肢同一部位有无异常。检查时应该注意以下几个问题。

①肢的驻立和负重姿式　观察四肢是否平均负重，有无减负体重或免负体重，或频频交替负重。

患畜一肢患支跛时，患肢可能出现前踏、后踏、内收或外展肢势；也可能腕(跗)关节屈曲，以蹄尖负重；或虽以全蹄负缘负重，但负重不确实。

两前肢同时患支跛时，患畜两后肢伸到腹下，头高抬，弓腰卷腹，使身体重心转移到后肢，减轻前肢的负重。

两后肢同时患支跛时，为了减轻患肢的负重，使身体重心转移到前肢上，患畜常将两后肢前伸，两前肢稍后伸，颈部伸直，头向下低。

②被毛和皮肤　注意被毛有无逆立、脱毛、外伤或存在瘢痕。

③肿胀和肌肉萎缩　比较两侧肢同一部位的状态，其轮廓、粗细、大小是否一致，有无肿胀。

④骨及关节　注意两侧肢同一骨的长度、方向、外形是否一致，关节的大小和轮廓、关节的角度有无改变。

⑤蹄　注意两侧肢的指(趾)轴和蹄形是否一致，蹄的大小、形状和角度如何，蹄角质有无变化。

(2)运动检查　病畜患悬跛及轻度的支跛时，必须通过运动检查才能发现异常。运动检查主要观察内容如下：

①肢的举扬和负重状态　以确定跛行种类。

②点头运动　一前肢发生支跛时，病畜在健前肢负重时，头低下，患前肢着地时，头高举，以减轻患肢的负担，概括为“点头行，前肢疼，低在健，抬在患”。

③臀升降运动　一后肢患支跛时，为使后驱重心移向对侧的健肢，健肢着地时，臀部低下，而患肢着地时臀部相对高举，概括为“臀升降，后肢疼，降在健，升在患”。

④运动量对跛行程度的影响　当关节扭伤、蹄叶炎等带疼痛性疾病时，跛行程度随运动量的增加而加重。患风湿病病时，跛行程度随运动量的增加而减轻甚至消失。

⑤促使跛行程度加重的措施　当跛行程度较轻，不易确定患肢时，可用促使跛行程度加重的方法，以确定患肢和跛行种类。

上、下坡运动　四肢的悬跛上坡时跛行都加重；后肢的支跛在上坡时跛行加重；前肢的支跛下坡时跛行加重。

圆圈运动及急速回转运动　支跛患肢在内圈时，跛行加重；悬跛患肢在外圈时，跛行加重。

软、硬地运动　支跛在硬地运动时跛行加重；悬跛在软地运动时跛行加重。

3. 寻找患部　确定患肢后，有步骤、有重点的进行肢蹄检查，以找出患病部位、确定疾病性质，作出正确诊断。

(1)蹄部检查　注意蹄形有无变化；蹄壁有无缺损、裂缝；蹄底有无损伤；趾间韧带有无损伤、肿胀；用手触摸蹄壁，判断温度是否升高；敲打蹄壁判断是否敏感。

(2)肢体各部检查　将患畜适当保定，从蹄部开始向上逐步触摸、压迫肢体各部关节、骨骼及软组织，注意有无增温、疼痛、变形、损伤、肿胀等。

(3)被动运动检查　人为的使患肢做屈曲、伸展、内收、外展、旋转等活动，观察其活动范围、疼痛反应、有无异常音响等，进而确定疾病性质。

(4)外周神经麻醉检查　用上述方法不能确定患部时，若怀疑为肢的下部疼痛性疾病，可试用外周神经麻醉检查法。但怀疑有骨裂和韧带、腱部分断裂时，不能应用麻醉检查法。

①传导麻醉检查　可用2%～4%盐酸普鲁卡因溶液5～20mL，注射于神经干周围，

进行传导麻醉检查。若注射后10～15min跛行消失，说明病变部位在麻醉点的下方，反之病变在其上方，须再向上选择一点进行传导麻醉检查。麻醉的顺序和神经是：系关节下部指(趾)神经；系关节上部掌(跖)神经；正中神经与尺神经；胫神经与腓神经。

麻醉后应在平坦的路面上行常步运动，避免快步运动及突然转弯，以免发生意外损伤。两次麻醉的间隔时间应不少于一小时。

②痛点浸润麻醉　用于局部疼痛性疾病的检查。用1%～2%盐酸普鲁卡因溶液20～60mL注射到所怀疑的部位，皮下先注射少量，然后准确地注射到要麻醉的组织，注射后加以局部按摩，15～20min后，检查其效果。

(5)X射线检查　用X射线进行透视或照像检查，常用于诊断四肢的骨和关节疾病及蹄内异物等。

(6)直肠检查 直肠检查在牛髋部疾病的确诊上有着特殊的、不可替代的作用。当髋骨骨折、腰椎骨折、髂荐联合脱位时，直肠检查不但可确诊，而且还可了解其后遗症和并发症，如血肿、骨痂等。直肠检查时，可配合后肢的主动运动和被动运动。

二、骨折

在强大外力的作用下使骨骼的完整性被破坏，出现断、裂、碎的现象称为骨折。

症状

骨折的特征为肢体变形、异常活动、骨摩擦音及患部出血(或肿胀)、疼痛和功能障碍等，有的可出现全身症状。

诊断

完全骨折依据病史及症状可确诊，不完全骨折及蹄骨骨折可通过X射线检查确诊。

治疗

治疗原则为正确整复、合理固定、促进骨骼修复及功能的恢复。

1. 复位与固定

为了使复位顺利进行，应尽量使复位时无痛和局部肌肉松弛。一般应在侧卧保定下进行，可选用全身麻醉、局部神经干传导麻醉，奶牛后肢骨折，也可用硬膜外腔麻醉。

(1)闭合复位与外固定。适用于大部分四肢骨骨折。整复前应该使病肢保持伸直状态，轻度移位的骨折整复时，可由助手将病肢远端适当牵引后，术者对骨折部采用托压、挤按等手法使断端对齐、对正，力求恢复到骨折前的原位。复位是否正确，可以根据肢体外形，抚摸骨折部轮廓，在相同的肢势下，按解剖位置与对侧健肢对比，以观察移位是否已得到矫正，有条件的最好用X射线判定。

临床常用的外固定方法有夹板绷带固定法和石膏绷带固定法。

(2)切开复位与内固定。是用手术的方法暴露骨折部位进行复位。复位后使用对畜体组织无不良反应的金属内固定物将骨折段固定，以达到治疗的目的。

2. 促进骨骼修复及功能的恢复

(1)为了加速骨痂形成，增加钙质和维生素。幼畜骨折时可补充维生素A、维生素D或鱼肝油。具体措施参见骨软症及佝偻病疗法。

(2)骨折愈合的后期常出现肌肉萎缩、关节僵硬、骨痂过大等后遗症。可增强功能锻炼，同时配合物理疗法，如石蜡疗法、温热疗法、直流电钙离子透入疗法等，以促使早日恢复功能。

三、脱臼

脱臼又称关节错位，是由于外力作用，使关节头脱离关节窝，失去正常接触而出现移位的现象。

病因

主要原因是外力的作用，而关节发育不良又是脱臼的内在因素。

症状

关节脱臼的共同症状包括关节变形、异常固定、关节肿胀、肢势改变和机能障碍等。

诊断

根据病史和关节变形、异常固定、肢势改变以及患肢延长或缩短等特征症状可以确诊，但须注意与关节骨端骨折鉴别。不能确诊时，可借助于 X 射线检查。大家畜股骨头脱入闭孔内或最后腰椎脱位时，直肠检查有重要价值。

治疗

治疗原则是整复、固定、恢复机能和避免外界强力刺激。

1. 整复

早期整复，容易成功。整复应在麻醉状态下实施，以减少阻力。可肌注二甲苯胺噻唑或作传导麻醉，再灵活运用按、踹、揉、拉和抬等整复方法，使脱出的骨端复位，恢复关节的正常活动。整复后应静养 1～2 周，限制活动。

2. 固定

少数病例整复后，即可恢复正常功能；多数病例则需进行固定，目的在于防止复发。整复后，四肢下部关节可用固定绷带包扎，3～4 周后解除，四肢上部关节可涂擦强刺激剂或在关节周围分点注射 5%盐水 5～10 mL 或酒精 5 mL 或自体血液 20 mL，引起关节周围急性炎症肿胀，达到固定目的。

四、关节扭伤

关节扭伤是指在间接的机械外力作用下，关节发生瞬间的过度伸展、屈曲或扭转，超越了生理活动范围，引起韧带和关节囊的损伤。

病因

牛、羊常由于在不平道路上急转、急停、跌倒、失足蹬空、一肢嵌夹于洞穴而急速拔腿，或者跳跃障碍、不合理保定等而使关节的伸、屈或扭转超越其生理活动范围，引起关节周围韧带和关节囊的纤维剧伸，发生部分断裂而导致本病。

症状

突然发生，表现疼痛、跛行、肿胀和骨质增生等症状。由于患病关节组织损伤程度和病理发展阶段不同，症状表现也不同。

1. 疼痛

发病后立即有疼痛症状。表现为触诊敏感，特别是当触诊被损伤的关节侧韧带时，有明显压痛点，甚至拒绝检查。

2. 跛行

扭伤后立即出现跛行，上部关节扭伤时多为悬跛，下部关节扭伤时为支跛。

3. 肿胀

病初因关节滑膜出血、渗出而表现为炎性肿胀，当转为慢性经过，形成骨赘时，表现坚硬的肿胀。如四肢上部关节扭伤，常因肌肉丰满而肿胀不明显。

4. 骨质增生

当转为慢性经过时，可继发骨化性骨膜炎。常在韧带、关节囊与骨的结合部形成骨赘，并长期跛行。

治疗

本病的治疗原则是制止溢血和渗出，促进吸收，镇痛消炎，防止结缔组织增生，避免遗留关节机能障碍。

1. 制止溢血和渗出

病初尽早应用冷敷配合压迫疗法，必要时可静注10%氯化钙溶液或肌注维生素K等。

冷敷可用饱和盐水或10%～20%硫酸镁溶液或2%醋酸铅溶液等。亦可用冷醋泥(黄土用醋调成泥，加20%食盐)进行冷敷。

2. 促进吸收

当发病1～2日以后，急性炎症缓和、渗出减轻后，及时改用温热疗法、局部涂抹刺激剂或用中药治疗。

温热疗法如温敷、温脚浴等，每日2～3次，每次1～2小时，可用饱和盐水或10%～20%硫酸镁溶液。亦可涂抹中药四三一合剂(大黄4份、雄黄3份、冰片1份，研成细末蛋清调合)、鱼石脂软膏、碘樟脑醚合剂(碘片20 g、95%酒精100 mL、乙醚60 mL、精制樟脑20 g、薄荷脑3 mL、蓖麻油25 mL)、松节油等，或局部应用酒精绷带、碘酊绷带等。

如关节腔内积血过多不能吸收时，在严密消毒无菌条件下，可行关节腔穿刺排出，同时向腔内注入0.5%氢化可的松溶液或0.5%盐酸普鲁卡因溶液2～4 mL加入青霉素40万IU，而后进行温敷配合压迫绷带，不穿刺排液，直接向关节腔内注入上述药液亦可。

3. 镇痛消炎

可用封闭疗法或注射镇痛剂，必要时可适当应用抗菌药。用0.25%～0.5%盐酸普鲁卡因溶液30～40 mL，加入青霉素80万～160万IU，在患肢上方穴位(前肢抢风、后肢巴山和汗沟等)注射；肌肉或穴位注射安痛定或安乃近20～30 mL。

亦可内服跛行镇痛散：当归、土虫、乳香、没药、地龙、川军、血竭、南星、自然铜各25 g，红花、骨碎补各20 g，甘草40 g。前肢痛加桂枝、川断各25 g；后肢痛加杜仲、牛膝各25 g，共研细末，黄酒250 mL为引，开水冲调、候温，牛一次灌服。

4. 避免机能障碍、恢复机能

韧带、关节囊损伤严重或怀疑有骨软症、骨损伤时，应根据情况包扎绷带。如肢势不良，蹄形不正时，在药物疗法的同时进行合理的削蹄或装蹄。

五、蹄叶炎

蹄叶炎是蹄壁真皮的弥漫性、非化脓性炎症。急性蹄叶炎以蹄部热、痛及支跛为特征，慢性蹄叶炎以蹄变形、蹄骨移位为特征。

病因

长期以来认为蹄叶炎是全身代谢紊乱的局部表现。但确切的原因还不清楚，一般认为与下列因素有关：

1. 精料过多及粗饲料品质不良。

2. 蹄形不正，运动场设计不合理，运动不足等。

3. 常继发于乳房炎、子宫炎、酮病、酸中毒等疾病。

症状

蹄叶炎可同时侵害几个指(趾)，前肢内侧蹄指、后指外侧蹄趾多发，可引起局部和全身性症状。

1. 急性蹄叶炎

病牛运步困难，特别是在硬地或不平地面运步时，非常谨慎，站立时弓背、四肢收在一起，如仅前肢发病，后肢向前伸，达于腹下，以减轻前肢的负重。有时可见前肢交叉，以减轻两内侧患指的负重。后肢患病时，常见后肢运步时画圈。患牛不愿站立，长时间躺卧。在急性期早期可见明显的出汗和肌肉颤抖。可见体温升高、脉搏加快。

局部症状可见肢的静脉扩张，指(趾)动脉搏动明显，蹄冠的皮肤发红，触诊病蹄可感到增温，特别是靠近蹄冠处。蹄底角质脱色，变为黄色，有不同程度的出血。

2. 慢性蹄叶炎

常没有全身症状。患牛站立时以蹄球部负重，蹄底负重不确实。病程较长后，出现蹄变形，蹄延长，蹄前壁和蹄底形成锐角。由于角质生长紊乱，出现异常蹄轮。由于蹄骨下沉、蹄底角质变薄，甚至出现蹄底穿孔。有些牛的蹄叶炎常反复发生于每个固定的泌乳时期。

诊断

根据支跛、患蹄疼痛及局部症状，急性蹄叶炎较易诊断，慢性蹄叶炎根据蹄变形、蹄骨下沉也不难诊断，但应注意与单纯的变形蹄鉴别。

治疗

消除病因、缓解疼痛、防止蹄骨转位是治疗本病的基本原则。慢性蹄叶炎在消除病因后主要是注意及时、正确的修蹄，防止蹄骨转位。急性蹄叶炎可综合应用以下措施：

(1)可进行冷水蹄浴，也可用3%盐酸普鲁卡因20～30 mL进行趾(指)部神经封闭；还可注射保泰松注射液、10%水杨酸钠等进行镇痛治疗。

(2)可用5%碳酸氢钠注射液500～1 000 mL、10%葡萄糖500～1 000 mL静注。

(3)配合用氢化可的松等抗组胺药物进行治疗，有较好疗效。

六、腐蹄病

腐蹄病是指(趾)间皮肤及其下组织发生炎症，又称指(趾)间蜂窝织炎。特征是皮肤坏死和裂开。坏死杆菌是最常见的致病微生物，所以本病又称指(趾)间坏死杆菌病。

病因

指(趾)间隙由于异物造成挫伤或刺伤，或粪尿和稀泥浸渍，使指(趾)间皮肤的抵抗力降低，坏死杆菌从指(趾)间侵入。指(趾)部皮炎、指(趾)间皮肤增生和黏膜病等可并发本病。

症状

病初患肢有轻度跛行，系部和球节屈曲，患肢以蹄尖负重，多发生在后肢。在18～36小时之后，指(趾)间隙和冠部出现肿胀，皮肤上有小的裂口，有难闻的恶臭气味，表面有伪膜形成。

在36～72小时后，病变可变得更显著，指(趾)间皮肤坏死、脱落，指(趾)部甚至球节出现明显肿胀、剧烈疼痛，指(趾)明显分开，病肢常试图提起。体温常常升高，食欲减退，泌乳量明显下降。再过一两天后，指(趾)间组织可完全腐烂、脱落。有的病牛蹄冠部高度肿胀，卧地不起。转归好的病例，以后出现机化或纤维化。在某些病例，坏死可持续发展到深部组织，出现各种并发症，甚至蹄匣脱落。

诊断

根据症状和实验室检查可以确诊，但应与引起的并发症和蹄部化脓性疾病作鉴别诊断。

治疗

及时发现并采取合理的治疗措施，预后良好。延误的病例或治疗不合理的病例，预后慎重。发展到深部组织的病例，预后不良。

(1)全身应用抗菌药。口服硫酸锌。对体温升高病例要注意对症治疗。

(2)局部用防腐液清洗，去除任何游离的指(趾)间坏死组织，伤口内放置抗菌药，绷带要环绕两指(趾)包扎，不要装在指(趾)间，否则妨碍引流和创伤开放，3～4 天换药一次。

对于局部病变较轻的病例，可采用局部开放治疗，每天用 0.1%新洁尔灭或 4%硫酸铜溶液浇洗(或浸泡)病蹄 3 次，病牛置于干燥卫生的圈舍中护理。

七、风湿病

风湿病是发生于胶原结缔组织的一种容易反复发作的急性或慢性非化脓性炎症。具有突然发病、反复出现、疼痛具有转移性和对称性、随运动量的增加和运动时间的延长其疼痛和机能障碍减轻或消失等特点。寒冷天跛行加重。

病因

风湿病的发病原因迄今尚未完全阐明。近年来研究表明，风湿病是一种变态反应性疾病，并与溶血性链球菌感染有关。

此外，在临床实践中证明，风、寒、潮湿、过劳等因素在风湿病的发生上起着重要的作用。如畜舍潮湿，阴冷，受贼风特别是穿堂风的侵袭，夜卧于寒湿之地或露宿于风雪之中，以及管理不当等都是发生风湿病的诱因。

分类及症状

风湿病的主要症状和特点是：机体在风、寒、湿等外界条件影响下突然发病；发病的肌群、关节及蹄呈现疼痛和机能障碍；疼痛表现时轻时重，反复发作；疼痛部位多固定，有的可游走、转移；其机能障碍可随运动而减轻或消失。总之，本病具有突发性、疼痛性、游走性、复发性和机能障碍随运动而减轻等特点。由于其病程、侵害的组织和部位不同，其临床症状也不完全一样。

1. 根据病理过程的经过分为：

(1)急性风湿病。发病急剧，疼痛及机能障碍明显。常出现比较明显的全身症状。一般经过数日或 1～2 周即可好转或痊愈，但容易复发。

(2)慢性风湿病。病程较长，可持续数周或数月以上。患病的组织或器官缺乏急性经过的典型症状，热痛不明显或根本见不到。全身症状不明显。但病畜运步强拘，不灵活，容易疲劳。

2. 根据发病的组织和器官的不同分为：

(1)肌肉风湿(风湿性肌炎)。主要发生于活动性较大的肌群，如肩臂肌群、背腰肌群、臀肌群、股后肌群及颈肌群等。

急性经过时，患病肌肉疼痛，表现运动不协调，步态强拘不灵活，常发生1～2肢的轻度跛行。跛行可能是支跛、悬跛或混合跛行。其特征是随运动量的增加和时间的延长而有减轻或消失的趋势。风湿性肌炎时常有游走性，时而一个肌群好转而另一个肌群又发病。触诊患病肌群疼痛症状明显，呈痉挛性收缩，肌肉紧张变硬、肿胀，表面凹凸不平。多数肌群发生急性风湿性肌炎时可出现明显的全身症状。急性肌肉风湿病的病程较短，一般经数日或1～2周即好转或痊愈，但易复发。

当转为慢性经过时，病畜全身症状不明显，肌肉及腱的弹性降低，重者肌肉僵硬、萎缩，肌肉中常有结节性肿胀。病畜容易疲劳，运步强拘。

(2)关节风湿(风湿性关节炎)。最常发生于活动性较大的关节，如肩关节、肘关节、髋关节和膝关节等。脊柱关节(颈、腰部)也有发生。对称关节常同时发病，有游走性。

急性期呈现风湿性关节滑膜炎的症状：关节囊及周围组织水肿，关节内出现浆液性或浆液纤维素性渗出物，患病关节肿胀粗大，触诊热、痛。运步时关节活动范围变小，出现跛行。跛行可随运动量的增加而减轻或消失。全身症状较明显，有的可听到明显的心内杂音。

转为慢性经过时则呈现慢性关节炎的症状：关节滑膜及周围组织增生、肥厚，因而关节肿大且轮廓不清，活动范围变小，运动时关节强拘。被动运动时能听到“噼啪”的摩擦音，严重者关节可发生纤维性愈着。

(3)心脏风湿(风湿性心肌炎)。主要表现为心内膜炎的症状。听诊时第一心音及第二心音增强，有时出现期外收缩性杂音。

(4)蹄风湿(风湿性蹄叶炎)。最常发生于两前蹄，有时也发生在后蹄或四肢同时发病。

3. 根据发病部位的不同分为：

(1)颈风湿。主要为急性或慢性风湿性肌炎，有时也可能累及颈部关节。两侧同时患病时，表现为低头困难(俗称低头难)；单侧患病时表现为斜颈。患病肌肉僵硬，有时疼痛。

(2)肩臂风湿(前肢风湿)。主要为肩臂肌群的急性或慢性风湿性炎症。有时亦可波及肩、肘关节。病畜驻立时患肢常前踏，减负体重。运步时出现明显的悬跛。两前肢同时发病时，步幅缩短，关节伸展不充分。

(3)背腰风湿。主要为背最长肌、髂肋肌的急性或慢性风湿性炎症，有时也波及腰肌及背腰关节。临床上最常见的是慢性经过的背腰风湿病。病畜驻立时背腰稍拱起，腰僵硬，凹腰反射减弱或消失。触诊背最长肌和髂肋肌等发病的肌肉时如板样僵硬、凹凸不平。病畜后躯强拘，步幅缩短，不灵活。卧地后起立困难。

(4)臀股风湿(后肢风湿)。病变常侵害臀肌群和股后肌群，有时也波及髋关节。主要表现为急性或慢性风湿性肌炎的症状。患病肌群僵硬、疼痛，两后肢运步缓慢、提举困难，有时出现明显的跛行。

诊断

到目前为止风湿病尚缺乏特异性诊断方法，在临床上主要还是根据病史和临床症状加以诊断。

目前在临床上已广泛应用对血清中溶血性链球菌的各种抗体与血清非特异性生化成分

进行测定，对风湿病进行诊断。

治疗

消除病因、加强护理、祛风除湿、解热镇痛、消除炎症。

除应改善病畜的饲养管理以增强其抗病能力外，还应采用下述治疗方法。

1. 水杨酸钠疗法

可用撒乌安注射液(10%水杨酸钠注射液 150 mL、40%乌洛托品注射液 30 mL、10%安钠咖注射液 20 mL)每日一次静注，连用 5～7 天。或用 10%水杨酸钠注射液 100～200 mL 每日一次静注，连用 7 天。

2. 水杨酸钠、碳酸氢钠和自体血液疗法

牛每日静脉内注射 10%水杨酸钠溶液 200 mL、5%碳酸氢钠溶液 200 mL；取自体静脉血液抗凝，分点皮下注射，注射量为第一天 80 mL，第三天 100 mL，第五天 120 mL，第七天 140 mL。7 天为一疗程。每疗程之间间隔一周，可连用两个疗程。

3. 应用皮质激素类药物

临床上常用的有：氢化可的松、地塞米松、醋酸泼尼松(强的松)、氢化泼尼松(强的松龙)等。

4. 应用抗生素控制链球菌感染

风湿病急性发作期，无论是否证实机体有链球菌感染，均需使用抗生素。首选青霉素，每日 2～3 次，肌注，一般应用 10～14 天。

5. 物理疗法

物理疗法对风湿病，特别是对慢性经过者有较好的治疗效果：将酒精加热至 40℃左右或将麸皮与醋按 4∶3 的比例混合炒热装于布袋内进行患部热敷，每日1～2次，连用 6～7 天。亦可使用热石蜡及热泥疗法等。在光疗法中可使用红外线(热线灯)局部照射，每次 20～30 分钟，每日 1～2 次，至明显好转为止。

6. 局部涂擦刺激剂

局部可应用水杨酸甲酯软膏(水杨酸甲酯 15 g、松节油 5 mL、薄荷脑 7 g、白色凡士林 15 g)，水杨酸甲酯莨菪油擦剂(水杨酸甲酯 25 g、樟脑油 25 mL、莨菪油 25 mL)，亦可局部涂擦樟脑酒精及氨擦剂等。

7. 中兽医疗法

应用针灸治疗风湿病有一定的治疗效果。根据不同的发病部位，可选用不同的穴位。中药方面常用的方剂有通经活络散和独活寄生散。

八、硒和维生素 E 缺乏症

硒和维生素 E 缺乏症是由硒或硒和维生素 E 缺乏所引起的代谢病。临床上以骨骼肌变性、坏死、肝营养不良以及心肌纤维变性为特征。

病因

1. 饲料含硒量不足。

2. 维生素 E 不足。

症状

1. 急性型

多见于犊牛及羔羊。动物往往不表现症状突然死亡，尤其在运动之后。剖检主要病变是心肌营养不良。如出现症状，主要表现兴奋不安，心动过速，呼吸困难，有泡沫血样鼻液流出，在 10～30 分钟死亡。

2. 亚急性型

病畜精神沉郁、不愿走动、喜卧，重者站立不稳、容易跌倒，有时前后肢呈轻度瘫痪、卧地不起，继发感染时体温升高，多数病畜仍有食欲。触诊背部、臀部的肌肉，有肿胀趋势，比正常肌肉硬，并且这些异常常呈对称性。多因心衰，肺水肿而死亡。其他症状表现为：

(1)羔羊。以 14～28 日龄发病为多，死亡率高，全身衰弱，可视黏膜苍白、黄染，有结膜炎，角膜混浊，心跳达 200 次/分钟以上，呼吸达 80～100 次/分钟，腹泻。

(2)犊牛。心跳可达 140 次/分钟，呼吸 80 次/分钟，结膜炎，角膜混浊、软化。

3. 慢性型

生长发育停滞，心功能不全，运动障碍，并发生顽固性腹泻。

病理变化

主要的病变部位在骨骼肌、心肌和肝脏，其次为肾脏和脑。

1. 肌肉

患病时，骨骼肌色淡，出现局限性的发白或发灰的变性区，呈鱼肉状或煮肉状，双侧对称，以肩胛部、胸背部、腰部及臀部肌肉变化最明显。心室扩张、壁变薄，心内膜下肌肉层呈灰白色或黄白色的条纹或斑块(虎斑心)。镜检病变部位可见肌纤维颗粒变性、透明变性或蜡样坏死并钙化和再生。透明变性时肌纤维肿胀，横纹消失。蜡样坏死的肌纤维常崩解成碎块或变成无结构的大团块，着色较深，可发生钙化、核浓缩或碎裂。肌间成纤维细胞增生。

2. 肝脏

肝脏肿大，切面有槟榔样的花纹，也称槟榔肝。

3. 肾脏

肾脏充血、肿胀，肾实质有出血点和灰色斑状灶。

诊断

本病诊断可结合地方性缺硒病史，临床特征，饲料、组织硒含量分析，病理剖检，血液有关酶的测定和及时应用硒制剂取得良好效果做出诊断。

治疗

对病畜应及早应用硒制剂进行治疗。

用 0.1%亚硒酸钠溶液，羔羊 1～4 mL，犊牛 5～10 mL，肌注，隔 15 天注射一次。可配合应用维生素 E 治疗，犊牛 300～500 mg，羔羊 100～150 mg，肌注。

预防

1. 加强饲养管理，饲喂富含硒和维生素 E 的饲料，或直接补硒和维生素 E。缺硒地区可给作物喷洒亚硒酸钠，每亩不超过 7 g，或土壤中施硒，每亩 15～25 g，以提高饲料的含硒量。同时，饲喂富含维生素 E 的青饲料和优质干草。

2. 对曾发生过缺硒症或缺硒可疑的地区，可于冬季给妊娠母畜注射 0.1%的亚硒酸钠溶液，牛 10～20 mL，羊 4～8 mL，同时配合应用维生素 E，牛 200～250 mg，羊 50～100 mg，隔 15～30 天再注射一次。对 2～3 日龄的羔羊注射 1 mL，新生犊牛注射 5～10 mL。

3. 保证每千克饲料含硒在0.1～0.2 mg，如达不到这一水平，可采取下述措施。

(1)定期给硒盐供牛羊舔食。将20～30 mg硒加到1 kg食盐中，定期舔食。

(2)瘤胃投放硒丸。对于放牧动物，可采取瘤胃投放硒丸的办法补硒。硒丸分别重10 g(羊)、30 g(牛)，有效期可维持1年左右。

(3)皮下埋植亚硒酸钠。将10～20 mg亚硒酸钠植入牛的肩后疏松组织中，使其慢慢吸收。

(4)饮水补硒。可定期在人工饮水条件下，将所给的硒盐加入饮水中补硒。

材料设备动物清单

学习情境 7	以运动异常为主症的牛羊病防治						
项目	序号	名称	作用	数量	型号	使用前	使用后
所用材料设备	1	保定栏	保定动物	6 个			
	2	听诊器	听诊	6 个			
	3	体温计	测定体温	6 个			
	4	注射器	给药	6 个			
	5	点滴管	给药	6 个			
	6	消毒棉球	消毒	若干			
	7	秤	称羊	1 个			
	8	血液生化分析仪	血液中钙、磷、镁、钾浓度测定	1 台			
	9	X 光机	骨骼、关节检查	1 台			
所用动物	10	牛	诊治	6 头			
	11	羊	诊治	6 只			
班　级			第　组	组长签字		教师签字	

计 划 单

学习情境7	以运动异常为主症的牛羊病防治			学时		14
计划方式	小组讨论、同学间互相合作共同制订计划					
序号	实施步骤			使用资源	备注	
制订计划说明						
计划评价	班 级		第 组	组长签字		
	教师签字			日 期		
	评语：					

决策实施单

<table>
<tr><td colspan="2">学习情境7</td><td colspan="6">以运动异常为主症的牛羊病防治</td></tr>
<tr><td colspan="8">计划书讨论</td></tr>
<tr><td rowspan="6">计划对比</td><td>组　号</td><td>工作流程的正确性</td><td>知识运用的科学性</td><td>步骤的完整性</td><td>方案的可行性</td><td>人员安排的合理性</td><td>综合评价</td></tr>
<tr><td>1</td><td></td><td></td><td></td><td></td><td></td><td></td></tr>
<tr><td>2</td><td></td><td></td><td></td><td></td><td></td><td></td></tr>
<tr><td>3</td><td></td><td></td><td></td><td></td><td></td><td></td></tr>
<tr><td>4</td><td></td><td></td><td></td><td></td><td></td><td></td></tr>
<tr><td>5</td><td></td><td></td><td></td><td></td><td></td><td></td></tr>
<tr><td colspan="8">制订实施方案</td></tr>
<tr><td>序　号</td><td colspan="5">实施步骤</td><td colspan="2">使用资源</td></tr>
<tr><td>1</td><td colspan="5"></td><td colspan="2"></td></tr>
<tr><td>2</td><td colspan="5"></td><td colspan="2"></td></tr>
<tr><td>3</td><td colspan="5"></td><td colspan="2"></td></tr>
<tr><td>4</td><td colspan="5"></td><td colspan="2"></td></tr>
<tr><td>5</td><td colspan="5"></td><td colspan="2"></td></tr>
<tr><td colspan="8">实施说明：</td></tr>
<tr><td>班　级</td><td></td><td>第　组</td><td>组长签字</td><td colspan="4"></td></tr>
<tr><td>教师签字</td><td colspan="2"></td><td>日　期</td><td colspan="4"></td></tr>
<tr><td></td><td colspan="7">评语：</td></tr>
</table>

作 业 单

<table>
<tr><td>学习情境 7</td><td colspan="6">以运动异常为主症的牛羊病防治</td></tr>
<tr><td>作业完成方式</td><td colspan="6">课余时间独立完成。</td></tr>
<tr><td>作业题 1</td><td colspan="6">分析案例一，给出诊断结果及治疗方案。</td></tr>
<tr><td>作业解答</td><td colspan="6"></td></tr>
<tr><td>作业题 2</td><td colspan="6">分析案例三，给出诊断结果及治疗方案。</td></tr>
<tr><td>作业解答</td><td colspan="6"></td></tr>
<tr><td>作业题 3</td><td colspan="6">总结骨折、脱臼、生产瘫痪、产后截瘫、骨软症的鉴别诊断要点。</td></tr>
<tr><td>作业解答</td><td colspan="6"></td></tr>
<tr><td rowspan="4">作业评价</td><td>班 级</td><td></td><td>第 组</td><td>组长签字</td><td colspan="2"></td></tr>
<tr><td>学 号</td><td></td><td>姓 名</td><td colspan="3"></td></tr>
<tr><td>教师签字</td><td></td><td>教师评分</td><td></td><td>日 期</td><td></td></tr>
<tr><td colspan="6">评语：</td></tr>
</table>

效果检查单

<table>
<tr><td>学习情境 7</td><td colspan="5">以运动异常为主症的牛羊病防治</td></tr>
<tr><td>检查方式</td><td colspan="5">以小组为单位，采用学生自检与教师检查相结合，成绩各占总分(100 分)的 50%。</td></tr>
<tr><td>序号</td><td colspan="2">检查项目</td><td>检查标准</td><td>学生自检</td><td>教师检查</td></tr>
<tr><td>1</td><td colspan="2">对趴卧不起的病牛进行检查</td><td>能正确进行反射活动的检查、四肢被动运动检查，能提出血液生化检查项目。</td><td></td><td></td></tr>
<tr><td>2</td><td colspan="2">对生产瘫痪病牛治疗</td><td>治疗措施合理，用药正确。</td><td></td><td></td></tr>
<tr><td>3</td><td colspan="2">对骨软症病牛治疗</td><td>治疗措施合理，用药正确。</td><td></td><td></td></tr>
<tr><td rowspan="3">检查评价</td><td>班　　级</td><td></td><td>第　　组</td><td>组长签字</td><td></td></tr>
<tr><td>教师签字</td><td colspan="2"></td><td>日　期</td><td></td></tr>
<tr><td colspan="5">评语：</td></tr>
</table>

评价反馈单

学习情境 7	以运动异常为主症的牛羊病防治				
评价类别	项目	子项目	个人评价	组内评价	教师评价
专业能力（60%）	资讯（10%）	获取信息（5%）			
		引导问题回答（5%）			
	计划（5%）	计划可执行度（3%）			
		用具材料准备（2%）			
	实施（20%）	各项操作正确（8%）			
		完成的各项操作效果好（6%）			
		完成操作中注意安全（4%）			
		操作方法的创意性（2%）			
	检查（10%）	全面性、准确性（5%）			
		生产中出现问题的处理（5%）			
	结果（5%）	使用工具的规范性（2%）			
		操作过程规范性（2%）			
		工具和设备使用管理（1%）			
	作业（10%）	结果质量			
社会能力（20%）	团队合作（10%）	小组成员合作良好（5%）			
		对小组的贡献（5%）			
	敬业、吃苦精神（10%）	学习纪律性（4%）			
		爱岗敬业和吃苦耐劳精神（6%）			
方法能力（20%）	计划能力（10%）	选择计划合理			
	决策能力（10%）	计划选择正确			
意见反馈					
请写出你对本学习情境教学的建议和意见					

评价评语	班级		姓名		学号		总评	
	教师签字		第　组	组长签字			日期	
	评语：							

学习情境 8

以皮肤、黏膜异常为主症的牛羊病防治

学习任务单

<table>
<tr><td>学习情境 8</td><td colspan="4">以皮肤、黏膜异常为主症的牛羊病防治</td><td>学时</td><td>8</td></tr>
<tr><td colspan="7">布置任务</td></tr>
<tr><td>学习目标</td><td colspan="6">1. 明确以皮肤、黏膜异常为主症的牛羊病的种类及其基本特征。
2. 能够说出各病的病性和主要临床症状。
3. 能够对诊断出的疾病予以合理治疗。
4. 能够根据养殖场具体情况，制定合理的防治措施。
5. 能够组织、实施防治措施。
6. 能够独立或在教师的引导下分析、解决各方面工作中出现的一般性问题。
7. 养成科学态度及团队协作、严谨工作能力，增强职业责任感。</td></tr>
<tr><td>任务描述</td><td colspan="6">对临床生产实践多发的皮肤、黏膜异常为主症的牛羊病做出诊断，予以治疗，制定及实施防治措施。具体任务如下：
1. 诊断与治疗湿疹、皮炎、荨麻疹。
2. 诊断与防治口蹄疫、水疱性口炎、绵羊痘病、坏死杆菌病、恶性水肿。
3. 诊治疥螨病、痒螨病、牛皮蝇蛆病。</td></tr>
<tr><td>学时分配</td><td>资讯 1 学时</td><td>计划 0.5 学时</td><td>决策 0.5 学时</td><td>实施 5 学时</td><td>考核 0.5 学时</td><td>评价 0.5 学时</td></tr>
<tr><td>提供资料</td><td colspan="6">1. 孙英杰．牛羊病防治．北京：中国农业出版社，2011
2. 李玉冰．兽医临床诊疗技术．北京：中国农业出版社，2008
3. 牛羊病防治精品课网址：
http：//113.0.240.9：8080/book－show/flex/book.html? courseNumber＝587322</td></tr>
<tr><td>对学生要求</td><td colspan="6">1. 以小组为单位完成任务，体现团队合作精神。
2. 严格遵守兽医诊所和养殖场制度。
3. 严格遵守操作规程，避免安全事故发生。
4. 严格遵守生产劳动纪律，爱护劳动工具。</td></tr>
</table>

任务资讯单

学习情境 8	以皮肤、黏膜异常为主症的牛羊病防治
资讯方式	通过资讯引导，观看视频，到本课程的精品课网站、图书馆查询，向指导教师咨询。
资讯问题	1. 湿疹、皮炎、荨麻疹的症状、诊断要点及治疗。 2. 口蹄疫、水疱性口炎的诊断及鉴别诊断要点及综合防治方案。 3. 绵羊痘病的症状、诊断要点、治疗及综合防疫方案。 4. 坏死杆菌病、恶性水肿的症状、诊断要点、治疗及综合防疫方案。 5. 疥螨病、痒螨病的临床特点、诊断方法、治疗原则及方案。 6. 牛皮蝇蛆病的流行病学特点、诊断要点及综合防治方案。
资讯引导	1. 在信息单中查询。 2. 进入牛羊病防治精品课 http：//113.0.240.9：8080/book－show/flex/book.html？courseNumber＝587322 网站查询。 3. 相关教材和网站资讯查询。

案例单

学习情境8	以皮肤、黏膜异常为主症的牛羊病防治	
序号	案例内容	诊断思路提示
案例一	某养殖户饲养了95只绵羊，主诉：发病初期有6只羊，精神沉郁、厌食、呼吸困难、流鼻液，眼有脓性分泌物，按感冒治疗效果不大，2天后，有两只小羊死亡，在唇、鼻、眼颊、尾根等少毛处出现红斑，相继出现此症状达25只羊。 检查发现：病羊体温升高到41～42℃，在全身皮肤无毛或少毛部位出现红斑、丘疹、水疱、脓疱及褐色结痂。剖检见咽和支气管黏膜出血、溃疡，肺有干酪样坏死灶，胸膜下有淡灰色结节，前胃和皱胃黏膜有水疱，肝有脂肪变性。	根据流行病学特点、临床症状和剖检变化可诊断为绵羊痘病。
案例二	某牛场饲养的272头奶牛，主诉：进入6月以来，部分奶牛背部皮肤陆续出现圆形肿胀。 检查发现：患牛皮肤形成多个指头大的隆起，肿胀部中央部位皮肤上有一小洞，瘙痒。切开肿胀部可挤出一些白色蛆虫。	根据流行病学特点和临床症状，确诊为牛皮蝇蛆病。
案例三	某牛场引进12头奶牛，主诉：有2头牛在眼边、颈部患有皮肤病，混群饲养7日后，有45头牛出现同样的皮肤病。 检查发现：发病的部分奶牛，先开始于头部、眼边、颈部、肉垂、肩侧皮肤出现粟粒大的丘疹，随着病情发展开始出现发痒的症状。由于发痒，病牛不停地舔舐或在周围的围栏磨蹭患部，而引起皮肤损伤和被毛脱落，鳞屑增加、脱毛，结节和水疱蹭破后流出渗出液和血液，干燥后形成痂皮和龟裂，致使皮肤变得又厚又硬。随后蔓延全身，并相互间传染，发病奶牛逐日增加。	该病可通过病史调查及临床检查做出初步诊断。需实验室检查进行确诊。在皮肤的患部与健康部的交界处刮取皮屑在显微镜下检查，发现椭圆形的螨虫即可确诊。

相关信息单

【学习情境 8】

以皮肤、黏膜异常为主症的牛羊病防治

畜主称羊群中有数只羊发病，患羊在墙壁、树干、地面等处摩擦，影响采食。观察发现患羊有时烦躁不安，表现为发痒。

任务 1 诊断病羊

1.1 临床检查

一般检查：测病羊体温，观察其精神状态、食欲及皮肤黏膜的状态。

系统检查：触诊、视诊等。

检查结果分析：

1.1.1 病畜体温、脉搏、呼吸数正常，但痒感较重，不断擦痒导致皮肤溃烂、出血、脱毛、皮炎、结痂，日渐消瘦，气温升高时痒感增强。→初步诊断为螨病

1.1.2 体温正常，病畜有痒觉，但不严重，在温暖环境中痒觉不加剧，有的病畜不痒且无传染性，有红斑、丘疹、水疱、糜烂、渗出液和结痂等同时并存，不表现消瘦。→初步诊断为湿疹

1.1.3 无先兆，于皮肤上突然发生疹块，呈扁平或半球形的蚕豆大乃至核桃大不等，周围呈堤状肿胀，无皮肤损伤，也无渗出现象。有的病羊皮肤瘙痒而摩擦啃咬使皮肤有擦破和脱毛现象。不经治疗可自行消退。→荨麻疹

1.2 实验室诊断

螨虫检查法：用消毒的外科凸刃小刀，在皮肤患部与健康部交界处，使刀刃与皮肤表面垂直，反复刮取表皮，直到稍微出血为止(见血才证明已刮到皮肤的真皮层)。

(1)直接检查法。可将皮屑放于载玻片上，滴加 50%甘油溶液，覆以另一张载玻片，搓压玻片使病料散开，镜检。

(2)皮屑溶解法。将较多的病料置于试管中，加入 10%氢氧化钠溶液，待皮屑溶解后虫体暴露，弃去上层液，吸取沉渣检查。需快速检查时，可将试管在酒精灯上煮数分钟，待其自然沉淀或以 2000r/分钟离心 5 分钟，弃去上层液，吸取沉渣检查。本法尤其适用于病料中虫体较少时。

(3)温水检查法。可将病料放入培养皿中并加盖，放于盛有 40～45℃温水中加温 15 分钟后，翻转平皿，则虫体与少量皮屑黏附于皿底，大量皮屑落在皿盖上，将皿底在显微镜下检查。经实验室检查发现椭圆形的螨虫即可确诊。

任务 2 治疗病羊

2.1 螨病

Rp：

①伊维菌素 0.2 mg/kg

DS：颈部皮下注射，每周一次，连用三次。

②2%敌百虫溶液

DS：局部涂擦。

2.2　湿疹

Rp：

①3%硼酸溶液适量

3%龙胆紫溶液适量

DS：患部先用3%硼酸溶液洗净，再涂擦3%龙胆紫溶液。

②盐酸苯海拉明　　50 mg

注射用水　　20 mL

DS：一次肌肉注射，每天一次，连用5天。

2.3　荨麻疹

Rp：

①5%碘酊适量

DS：涂擦患部。

②注射用水　　20 mL

盐酸苯海拉明　　50 mg

DS：一次肌肉注射。

任务 3　预防疫病

对螨病和湿疹的预防，平时应加强饲养管理，畜舍要宽敞、干燥、透光、保持通风、定期消毒。对患螨病的羊要隔离观察治疗，治愈羊继续观察两周，未发病时，再1次用杀虫药处理后才可入群。引进的羊，要隔离观察数日，确定无螨虫病后并入群中。

必备知识

一、湿疹

湿疹是皮肤表层和真皮乳头层的过敏性炎症反应。特征是皮肤发生红斑、丘疹、水疱、脓疱、结痂及鳞屑等病变，患部瘙痒，皮肤肥厚及脱毛。

病因

引起湿疹的病因较多，也较复杂，至今仍未十分清楚，常有以下因素。

因皮肤不卫生，污垢蓄积在被毛，使皮肤受到直接的刺激。畜舍过于潮湿、各种化学物质的刺激、强烈日光照射、机械刺激、昆虫的叮咬、长期被脓性分泌物浸渍等都可导致湿疹的发生。过敏性体质和存在一定的过敏原。

症状

1. 急性湿疹

典型经过为红斑期、丘疹期、水疱期、脓疱期、糜烂期、结痂期和表皮脱落期。牛多发生于后肢股内侧、颈部和乳房、会阴等处。羊主要发生在背、腰部。病初在患部呈较小的圆形疹面，经1～2天融汇成更大的疹面。疹面界限明显，呈橙黄色或红色，边缘有新鲜血疹和小水疱，再外侧为一较暗的红色圈。在疹面中央有一层黄绿色的薄痂，渗出浆液性至脓性渗出物。患部皮肤粗厚、湿润和擦伤，被毛脱落或粘着成片，如伴有继发感染可形成脓疱、脓液及脓痂，感染严重时可伴有发热等全身症状。

2. 慢性湿疹

多由急性湿疹转化而来，皮肤肥厚、粗糙、皲裂和脱屑，患畜瘙痒不安，有的伴有发热。

诊断

根据病史及皮肤出现红斑、丘疹、水疱、脓疱、糜烂、结痂、鳞屑及患部瘙痒等特征，可以诊断。但需与螨病相鉴别，可刮取皮屑镜检，螨病可检出疥螨或痒螨。

治疗

治疗原则为消除病因、脱敏止痒、收敛防腐、促进角化上皮的溶解脱落。

1. 消除病因

保持畜舍通风干燥，保持畜体皮肤清洁，适当进行日光浴，防止药物刺激，给以营养丰富且易于消化的饲料，及时治疗原发性疾病。

2. 收敛防腐、促进角化上皮的溶解脱落

根据湿疹的不同时期，采用不同的治疗方法。

急性期无渗出时，剪去被毛，用炉甘石洗剂(炉甘石 15 g、氧化锌 5 g、甘油 5 g、水加至 100 mL)，或用麻油和石灰水等量混合涂于患部。

有糜烂渗出时，可用皮质类固醇软膏，也可选用生理盐水、3%硼酸液冷湿敷。

当渗出减少后，可外用氧化锌滑石粉(1∶1)、碘仿鞣酸粉(1∶9)或 20%～40%氧化锌油等。

慢性湿疹一般选用焦油类药较好，如煤焦油软膏、5%松馏油等。也可用含有抗生素皮质类固醇软膏。

3. 脱敏止痒

可选用盐酸异丙嗪(每千克体重 0.2～1 mg，口服或肌注)或盐酸苯海拉明(口服，80～120 mg；肌注，每千克体重 40～60 mg)。

4. 对症治疗

根据病情，给予抗菌药、缓泻药、维生素 C、维生素 B_1 等。

二、皮炎

皮炎是指皮肤表皮和真皮的炎症。临床上以红斑、水疱、湿疹、结痂、瘙痒等为特征。

病因

引起皮炎的原因多种多样。如皮肤受到机械性的刺激、接触化学物质或受热伤、冻伤、日光及射线的损伤等，某些细菌、真菌、寄生虫以及变态反应等也可引起皮炎。

症状

皮炎的特点是先在接触部位发生病变。主要症状之一是皮肤瘙痒，同时由于局部不洁，常伴有细菌的继发感染。皮损的性质、疹形、范围和严重程度取决于机体的反应性、接触物的性质、浓度、接触方法和接触时间长短。皮肤损伤轻者局部呈红斑、丘疹并有时肿胀，重则发生水疱、糜烂和坏死等。早期皮损与接触物的部位较一致，呈局限性轻度肿胀、潮红、增温、发痒和疼痛等。

诊断

病史调查结合症状有助于诊断，实验室检查包括病原微生物的鉴定和分离培养、活组织检查、皮内反应试验和内分泌功能检测。

治疗

皮炎的治疗时主要是对症治疗，尽量避免外用刺激性较强和易导致过敏的药物。

(1)症状较轻的红斑阶段时可用鱼石脂水杨酸油膏(鱼石脂 10 g、水杨酸 20 g、氧化锌油膏 200 g 混合)，每日 1 次，局部涂擦。

(2)对伴有感染、过度瘙痒的炎性病变，可用苯唑卡因油膏(苯唑卡因 1 g、硼酸2 g、无水羊毛脂 10 g)或肤轻松软膏局部涂擦。

继发感染时应用抗菌药予以控制。

三、荨麻疹

荨麻疹俗称“风疹”，中兽医称“遍身癀”，是动物机体受到不良因素的刺激所引起的一种过敏性疾病。特征是在皮肤和黏膜上发生局恨性、暂时性、潮红、瘙痒的疹块。

病因

1. 外源性荨麻疹

有毒植物(荨麻等)的刺激，吸血昆虫(蚊、蜂、蝇等)的刺激，化学药物(松节油、石炭酸等)的刺激，家畜出汗之后，突遭风寒侵袭，使皮肤血管运动神经机能障碍而发生本病。

2. 内源性荨麻疹

主要是采食霉败与有毒的饲料，或者饲料中存在过敏原，某些消化道疾病(瘤胃酸中毒、胃肠炎等)，某些传染病(附红细胞体病、流行性感冒等)和寄生虫病(疥螨、牛皮蝇等)的经过中，有毒物质被吸收，机体被致敏而发生荨麻疹。有时因注射免疫血清、注射结核菌素、内服或注射某些药物，异体蛋白等物质使机体过敏而发病。

症状

本病多生较快，除有时表现消化紊乱，倦怠和发热外，一般多无前驱症状。于颈部、胸侧、臀部开始发生丘疹，扁平、呈半球形、豌豆大至核桃大，迅速增多、变大，甚至互相融合而形成大面积肿胀。疹块的特点是发生快，消散也快，有时此起彼伏，反复发生。有时丘疹的顶端发生浆液性水疱，并逐渐破溃，形成痂皮。丘疹的痒觉不定，外源性荨麻疹剧烈发痒，病畜站立不安，常用力摩擦，以致皮肤破溃，浆液外溢，状似湿疹。内源性和传染性丘疹痒觉轻微或几乎无痒觉。

有的病例，眼结膜、口腔黏膜、鼻黏膜及阴道黏膜亦发疹块或水疱，伴有口炎、鼻炎、结膜炎，下颌淋巴结肿胀。个别重剧病例，伴有胸前皮下浮肿。

诊断

根据皮肤上发生局限性、潮红、瘙痒的疹块，发病急、消失快等特征，结合病史调查，可以诊断。

治疗

治疗原则是消除病因、缓解过敏反应、防止皮肤感染。

1. 消除病因

针对发病原因的调查结果，排除致敏因素，避免动物再次接触变应原。

2. 脱敏疗法

主要是避免血清过敏症的发生。方法是在大剂量注射血清前，先皮下注射血清 0.2～2 mL，间隔 15 分钟后再注射血清 10～100 mL，若无严重反应，15 分钟后注射全量血清。

3. 药物治疗

0.1%肾上腺素注射液，牛 2～5 mL，羊 0.2～1 mL，皮下注射，每日 1 次，连用数日；盐酸苯海拉明，牛 100～500 mg，羊 40～60 mg，肌注；溴化钙注射液，牛 2.5～5 g，羊 0.5～1 g，静注，或用氯化钙、葡萄糖酸钙注射液。

4. 对症治疗

病畜剧痒不安时，可内服镇静剂如溴化钠(钾)15～20 g，必要时可用石炭酸 2 mL、水合氯醛 5 g、酒精 200 mL，混合后涂擦患部。

5. 中药疗法

清热解毒，祛风止痒。知母 18 g，栀子 15 g，黄芩 15 g，大黄 18 g，芒硝 60 g，贝母 15 g，连翘 21 g，黄连 12 g，郁金 15 g，荆芥 24 g，黄药子 15 g，白药子15 g，麦冬 15 g，防风 15 g，蝉蜕 15 g，甘草 12 g。共为末加鸡蛋清 4 个，开水冲，候温灌服。

四、口蹄疫

口蹄疫是由口蹄疫病毒引起的偶蹄动物共患的一种急性、热性、高度接触性传染病，俗称"口疮""蹄癀"。主要特征是在口腔黏膜、蹄部和乳房皮肤发生水疱和溃烂。

病原

口蹄疫病毒，属 RNA 病毒科、口蹄疫病毒属。我国曾流行 A 型、O 型和亚洲 I 型。

流行病学

本病多种动物易感，主要为偶蹄兽，潜伏期及发病家畜是最危险的传染源，病毒随着呼出的气体、破裂的水疱、唾液、乳汁、精液和粪尿等分泌物、排泄物排出体外。通过直接接触或通过人、动物媒介、车辆和器具等被污染物间接接触传播，主要经消化道感染，经呼吸道及损伤的皮肤黏膜也可感染。

症状

1. 牛

潜伏期一般 2～4 天。体温达 40～41℃，食欲减退，闭口时流涎，开口时有吸吮声。1～2天后，唇内、齿龈、舌面和颊部黏膜发生蚕豆大至核桃大水疱，此时，口温高，自口角流出多量泡沫样口涎，采食、反刍完全停止。1～2 天后，水疱破溃，形成浅表、边缘整齐的红色烂斑。水疱破裂后，体温降至正常，烂斑逐渐愈合，全身状况逐渐好转。如果发生细菌感染，则烂斑加深，发生溃疡，愈合后形成瘢痕。

在口腔发生水疱的同时或稍后，趾间及蹄冠的柔软皮肤上发生水疱，并很快破溃形成烂斑，或干燥结成硬痂，然后逐渐愈合。如继发感染，则患部出现化脓、坏死，严重者可致蹄壳脱落，恢复期可见瘢痕、新生蹄甲。乳头皮肤也可发生水疱，如引起乳房炎，泌乳量显著下降甚至停乳。孕牛可发生流产或早产。

本病一般取良性经过，仅口腔发病，经一周即可自愈；如果蹄部出现病变，病程可延长至 2～3 周或更久。病死率通常不超过 1%～3%。有些病牛，在水疱病变逐渐愈合过程中，病情突然恶化，全身衰弱，肌肉发抖，心跳加快，节律不齐，食欲废绝，反刍停止，行走摇摆，站立不稳，往往因心肌麻痹而突然死亡。此种病型称为"恶性口蹄疫"，病死率可达 20%～50%。

犊牛发病，水疱症状不明显，主要表现出血性胃肠炎和心肌炎，死亡率很高。

2. 羊

潜伏期 1 周左右。发病率较低，症状较轻。绵羊多以蹄部病变为主。山羊在口腔和蹄部均有病变。吮乳羔羊常因出血性胃肠炎、心肌炎而死亡。

人主要由于饮食带毒乳或通过挤奶等途径接触患病动物引起感染，主要表现唇、齿龈、颊部黏膜及指尖、指甲基部等处发生水疱，水疱破裂后形成溃烂或薄痂。病程 1 周左右，愈后良好。儿童感染后发生胃肠卡他，严重者可因心肌麻痹而死亡。

病理变化

除口腔和蹄部病变外，还可见到食道和瘤胃黏膜有水疱和烂斑；胃肠有出血性炎症；肺呈浆液性浸润；心包内有大量混浊而黏稠的液体。恶性口蹄疫可在心肌切面上见到灰白色或淡黄色条纹与正常心肌相伴而行，如同虎皮状斑纹，俗称“虎斑心”。

诊断

根据流行病学特点、症状及剖检变化等可初步诊断，确诊须进行实验室检查，鉴定病毒型及亚型。选用疫苗时需与流行毒株血清型一致。

治疗

轻症者一般经 10 天左右多能自愈，但为了促进早日痊愈，缩短病程，防止继发感染，应在严格隔离的条件下及时治疗。

早期使用高免血清或康复血清，效果较好。

对口腔病变，用清水、0.1%高锰酸钾、10%食盐水洗漱，糜烂面涂以 1%～2%明矾或碘甘油、冰硼散；对患蹄病变，用 3%臭药水、来苏儿洗净后，涂以龙胆紫溶液、碘甘油、青霉素软膏等，绷带包扎；对乳房病变，用肥皂水或 2%～3%硼酸洗净后，涂以青霉素等消炎软膏。恶性口蹄疫应配合强心补液等对症治疗。

预防

自然病愈的动物，可获得较坚强的免疫力，对同型口蹄疫病毒再次自然感染有抵抗力。预防本病需采取综合性措施，平时加强检疫，禁止从疫区购入动物、动物产品、饲料、生物制品等，引进动物必须隔离观察，确认健康方可混群。

免疫预防须选用与流行毒株型、亚型一致的疫苗进行接种。口蹄疫“A 型”“O 型”“AO 型”弱毒苗，对牛羊均安全有效，但对猪有致病力。牛口蹄疫 O 型、亚洲 I 型二价灭活疫苗，用于牛羊，注射后 15 天产生免疫力，免疫期为 6 个月。幼畜可注射高免血清或痊愈血清。

发生本病时，应及时上报疫情，尽早确诊，划定疫点、疫区、受威胁区。按“早、快、严、小”的原则及时隔离和封锁。扑杀疫点内所有病畜及同群易感畜，并对病死畜、被扑杀畜及其产品进行无害化处理。对被污染或可疑污染的物品、交通工具、用具、畜舍、场地等，应用 2%氢氧化钠、10%石灰乳或 2%福尔马林等进行严格彻底消毒，对受威胁区的易感动物进行紧急强制免疫。待疫点内最后 1 头病畜死亡或扑杀后，连续观察至少 14 天，没有新发病例，经终末消毒后可解除封锁。

五、水疱性口炎

水疱性口炎是由水疱性口炎病毒引起的人和多种动物共患的急性、热性传染病。主要特征是口腔黏膜发生水疱，流泡沫样口涎，偶见侵害蹄部或乳房皮肤。

病原

水疱性口炎病毒，属弹状病毒科、水疱性口炎病毒属，为 RNA 型病毒。

流行病学

本病多种动物易感染，人也可感染。病畜是主要的传染源，在水疱出现前，其唾液已能排毒。病毒随患病动物的水疱液和唾液排出，通过直接接触或经污染的饲料、水源等间接传播，还可通过昆虫叮咬传播，经损伤的皮肤黏膜或消化道感染。

症状

潜伏期 3～5 天。病初体温升高至 40～41℃，精神沉郁，食欲减退，反刍减少，大量饮水，口腔黏膜及鼻镜干燥，耳根发热，当舌、唇黏膜上出现水疱时降至常温。经 1～2 天，水疱破溃，露出红色烂斑或大片溃烂面，有时出现舌上皮大面积脱落。病牛流大量白色泡沫状口涎，几天后恢复正常采食，口腔病变愈合。个别病牛乳房或蹄部皮肤发生水疱，并可造成上皮脱落。病程 1～2 周，极少引起死亡。因降低乳牛体重，影响产乳量而造成经济损失。

人多因与病畜密切接触而感染，呈流感症状，少数病人发生口炎，轻度肾炎和扁桃体炎，多数于一周内康复。

诊断

根据本病流行有明显的季节性及典型的水疱、流涎等特征症状，结合本病极少侵害蹄和乳房、传染性弱、发病率低，可以作出诊断。主要应与口蹄疫区别，可将病料肌注接种牛，如不发病，为水疱性口炎，发病则是口蹄疫。

防治

本病呈良性经过，一般不需治疗，主要是隔离病牛，加强护理，防止并发感染和散播病原。被病牛污染过的用具和环境必须彻底消毒，疫区进行必要的封锁。必要时，可采取当地病牛的舌黏膜、组织器官等制成结晶紫甘油或鸡胚结晶紫甘油疫苗，接种受威胁的牛只。恢复动物的血清具有高效价的中和抗体和补体结合抗体，对同型病毒以后再感染具有坚强的免疫力。

六、绵羊痘病

绵羊痘病是由绵羊痘病毒引起羊的一种急性、热性、接触性传染病。主要特征为皮肤与黏膜发生特异的痘疹，出现典型的斑疹、丘疹、水疱、脓疱和结痂等病理过程。

病原

绵羊痘病毒，属痘病毒科、脊椎动物痘病毒亚科、山羊痘病毒属。

流行病学

本病绵羊易感染，以细毛羊最易感染。病羊是主要传染源，病毒可通过空气传播，经呼吸道感染，也可通过伤口和厩蝇等吸血昆虫叮咬感染，饲养管理人员、用具、毛皮、饲料、垫草和外寄生虫等均可成为传播媒介。

症状

潜伏期 6～8 天。

1. 典型绵羊痘

体温达 41～42℃，食欲减退，精神不振，结膜潮红，呼吸和脉搏增数，鼻腔有浆液、黏液或脓性分泌物流出。1～4 天后发痘，在无毛或少毛部位如眼周围、唇、鼻、乳房、外生殖器、四肢和尾内侧等处出现绿豆大红斑，1～2 天后形成丘疹，突出皮肤表面，而后丘疹变大，变成灰白色或淡红色半球状隆起结节，几天内变为水疱，内容物最初为淋巴液，后变为脓性成为脓疱。如无继发感染，几天后脓疱干燥成棕色痂块，脱落后形成红斑，3～4 周颜色消失后痊愈。

2. 非典型绵羊痘

不见上述典型症状，仅出现体温升高，呼吸道和眼结膜的卡他性炎症，不出现或仅出现少量痘疹或出现的痘疹变为硬结状，几天内干燥脱落，此为呈良性经过的顿挫型，也称“石痘”。有的病例全身症状较重，出现脓疱融合或出血，常继发败血症而死亡，死亡率可达 30%～50%。

病理变化

除皮肤与黏膜痘疹外，呼吸道有卡他性出血性炎症变化，气管、支气管内有黏性液体，咽喉、气管亦常有痘疹。食道、胃肠等黏膜上有大小不同的扁平灰白色痘疹，其中有些表面糜烂和溃疡，尤其以前胃和皱胃黏膜为甚。肺内有干酪样结节，单个或融合存在。如继发感染化脓菌，则有败血症和脓毒败血症变化。

诊断

典型痘病根据临床出现的斑疹、丘疹、水疱、脓疱和结痂等过程可以诊断。对非典型病例，可采取丘疹组织涂片，经莫洛佐夫镀银染色法染色后镜检，如在细胞浆内查到深褐色圆形颗粒即包涵体可以确诊。也可用姬姆萨染色查到红紫色或淡青色的包涵体，用苏木精一伊红染色查到紫色或深紫亮红色的包涵体。

血清学诊断主要采用中和试验。

治疗

对于良性经过的病例，一般不做特殊治疗，只需加强护理，必要时进行对症治疗。可用 2%来苏儿、0.1%高锰酸钾溶液或 0.5%鞣酸溶液冲洗痘区，再涂以碘甘油或抗生素软膏；适当选用青、链霉素等抗生素进行治疗或在饲料中拌入 0.2%土霉素原粉，可有效预防继发感染。对于恶性病例，在条件许可的情况下，可按每千克体重 1 mL 的剂量，皮下或肌注康复羊的血清，治疗效果明显。

预防

平时加强饲养管理，抓好秋膘，特别是冬、春季节适当补饲，注意防寒过冬。在绵羊痘的常发地区，每年定期预防接种鸡胚化羊痘弱毒疫苗，不论羊只大小，一律在尾部或股内侧皮内注射 0.5 mL，注射后 4～6 天产生可靠的免疫力，免疫期可持续 1 年。

发病时，应立即隔离病羊，封锁疫点和疫区，对疫区内尚未发病的羊只或邻近受威胁区的羊群进行紧急免疫接种，对圈舍、用具及污染物等进行严格彻底的消毒，病死羊尸体深埋或焚烧，如需剥皮利用，注意消毒防疫措施，防止散播病毒。

七、坏死杆菌病

坏死杆菌病是由坏死杆菌引起的各种哺乳动物及禽类的一种慢性传染病。主要特征是在皮肤、皮下组织、消化道黏膜及内脏等多种组织发生坏死，有特殊臭味。

病原

坏死杆菌。

流行病学

本病多种动物易感染，人也可感染。坏死杆菌从患病动物的坏死部位随渗出物及坏死组织排出污染环境，主要经损伤的皮肤和黏膜感染。

症状

潜伏期1～2周，一般1～3天。牛、羊的坏死杆菌病，临床常见的是腐蹄病和坏死性口炎，较少发生坏死性皮炎。

1. 腐蹄病

多见于成年牛、羊。病初跛行，随后蹄部出现肿胀或溃疡，可见小孔或创洞，当叩击蹄壳或钳压病变部位时，内有腐烂的角质和污黑臭水流出。病程长者还可见蹄壳变形，重者可导致病畜卧地不起，全身症状明显，进而发生脓毒败血症而死亡。

2. 坏死性口炎

又称“白喉”，多见于犊牛。病初厌食，发热、流涎、鼻漏、口臭和气喘。进而口腔黏膜红肿、增温，在齿龈、舌、腭、颊或咽等处，可见粗糙、污秽的灰褐色或灰白色的伪膜。如坏死上皮脱落，可遗留界限明显的溃疡，其面积大小不等，溃疡表面附有恶臭的坏死组织。病变发生在咽喉者，有颌下水肿、呕吐、不能吞咽及严重的呼吸困难。病变有时蔓延至肺部，引起坏死性支气管炎或在肺和肝形成坏死性病灶，常导致死亡。病程4～5天，长的可达2～3周。

3. 坏死性皮炎

牛、羊发生的较少，多见于猪，特征是体表皮肤及皮下组织发生坏死及溃烂，多发生于体侧、头部和四肢。

诊断

根据临床症状和坏死组织特殊的臭味，以及多雨季节大批发病，可以初步诊断。确诊可在病变与健康组织交界处采集病料做细菌学检查。必要时可将病料制成悬液，皮下注射家兔或小白鼠，如为坏死杆菌，接种部位发生坏死，内脏有坏死病灶，可检出坏死杆菌。

治疗

1. 腐蹄病

先用清水洗净患部并清创，再用1%高锰酸钾、5%福尔马林或10%硫酸铜冲洗，然后在蹄底的孔洞内填塞硫酸铜和水杨酸粉或高锰酸钾及磺胺粉。也可用5%福尔马林或10%硫酸铜进行蹄浴。对软组织可用磺胺软膏、碘仿鱼石脂软膏等涂抹。

2. 白喉

先除去伪膜，再用1%高锰酸钾冲洗，然后涂以碘甘油，每天2次，至痊愈。也可用硫酸铜轻擦患处至出血为止，隔日1次，连用3次。

在进行局部治疗的同时，根据病型不同配合全身治疗，可注射磺胺类药物、金霉素、螺旋霉素等控制本病及继发感染，配合强心、补液等对症疗法。

八、恶性水肿

恶性水肿是以腐败梭菌为主的多种梭菌引起的多种动物共患的传染病。主要特征为创伤局部发生气性炎性水肿，并伴有发热和毒血症。

病原

主要病原体为腐败梭菌，其次是产气荚膜梭菌、诺维氏梭菌和溶组织梭菌等。

流行病学

病原体的芽孢广泛分布于土壤，也存在于某些食草动物消化道中，主要经创伤感染。一般为散发。

症状

潜伏期一般为12～17小时。病初体温升高，食欲减退，在伤口周围发生气性炎性肿胀，并迅速向周围扩展。肿胀部位初期坚硬、热痛，后期变为无热无痛，触诊柔软，有捻发音。随炎性气性水肿的发展，患畜全身症状加重，可视黏膜发绀，呼吸困难，偶有腹泻，多在1～3天内死亡。如感染部位是产道，后躯特别是从外阴部至臀部明显肿胀。因去势感染时，多于术后2～5天，阴囊、腹下发生弥漫性气性炎性水肿。

病理变化

感染部位呈弥漫性水肿，皮下和肌肉间结缔组织被污黄色、腐败酸臭、带气泡的液体浸润。肌肉呈灰白或暗红色，似煮肉样。实质器官变性，脾脏、淋巴结肿大，有时肝脏、肾脏呈海绵状，并有气泡，心包和腹腔积液。

诊断

根据流行病学、症状和病理变化可初步诊断，确诊有赖于细菌的分离鉴定，并应注意与气肿疽相鉴别。气肿疽主要侵害丰满肌肉，肿胀部捻发音更显著，多发于6月龄至3岁的牛，常呈地方性流行，死亡动物肝脏触片，见单在或成双排列的梭菌。

治疗

本菌经过急、发展快，全身中毒严重，治疗应从早从速。须局部与全身治疗同时进行。

1. 局部治疗

感染局部尽早切开，清除异物和腐败组织，吸出水肿液，然后用0.1%的高锰酸钾或3%过氧化氢冲洗，后撒上磺胺碘仿合剂，再用浸有3%过氧化氢液的纱布填塞创腔。肿胀部周围注射青霉素或链霉素。

2. 全身治疗

全身应用抗菌药的同时进行强心、补液、解毒等对症治疗。

预防

平时注意防止外伤，发生外伤时及时进行治疗，手术及注射时做到无菌操作及正确护理。在本病的常发地区，可用梭菌病多联苗进行免疫接种，能有效预防本病的发生。

九、螨病

螨病是由疥螨科疥螨属的疥螨、痒螨科痒螨属的痒螨寄生于动物皮肤内所引起的皮肤病。俗称“癞病”。主要特征为剧痒、脱毛、皮肤发炎、形成痂皮或脱屑。

病原

1. 疥螨。

2. 痒螨。

生活史

1. 疥螨

一生都寄生在动物身体上，并能世代相继生活在同一宿主体上。

雌螨与雄螨交配后，雌螨在宿主皮肤内挖掘隧道，以角质层组织和渗出的淋巴液为食，并在其中产卵，雌螨一生可产卵40～50个。隧道每隔一段即有小孔与外界相通，作为进入空气和幼虫出入的通道。卵经3～8天孵化出幼虫，幼虫经3～4天蜕化变为若虫，若虫再经3～4天蜕化变为成虫。雄虫交配后即死亡，雌虫产卵后3～5周死亡。

2. 痒螨

以患部渗出物和淋巴液为营养。发育过程与疥螨相似。雌螨采食1～2天后开始产卵，一生约产卵40个。条件适宜时，整个发育需10～12天，条件不利时可转入5～6个月的休眠期，以增加对外界的抵抗力。寿命约42天。

流行病学

感染来源是患病动物和带虫动物，主要通过直接接触传播，也可通过被污染的物品及工作人员间接接触传播。各种动物有其固定的所能感染螨的种类，各种动物被非特异性螨感染后，一般不发病，但有时也不是绝对严格。

危害与症状

螨直接刺激动物体以及分泌有毒物质刺激神经末梢，使皮肤发生剧痒。当动物进入温暖圈舍或运动后皮温增高时，痒觉更加剧烈。动物擦痒或啃咬患处，使局部损伤、发炎、形成水泡和结节，局部皮肤增厚和脱毛。局部损伤感染后成为脓疱，水泡和脓疱破溃，流出渗出液和脓汁，干涸后形成黄色痂皮。病情继续发展，破坏毛囊和汗腺，表皮角质化，结缔组织增生，皮肤变厚，失去弹性，形成皱褶和龟裂。脱毛处不利于螨的生长发育，便逐渐向四周扩散，使病变不断扩大，甚至蔓延全身。动物表现烦躁不安，影响采食、休息和消化机能。冬季发生脱毛，体温放散，使脂肪大量消耗，逐渐消瘦，甚至衰竭死亡。潜伏期2～4周，病程可持续2～4个月。

诊断

根据流行病学、症状和皮肤刮下物实验室检查，发现疥螨或痒螨即可诊断。

治疗

1. 涂药疗法

适用于病畜数量少、患部面积小和寒冷季节。患部剪毛去痂，彻底洗净，再涂擦药物。精制敌百虫(0.5%～1%的水溶液)、蜂毒灵乳剂(0.05%水溶液)、溴氰菊酯(0.005%～0.008%水溶液)、杀虫脒(0.1%～0.2%水溶液)等药物涂擦或喷洒。

2. 药浴疗法

适于患病羊群的治疗和预防，一般在温暖季节，山羊抓绒和绵羊剪毛5～7天后就可进行。药液温度应保持在36～38℃，随时添加药液，以确保疗效。药浴前应先做小群安全试验。药浴时间为1分钟左右。如一次药浴不彻底，过7～8天后进行第二次药浴。可选用以下药物：

(1)精制敌百虫：配成0.5%～1%的水溶液，涂刷患部或刮去痂皮后用喷雾器喷洒。该药对卵无杀灭作用，故应在5～6天后再用药一次。

(2)杀螨灵：用水稀释800倍，刷洗患部。此药还可用于喷洒栏舍、用具。

(3)单甲脒或双甲脒乳油：用水稀释250倍，洗刷或喷洒患部，杀螨效果良好。

(4)溴氢菊脂(倍特)：50～100 mg/L，喷淋。

(5)巴胺磷：150～200 mg/L，用于牛羊药浴或淋浴。

3. 注射药物疗法

可用伊维菌素，牛羊每千克体重 0.2 mg，颈部皮下注射，重者隔 7～10 天再用一次。

预防

定期进行动物体表检查和灭螨，流行区的群养动物，无论是否发病，均要定期用药。栏舍保持干燥、光线充足、通风良好；动物群密度适宜。清净场引进动物要进行严格的临床检查，严禁将病原体带入，疑似动物应及早确诊，并隔离治疗；被污染的栏舍及用具用杀螨剂处理；羊群应坚持剪毛后 7 天进行药浴。螨病羊毛要妥善处理，以防止病原扩散，防止通过饲养人员或用具间接传播。

十、牛皮蝇蚴病

牛皮蝇蚴病是皮蝇科皮蝇属的幼虫寄生于牛背部皮下组织引起的疾病，又称“牛皮蝇蛆病”。主要特征为引起患牛消瘦，生产能力下降，幼畜发育不良，尤其是引起皮革质量下降。

病原

主要是牛皮蝇和纹皮蝇。

生活史

成蝇多在夏季出现，雌、雄交配后，雄蝇死亡。雌蝇在牛毛上产卵，产卵后死亡。卵经 4～7 天孵出第 1 期幼虫，幼虫经毛囊钻入牛皮下，移行至椎管硬膜的脂肪组织中，蜕皮变成第 2 期幼虫，然后从椎管孔钻出移行至腰背部皮下组织，蜕皮变为第 3 期幼虫，在皮下形成指头大瘤状突起，并将皮肤咬一个小孔作为呼吸孔，第 3 期幼虫成熟后，落地化蛹，最后羽化为成蝇。整个发育期为 1 年。

流行病学

感染来源为牛皮蝇和纹皮蝇。本病主要流行于我国西北、东北、内蒙古牧区，多在夏季发生感染，成蝇一般在晴朗无风的白天侵袭牛，在牛毛上产卵。

主要症状

成虫虽不叮咬牛，但在夏季繁殖季节，成群绕牛飞翔，尤其是雌蝇产卵时冲向牛体，引起牛惊恐不安、踢蹴、奔跑、影响采食和休息，导致消瘦，易造成跌伤或流产，生产能力下降等。幼虫钻入皮肤移行咬孔后，引起流血、化脓、贫血，在脊椎两侧可看到或摸到硬肿块，切开可挤出幼虫。当幼虫破裂时，可引起变态反应，出现流汗、乳房及阴门水肿，气喘、腹泻、口吐白沫等，重者死亡。个别幼虫移入延脑或大脑脚寄生，可引起神经症状，甚至死亡。

病理变化

幼虫在体内移行，造成移行部组织损伤，特别是第 3 期幼虫在背部皮下寄生时，引起局部结缔组织增生和发炎，在背部两侧皮肤上有多个隆起的结节。如继发感染细菌，可化脓形成瘘管，流出脓汁。幼虫钻出后，皮孔愈合形成瘢痕，严重影响皮革价值。

诊断

结合流行病学、症状及病理变化进行综合诊断。

幼虫寄生于牛背部皮下时，在牛背部皮肤上可触诊到隆起，上有小孔，用力挤压，可挤出虫体，易于诊断。但注意不要挤破虫体。夏秋季节牛被毛上发现单个或成排附着的虫卵，可为诊断提供参考。

治疗

1. 局部疗法

当幼虫成熟且皮肤隆起出现小孔时，用手挤压或向肿胀部及小孔内涂擦或注入2%敌百虫、4%蝇毒磷、皮蝇磷等药物，可杀灭幼虫。

2. 药浴疗法

用以下药液沿背线浇注牛体。在流行地区，浇注可在4～11月进行。蝇毒磷，用4%溶液，每千克体重0.3 mL；皮蝇磷，用8%溶液，每千克体重0.33 mL；敌百虫，用16%有机溶媒(酒精、矿物油)溶液，剂量为体重200 kg以内用12 mL，200 kg以上用16 mL。

3. 注射药物疗法

可用伊维菌素，按每千克体重0.2 mg皮下注射。或倍硫磷，每千克体重4～7 mg，臀部肌注。

预防

消灭牛体内的幼虫，减少幼虫的危害，并防止化蛹成蝇。在流行地区感染季节，可用敌百虫、蝇毒灵等药浴疗法的治疗药物喷洒牛体，每隔10天用药一次。

材料设备动物清单

学习情境 8	以皮肤、黏膜异常为主症的牛羊病防治						
项目	序号	名称	作用	数量	型号	使用前	使用后
所用材料设备	1	保定栏	保定动物	6 个			
	2	听诊器	听诊	6 个			
	3	秤	称羊	1 个			
	4	注射器	给药	6 个			
	5	点滴管	给药	6 个			
	6	消毒棉球	消毒	若干			
	7	刀片	采样	6 个			
	8	显微镜	螨虫检验	6 台			
	9	盖玻片	螨虫检验	若干			
	10	载玻片	螨虫检验	若干			
	11	10%氢氧化钠	螨虫检验	6 小瓶			
所用动物	12	牛	诊治	6 头			
	13	羊	诊治	6 只			
班　级			第　组	组长签字		教师签字	

计 划 单

<table>
<tr><td>学习情境8</td><td colspan="3">以皮肤、黏膜异常为主症的牛羊病防治</td><td>学时</td><td>8</td></tr>
<tr><td>计划方式</td><td colspan="5">小组讨论、同学间互相合作共同制订计划</td></tr>
<tr><td>序号</td><td colspan="3">实施步骤</td><td>使用资源</td><td>备注</td></tr>
<tr><td></td><td colspan="3"></td><td></td><td></td></tr>
<tr><td></td><td colspan="3"></td><td></td><td></td></tr>
<tr><td></td><td colspan="3"></td><td></td><td></td></tr>
<tr><td></td><td colspan="3"></td><td></td><td></td></tr>
<tr><td></td><td colspan="3"></td><td></td><td></td></tr>
<tr><td></td><td colspan="3"></td><td></td><td></td></tr>
<tr><td></td><td colspan="3"></td><td></td><td></td></tr>
<tr><td></td><td colspan="3"></td><td></td><td></td></tr>
<tr><td></td><td colspan="3"></td><td></td><td></td></tr>
<tr><td></td><td colspan="3"></td><td></td><td></td></tr>
<tr><td>制订计划说明</td><td colspan="5"></td></tr>
<tr><td rowspan="3">计划评价</td><td>班 级</td><td></td><td>第 组</td><td>组长签字</td><td></td></tr>
<tr><td>教师签字</td><td colspan="2"></td><td>日 期</td><td></td></tr>
<tr><td colspan="5">评语：</td></tr>
</table>

决策实施单

<table>
<tr><td>学习情境8</td><td colspan="7">以皮肤、黏膜异常为主症的牛羊病防治</td></tr>
<tr><td colspan="8">计划书讨论</td></tr>
<tr><td rowspan="6">计划
对比</td><td>组号</td><td>工作流程
的正确性</td><td>知识运用
的科学性</td><td>步骤的
完整性</td><td>方案的
可行性</td><td>人员安排
的合理性</td><td>综合
评价</td></tr>
<tr><td>1</td><td></td><td></td><td></td><td></td><td></td><td></td></tr>
<tr><td>2</td><td></td><td></td><td></td><td></td><td></td><td></td></tr>
<tr><td>3</td><td></td><td></td><td></td><td></td><td></td><td></td></tr>
<tr><td>4</td><td></td><td></td><td></td><td></td><td></td><td></td></tr>
<tr><td>5</td><td></td><td></td><td></td><td></td><td></td><td></td></tr>
</table>

<table>
<tr><td colspan="5">制订实施方案</td></tr>
<tr><td>序号</td><td colspan="3">实施步骤</td><td>使用资源</td></tr>
<tr><td>1</td><td colspan="3"></td><td></td></tr>
<tr><td>2</td><td colspan="3"></td><td></td></tr>
<tr><td>3</td><td colspan="3"></td><td></td></tr>
<tr><td>4</td><td colspan="3"></td><td></td></tr>
<tr><td>5</td><td colspan="3"></td><td></td></tr>
<tr><td colspan="5">实施说明：</td></tr>
<tr><td>班　级</td><td></td><td>第　组</td><td>组长签字</td><td></td></tr>
<tr><td>教师签字</td><td colspan="2"></td><td>日　期</td><td></td></tr>
<tr><td>决策评价</td><td colspan="4">评语：</td></tr>
</table>

作 业 单

<table>
<tr><td>学习情境 8</td><td colspan="6">以皮肤、黏膜异常为主症的牛羊病防治</td></tr>
<tr><td>作业完成方式</td><td colspan="6">课余时间独立完成。</td></tr>
<tr><td>作业题 1</td><td colspan="6">分析案例一，给出诊断结果及治疗方案。</td></tr>
<tr><td>作业解答</td><td colspan="6"></td></tr>
<tr><td>作业题 2</td><td colspan="6">分析案例三，给出诊断结果及治疗方案。</td></tr>
<tr><td>作业解答</td><td colspan="6"></td></tr>
<tr><td>作业题 3</td><td colspan="6">鉴别诊断螨病、湿疹、荨麻疹，并提出相应的治疗措施。</td></tr>
<tr><td>作业解答</td><td colspan="6"></td></tr>
<tr><td rowspan="4">作业评价</td><td>班 级</td><td></td><td>第 组</td><td colspan="2">组长签字</td><td></td></tr>
<tr><td>学 号</td><td></td><td>姓 名</td><td colspan="3"></td></tr>
<tr><td>教师签字</td><td></td><td>教师评分</td><td></td><td>日 期</td><td></td></tr>
<tr><td colspan="6">评语：</td></tr>
</table>

效果检查单

<table>
<tr><td>学习情境8</td><td colspan="5">以皮肤、黏膜异常为主症的牛羊病防治</td></tr>
<tr><td>检查方式</td><td colspan="5">以小组为单位，采用学生自检与教师检查相结合，成绩各占总分(100分)的50%。</td></tr>
<tr><td>序号</td><td colspan="2">检查项目</td><td>检查标准</td><td>学生自检</td><td>教师检查</td></tr>
<tr><td>1</td><td colspan="2">临床检查</td><td>能正确进行皮肤的检查并对皮肤病变正确的判断。</td><td></td><td></td></tr>
<tr><td>2</td><td colspan="2">实验室检查</td><td>能正确地采取皮肤病料并进行实验室检查，检查方法正确。</td><td></td><td></td></tr>
<tr><td>3</td><td colspan="2">治疗</td><td>对诊断的疾病能提出合理的治疗措施。</td><td></td><td></td></tr>
<tr><td>4</td><td colspan="2">预防疾病</td><td>对诊断的疾病能提出合理的预防措施。</td><td></td><td></td></tr>
<tr><td rowspan="3">检查评价</td><td>班　级</td><td></td><td>第　组</td><td>组长签字</td><td></td></tr>
<tr><td>教师签字</td><td colspan="2"></td><td>日　期</td><td></td></tr>
<tr><td colspan="5">评语：</td></tr>
</table>

评价反馈单

学习情境 8	以皮肤、黏膜异常为主症的牛羊病防治				
评价类别	项目	子项目	个人评价	组内评价	教师评价
专业能力（60%）	资讯（10%）	获取信息（5%）			
		引导问题回答（5%）			
	计划（5%）	计划可执行度（3%）			
		用具材料准备（2%）			
	实施（20%）	各项操作正确（8%）			
		完成的各项操作效果好（6%）			
		完成操作中注意安全（4%）			
		操作方法的创意性（2%）			
	检查（5%）	全面性、准确性（3%）			
		生产中出现问题的处理（2%）			
	结果（10%）	使用工具的规范性（4%）			
		操作过程规范性（4%）			
		工具和设备使用管理（2%）			
	作业（10%）	结果质量			
社会能力（20%）	团队合作（10%）	小组成员合作良好（5%）			
		对小组的贡献（5%）			
	敬业、吃苦精神（10%）	学习纪律性（4%）			
		爱岗敬业和吃苦耐劳精神（6%）			
方法能力（20%）	计划能力（10%）	选择计划合理			
	决策能力（10%）	计划选择正确			

意见反馈
请写出你对本学习情境教学的建议和意见

评价评语	班级		姓名		学号		总评	
	教师签字		第　组	组长签字			日期	
	评语：							

学习情境 9
以损伤及损伤并发症为主症的牛羊病防治

学习任务单

<table>
<tr><td>学习情境 9</td><td colspan="4">以损伤及损伤并发症为主症的牛羊病防治</td><td>学时</td><td>14</td></tr>
<tr><td colspan="7">布置任务</td></tr>
<tr><td>学习目标</td><td colspan="6">1. 明确以损伤及并发症为主症的牛羊病的种类及其基本特征。
2. 能够说出各病的病性和主要临床症状。
3. 能够通过一般检查、系统检查及与类症疾病鉴别，进行本类疾病的现场诊断。
4. 能够对诊断出的疾病予以合理治疗。
5. 能够独立或在教师的引导下分析、解决各方面工作中出现的一般性问题。
6. 养成科学态度及团队协作、严谨工作能力，增强职业责任感。</td></tr>
<tr><td>任务描述</td><td colspan="6">对临床生产实践发生的损伤及损伤并发症做出诊断，予以治疗，制定及实施防治措施。具体任务如下：
1. 诊断与治疗创伤、挫伤、血肿、淋巴外渗、疝病。
2. 诊治溃疡、窦道和瘘。
3. 鉴别诊断损伤及并发症为主症的疾病。
4. 诊治脓肿、蜂窝织炎、败血症、放线菌病、破伤风。
5. 鉴别诊断外科感染为主的疾病。
6. 防治放线菌病和破伤风。</td></tr>
<tr><td>学时分配</td><td>资讯 2 学时</td><td>计划 1 学时</td><td>决策 1 学时</td><td>实施 8 学时</td><td>考核 1 学时</td><td>评价 1 学时</td></tr>
<tr><td>提供资料</td><td colspan="6">1. 孙英杰．牛羊病防治．北京：中国农业出版社，2011
2. 李玉冰．兽医临床诊疗技术．北京：中国农业出版社，2008
3. 牛羊病防治精品课网址：
http：//113.0.240.9：8080/book—show/flex/book.html？courseNumber＝587322</td></tr>
<tr><td>对学生要求</td><td colspan="6">1. 以小组为单位完成任务，体现团队合作精神。
2. 严格遵守兽医诊所和养殖场制度。
3. 严格遵守操作规程，避免安全事故发生。
4. 严格遵守生产劳动纪律，爱护劳动工具。</td></tr>
</table>

任务资讯单

学习情境 9	以损伤及损伤并发症为主症的牛羊病防治
资讯方式	通过资讯引导，观看视频，到本课程的精品课网站、图书馆查询，向指导教师咨询。
资讯问题	1. 创伤、挫伤、血肿、淋巴外渗及疝病的发病原因、症状、诊断方法、治疗原则及方案。 2. 溃疡、窦道和瘘的发病原因、诊断方法、鉴别诊断要点、临床特点、治疗原则及方案。 3. 脓肿、蜂窝织炎和败血症的发病原因、临床症状、诊断方法、鉴别诊断要点、治疗原则及方案。 4. 放线菌病和破伤风的实验室诊断方案和综合防疫方案。
资讯引导	1. 在信息单中查询。 2. 进入牛羊病防治精品课网站查询： http：//113.0.240.9：8080/book－show/flex/book.html？courseNumber＝587322 3. 相关教材和网站资讯查询。

案例单

学习情境 9	以损伤及损伤并发症为主症的牛羊病防治	
序号	案例内容	诊断思路提示
案例一	一头黑白花乳牛，4 岁。主诉：该牛于昨天早晨进入了园子里偷吃玉米，主人及时发现后在将其驱赶的过程中，由于该牛急速奔跑，在跨越园子栅栏时，乳房刮到了栅栏的铁丝上，从乳房不断流出乳汁及血液。	通过病史调查及乳房上伤口流出乳汁及血液即可确诊。
案例二	一头 5 岁黑白花奶牛，主诉：十多天前夹入两房间的窄缝中，三个人用了两个多小时才将其弄出，当时未见异常。前三天发现该牛左侧第 10 肋中间部出现了一个手掌大小的囊，并且逐渐增大，突出于体表，但食欲、反刍和精神状态均无明显变化。局部检查发现该囊状肿胀，约有碗口大小，触诊时柔软，且有波动感，但无热痛反应。局部穿刺时，穿刺物为淡黄色液体，不易凝固。	根据临床症状可初步做出诊断，通过穿刺发现穿刺物为淡黄色液体，且不易凝固即可确诊。
案例三	一头 3 月龄犊牛，主诉：该犊牛一个月前不知什么原因在右下腹部出现一个小包，鸡蛋大小，开始时也没太在意，近十几天发现此包越来越大了，特别在刚吃完草料之后，突起更加明显。但吃草、反刍正常。 检查发现：该牛精神状态正常。右下腹部有一个拳头大小的突起，触诊时疼痛反应不明显，用力压迫时突起时变小，并可摸到腹壁上有一个洞。	通过临床检可初步诊断，确诊可进行突起部穿刺检查。
案例四	一头黑白花乳牛，7 岁。主诉：已产犊三胎，10 多天前发现此奶牛的左肩部有一小伤口，主人也没太注意，昨天发现从伤口处点滴状流出脓汁，挤压时脓汁量增多，但精神和食欲均正常。 临床检查：视诊时伤口局部呈现轻微肿胀，触诊时疼痛反应明显，挤压时有恶臭的脓汁。使用探针进行探诊时发现此伤口深 4 cm 左右，并可以探及底部，取出探针时，探针上附有少许血液和脓汁。	通过病史可初步诊断，通过临床检查可确诊。

●●●● 相关信息单

【学习情境9】

以损伤及损伤并发症为主症的牛羊病防治

项目1 以损伤为主症的牛羊病防治

一头黑白花乳牛，5岁，精神状态欠佳，食欲略降低，腹壁上有一小突起。

任务1 诊断病牛

临床检查

一般检查：测病牛体温、脉搏、呼吸数，观察其精神状态、食欲、皮肤黏膜等。

局部检查：视诊、触诊、听诊、穿刺等。

检查结果分析：

1.1 视诊时皮肤无损伤，触诊时肿胀坚实，局部增温，疼痛明显，界线不清，指压留痕。→挫伤

1.2 视诊时皮肤无损伤，肿胀迅速增大，触诊皮肤紧张，有弹性，局部穿刺物为血液，易凝固。→血肿

1.3 视诊时皮肤无损伤，伤后3～4天才出现肿胀，并且肿胀缓慢，触诊时肿胀柔软，有波动感，无热痛反应。穿刺时穿刺物为微黄色液体，不易凝固。→淋巴外渗

1.4 视诊时皮肤无损伤，局部肿胀，压迫时肿胀缩小，可摸到腹壁上有一个洞，穿刺物为胃肠内容物。→腹壁疝

任务2 治疗病牛

2.1 挫伤

Rp：

①硫酸镁 500.0 mL
常水 2 000.0 mL

DS：病初2天内用冷水，以后用热水。混合后敷于患处，每天早晚各一次，连用5天。

②30%安乃近 30.0 mL

DS：一次肌注，1次/天，连用3天。

③5%葡萄糖注射液 1 000.0 mL
5%碳酸氢钠注射液 500.0 mL

DS：一次静注，1次/天，连用3天。

2.2 血肿

Rp：

硫酸镁 500.0 mL
常水 2 000.0 mL

DS：病初 2 天内用冷水，装着压迫绷带，发病三天以后解除压迫绷带，改为温热疗法及按摩。

2.3　淋巴外渗

Rp：

①95%酒精　　100 mL

甲醛　　1 mL

碘酊　　5 滴

DS：先穿刺抽出淋巴液后，再把上述溶液混合后患部注射，30 分钟后抽出。装着压迫绷带。

②青霉素 G 钠　　500 万 IU

注射用水　　20 mL

DS：一次肌注，每日 2 次，连用 5 天。

必备知识

一、创伤

创伤是机体受到尖锐物体或钝性物体的强烈作用而造成的以皮肤、黏膜破裂为特征的一种开放性损伤。

创伤一般由创围、创缘、创口、创面、创腔、创底构成。

病因

1. 尖锐或锋利的物体作用于有机体，如铁钉、铁丝刺伤，铁锹、竹片的切割，犬的咬伤、牛角顶伤等。

2. 钝性物体高强度的作用，如汽车、拖拉机的撞伤，摔伤、挤伤、粗糙墙壁或地面的擦伤、踩伤等。

症状

1. 新鲜创

包括手术创和 8～24 小时以内的污染创。特征为出血、疼痛、创缘裂开和机能障碍。

2. 感染创

指创内有大量微生物侵入，呈现化脓性炎症的创伤。其特点是创内大量组织细胞坏死分解，形成脓汁。继之新生肉芽组织逐渐增生并填充创腔，最后新生组织瘢痕化或覆盖上皮，使创伤最终愈合。

创伤的愈合过程

创伤发生后，经过炎性净化和组织修复两个过程，完成愈合。因损伤状况与有无感染的不同，创伤愈合的表现有较大差异，通常分为第一期愈合、第二期愈合和痂皮下愈合三种类型。

1. 第一期愈合

特征是愈合过程中炎性反应轻微、愈合快、愈合后仅留少量线状瘢痕或无肉眼可见瘢痕、无机能障碍。

当创缘创壁整齐、对合良好、失活组织少、没有感染时，可完成第一期愈合。无菌手术创、新鲜污染创经及时彻底的清创术处理，大多数都能达到第一期愈合。

第一期愈合的过程从出血停止时开始。在伤口内有少量血液、纤维蛋白等共同形成纤维蛋白网，将创缘、创壁初次黏合。随后白细胞等渐渐地侵入黏合的创腔内，进行吞噬、溶解和搬运，以清除创腔内的凝血及坏死组织，使创腔净化。经过1～2天后，创内的结缔组织细胞及毛细血管内皮细胞分裂增殖，形成肉芽组织将创壁连接起来，同时创缘上皮细胞增生，逐渐覆盖创口。再经3～4天由成纤维细胞合成的胶原纤维逐渐增多，肉芽组织日渐减少，新生的肉芽组织逐渐转变为纤维性结缔组织，经2～3周后完全愈合。

2. 第二期愈合

当伤口大，被细菌感染，伤口内有血凝块、异物、坏死组织，创缘及创壁不能紧密接触，以及由于代谢障碍致使组织丧失第一期愈合能力时，要通过第二期愈合进行组织修复。

特征是愈合过程中，先是创腔内的坏死组织分解，形成大量脓汁经伤口流出，随后创伤组织增生大量肉芽，并逐渐填充创腔，最后被覆上皮或形成明显的瘢痕而愈合。

第二期愈合大致分为两个阶段：

(1)化脓期(炎性净化阶段)。即通过炎性反应达到创伤的自体净化。临床上主要表现是创伤部发炎、肿胀、增温、疼痛，随后创内坏死组织液化，形成脓汁，从伤口流出。重剧化脓或排脓不畅，可引起病畜体温升高。若创口小、创腔深，常常继发脓肿或蜂窝织炎，甚至可以继发败血症。

(2)肉芽生长期(组织修复阶段)。伤后1～2天创内出现肉芽组织，伴随肉芽组织迅速增生，急性炎症消退，创伤肿胀和热痛减轻，伤口收缩。在肉芽组织开始生长的同时，创缘的上皮组织增殖，由周围向中心逐渐生长新生的上皮，当肉芽组织增生高达皮肤面时，新生的上皮再生完成，覆盖创面而愈合。当创面较大，由创缘生长的上皮不足以覆盖整个创面时，形成疤痕。

健康肉芽组织质地坚实，呈均匀、细小的颗粒状，粉红色或红色，表面有少量灰白色、黏稠的脓性分泌物，是坚强的创伤防御面，防止感染扩散，阻止微生物侵入。

若肉芽组织生长不良，呈现颗粒大小不等、质地脆弱、颜色苍白或暗红、表面有大量脓汁、容易出血，导致创伤愈合缓慢。

若肉芽组织遭受异常刺激(坏死组织和异物存留、创部不安静等)，则会过度增生，超出皮肤或黏膜的表面，形成赘生肉芽。

3. 痂皮下愈合

为表皮损伤的修复类型。特征是损伤表面的血液、组织液凝固干燥，形成痂皮，覆盖在伤面上，在痂皮下新生上皮愈合，随后痂皮脱落。如被感染，则痂皮下化脓，取第二期愈合。

影响创伤愈合的因素

1. 创缘、创壁不能紧密接触

创内有异物、凝血块及坏死组织，存在创囊，粗暴处理创伤、选用刺激性过强消毒药等使创腔内积存液体，创伤感染等均可使创缘、创壁不能紧密接触而影响创伤愈合。

2. 局部血液循环障碍

如缝合、包扎过紧，局部组织炎症过重等都会使局部血液循环不良，影响创伤净化和肉芽、上皮的生长。

3. 创伤部位不安静

初次黏合及肉芽形成的初期，创面结合不牢固，若创伤部位活动过强或频繁、粗暴的外科处置均会使创面再次分离，影响其愈合。

4. 营养缺乏

严重的创伤使患畜丢失大量的蛋白质。蛋白质是组织修复和产生抗体所必需的物质，也是维持血液渗透压的主要物质。故蛋白质缺乏可使组织循环不良及水肿，同时组织修复缺乏所必需的营养物质，致使创伤愈合缓慢。另外，机体缺乏维生素A时，上皮生长缓慢；缺乏B族维生素时影响神经组织的再生；缺乏维生素C时毛细血管通透性增强，肉芽组织易水肿、出血、生长缓慢；缺乏维生素D时骨愈合缓慢；缺乏维生素K时血液凝固缓慢。

5. 其他因素

病畜年老、体弱、贫血、脱水、电解质代谢紊乱及患有其他疾病等因素，都可使创伤愈合缓慢。

诊断

1. 新鲜创

时间不超过24小时，主要症状是伤处出血、疼痛明显、创口裂开、组织未见明显坏死。

2. 感染创

时间超过了24小时或被损伤组织有明显的坏死。初期伤处疼痛，局部温热，创缘、创面肿胀，创口流脓汁或形成脓性结痂，有时可形成脓肿或继发蜂窝织炎。因肉芽已形成，故应注意判断肉芽的健康状况，以便采取正确的治疗措施。

治疗

1. 新鲜创

治疗原则是止血、清创、缝合、防止感染、促进创伤愈合。

(1)止血。可采取压迫、钳夹、结扎等常用的外科止血方法，亦可用药物止血，如肌注安络血或静注维生素K或氯化钙等。

(2)清洁创围。首先用灭菌纱布盖住创面，清除创口周围被毛和异物，用温肥皂水清洗创围，再用清水冲洗，用5%碘酊消毒，再用75%酒精脱碘。

(3)清理创腔。用器械清除创腔内的异物、失活组织及凝血块，必要时可扩大创口，修整创缘，充分暴露创底，再用药物清洗创腔，用灭菌纱布吸去冲洗液。冲洗新鲜创一般选用生理盐水、0.1%高锰酸钾或0.1%新洁尔灭溶液。

(4)创伤用药。向创面上撒布易溶解、刺激性小、广谱抗菌的抗菌药。

(5)缝合包扎。采用外科手术的方法对创口缝合，必要时进行分层缝合，促进组织愈合。包扎或缝合绷带对伤口进行保护。

(6)全身用药。全身应用抗菌药的同时，根据需要采取对症治疗措施。对于又窄又深的创伤，应及时给病畜注射抗破伤风血清。

2. 化脓创

应控制感染的发展，彻底清除坏死组织和异物，通畅排脓，促进组织修复。

(1)清洁创围。方法同新鲜创。如有脓痂时，涂擦3%双氧水，使其松软后除去。

(2)清洁创面。用0.1%高锰酸钾溶液、3%双氧水、0.1%雷夫奴尔溶液、0.1%新洁尔灭溶液、0.02%呋喃西林溶液等反复冲洗创面，直至将脓汁冲净为止。

(3)清创手术。当创口小、创腔深或有创囊，致使脓汁蓄积时，应扩大创口，消除创囊，必要时作辅助切口，以保证排脓通畅。同时，彻底清除坏死组织和异物。

(4)创伤用药。根据创伤不同情况适当选用下列方法。

①急性炎症期。为促进炎性肿胀的消退，可应用10%～20%硫酸镁溶液湿敷或用奥立柯夫氏液(硫酸镁 80 g，5%碘酊 20 mL，碳酸钠 4 g，甘油 280 mL，洋地黄叶浸液 6 g：180 mL，蒸馏水 80 mL)湿敷。

②化脓期。为控制感染，创面撒布青霉素、雷夫奴尔、呋喃西林等，也可用脱腐生肌散。当肉芽组织布满创面，应用魏氏流膏(松馏油 5 g，碘仿 3 g，蓖麻油 100 mL)或用各种抗生素软膏。

③病理性肉芽。首先要除去原因，较小的赘生肉芽可用硝酸银棒、硫酸铜、高锰酸钾粉等药物研磨，使之形成结痂，较大的赘生肉芽可手术切除后再行研磨。

(5)开放治疗。化脓创一般取开放治疗。当创腔大而深时，用浸0.1%雷夫奴尔溶液的纱布条引流。肢体下部的化脓创或冬季，应包扎创伤。

(6)全身疗法。化脓期应全身应用抗菌药，以控制感染的发展。组织修复期，应加强饲养管理，给予富含蛋白质和维生素的饲料，防止啃咬或摩擦患部。

对于远离关节、大血管、筋腱等部位的化脓创，为减少处理次数，可在清理完创面后，直接用高锰酸钾粉研磨，使之形成结痂，即可防止感染，待其自愈，但易留有较大疤痕。

3. 肉芽创

对于健康的肉芽组织，应进行保护，并促进肉芽及上皮的生长。

(1)清洁创围、创面，除去脓汁，2～4 天用 1 次。

(2)对创腔较大的肉芽创可进行接近缝合。

(3)促进肉芽生长及上皮形成。可用松碘油膏或1%磺胺乳剂等填塞、引流或灌注。当肉芽成熟时，促进上皮生长可用氧化锌软膏(氧化锌 10 g、凡士林 90 g)或氧化锌水杨酸软膏。上皮形成后，定期涂抹龙胆紫以防止肉芽过度增生，促使创面结痂。

二、挫伤

挫伤是机体的软组织在钝性外力直接作用下所发生的非开放性损伤。

病因

多由钝性物体机械压迫所致，如打击、冲撞、摔跌、踢蹴、挤压、角顶、车轮碾压等。机体组织对外力的作用，具有不同的抵抗力，其中皮肤有很大弹性和韧性、抵抗力最强，当受到钝性外力作用时，皮下血管等组织发生了损伤，而皮肤能保持其完整性。

症状

挫伤部位主要表现为溢血、肿胀、疼痛以及机能障碍。

诊断

根据有受钝性外力损伤的病史及典型临床症状较易诊断。

治疗

挫伤的治疗原则是制止溢血、镇痛消炎、防止感染、促进组织修复。

病初，应用冷却疗法，并装着压迫绷带。

受伤2～3天后改用热敷，按摩，涂布鱼石脂软膏、樟脑酮、浓碘酊，应用红外线、氦氖激光照射，微波疗法等，以促进肿胀的消退。

挫伤后视病情需要，及时应用抗菌药防止继发感染。若继发脓肿或蜂窝织炎时，应及时切开患部，除去坏死组织，按化脓创处理。对挫伤的并发病或继发性疾病及时进行治疗。

三、血肿

血肿是由于各种外力作用，导致血管破裂，溢出的血液分离周围组织，形成充满血液的腔洞。

病因

血肿主要由挫伤引起，也可发生于刺创、咬创、非开放性骨折等病的过程中。

症状

皮下血肿的特征是受伤后肿胀立即出现并迅速增大。

较小的血管破裂导致的血肿，不久肿胀停止发展，与周围组织界限明显。触压时呈明显波动或饱满有弹性，皮肤不紧张，无痛感。4～5天后，由于血肿的血液凝固，指压呈坚实感，有捻发音，中央仍有波动。施行穿刺术时有血液流出或有凝血块堵塞穿刺针头。有时可呈一时性体温升高。血肿若继发感染，局部炎症变化明显，体温升高，随后形成脓肿。

较大的动脉断裂时，血液沿筋膜下或肌间浸润，形成弥漫性血肿。病情严重的，病畜可出现贫血症状。

诊断

根据有受损伤的病史，肿胀立即出现并迅速增大、呈明显的波动感或饱满有弹性，施行穿刺术时有血液流出或穿刺针头被凝血块阻塞易于诊断。

治疗

治疗原则是制止溢血、排除积血、防止感染。

1. 对可自行止血的血肿，病初应用冷却疗法，并装着压迫绷带，全身应用止血药物。发病三天以后改为温热疗法、局部涂刺激剂及按摩疗法。

(1)小的血肿，经一定时期能自行吸收。

(2)大的血肿，于发病4～5天以后，待血液已经凝固，经严密消毒，施行手术切开，彻底排出积血、血凝块和挫灭组织，清理创腔之后，撒布抗菌药，将切口密闭缝合或部分缝合、装置引流和压迫绷带；或手术切开之后采用开放疗法。

2. 较大动脉破裂的血肿不会自然止血，可危及生命，必须立即无菌切开，彻底止血后按新鲜创处理。

3. 为防止血肿感染，也可全身应用菌药物。对已经感染的血肿，应及时切开，然后按化脓创处理。

四、淋巴外渗

淋巴外渗指在钝性外力作用下，由于淋巴管断裂，致使淋巴液积聚于组织内的一种非开放性损伤。

病因

1. 钝性外力在动物身体上强行滑擦。

2. 饲养密度大时动物过度拥挤或者将动物置于狭小的空间内饲养，畜群通过狭窄厩门遭挤压等原因造成淋巴管断裂，形成淋巴外渗。

症状

淋巴外渗的特征是肿胀发展缓慢，一般在伤后1～4天出现肿胀，并逐渐增大，与周围组织有明显界限；用手按压或病畜活动时可见肿胀呈明显波动，炎性反应轻微，皮肤柔软、无明显热痛和机能障碍。时间较久的，析出纤维素块，囊壁增厚、有坚实感。穿刺时流出淡黄色、半透明的液体或其内混有少量的血液。肿胀随淋巴液的排出很快缩小；由于淋巴液内纤维蛋白原不多，不易形成淋巴管栓塞，经过一段时间之后肿胀又恢复原状，很难自愈。通常无全身症状。

诊断

根据有损伤的病史、肿胀增大缓慢、呈明显的波动感，施行穿刺术时可抽出淡黄色的淋巴液可进行诊断。

治疗

原则是初期制止淋巴液渗出、排出积液、促进淋巴管断端闭塞、防止感染、促进组织修复。

1. 制止淋巴液渗出。让病畜安静休息，运动时淋巴液外流量加快，故应尽可能禁止病畜大量运动。

2. 排出积液、促进淋巴管断端闭塞。

(1)较小淋巴外渗，于波动明显处用注射器抽出淋巴液，然后注入95%酒精或1%福尔马林酒精溶液，停留0.5～1 h后再将其抽出，包扎压迫绷带。

(2)较大淋巴外渗，应早期无菌切开，排出淋巴液及纤维素凝块，将浸有上述药液的纱布块填塞于腔内，创口作假缝合或包扎绷带，两天换药一次，待淋巴液渗出明显减少时，取出填塞物，开放治疗。

3. 防止发生感染，对已经感染的，切开后按化脓创处理。

注意：按摩疗法和温热疗法都能增强患部的淋巴循环，促进淋巴液外流，而且按摩能直接破坏淋巴管断端的栓塞；冷却疗法短时间不起作用，时间长了能使患部皮肤发生坏死；单纯穿刺排液方法无效，并有引起感染的危险，均应禁止应用。

五、疝病

疝是指腹腔内脏器官连同腹膜壁层脱至皮下或其他解剖腔内。

疝由疝孔、疝囊、疝内容物等组成。疝孔又称疝轮、疝环，是疝内容物及腹膜脱出时经由的孔道，可能是异常扩大的解剖孔，也可能是由腹壁肌肉缺损造成的病理性孔道。疝囊是包裹疝内容物的外囊，通常由腹膜、腹壁筋膜和皮肤构成。疝内容物是通过疝孔脱到疝囊内的脏器及疝液，脏器多为肠管和网膜，有时是瘤胃、皱胃、子宫、膀胱等。

分类

按疝是否向体表突出分为外疝和内疝；按解剖部位可分为腹壁疝、阴囊疝、脐疝、会阴疝等；按病因可分为先天性疝和后天性疝，先天性疝多因解剖孔先天性过大引起，后天性疝多因外伤和腹压过大而引起；按疝内容物能否通过疝孔还纳于腹腔分为可复性疝与不可复性疝。

症状

于腹压增大时或受伤后局部突然出现一个局限性肿胀，周围界限明显。

1. 可复性疝

肿胀大小不定，可随腹压增大而增大，也可在按压时将内容物还纳回腹腔，并摸到疝轮。肿胀触诊柔软且无热无痛。若为损伤导致的，在病初因局部渗出等导致的肿胀，触诊敏感且常摸不清疝轮，当炎症消退后上述症状才明显。若疝内容物为肠管，在局部听诊可听到近耳的肠音。全身症状轻微。

2. 不可复性疝

由于疝轮因弹性回缩、疝内容物因炎症粘连、或因脱出的肠管内充满过多内容物，可使疝内容物不可复。触诊肿胀物坚实或有弹性，不能将内容物还纳回腹腔，常摸不清疝轮。若为肠管脱出可出现排粪停止及腹痛症状，全身症状重剧。肿胀部穿刺，常可穿刺出内脏器官内容物或炎性渗出液。

治疗

1. 保守疗法

适用于疝轮较小、腹压不大、幼龄动物的可复性脐疝或刚发生的外伤性腹壁疝。可先还纳疝内容物，摸清疝轮，用95%酒精、碘液或10%氯化钠溶液等，在疝轮四周分点注射，以促使局部炎性增生而闭合疝孔。注完后装着压迫绷带，作体外固定。幼龄动物的脐疝需压迫4～6周，外伤性腹壁疝需压迫2～3周。

2. 手术疗法

此法比较可靠。术前禁食1～2天，使腹压变小。

(1)切开疝囊还纳疝内容物。于疝囊底部做梭形切口。皱襞切开疝囊皮肤，分离疝囊壁。认真检查疝内容物有无粘连和变性、坏死。仔细剥离粘连的疝内容物，若有坏死，需行切除术。若无粘连和坏死，可将疝内容物直接还纳腹腔内。

(2)闭锁疝轮。①若疝孔较小，可先做疝轮的钮孔或双钮孔缝合，使疝轮的边缘外翻，然后剪除疝轮边缘，使之形成新鲜创面，再做结节缝合。②若疝孔较大，不能将两侧疝轮对合在一起的，可做疝轮的修补术。可将疝囊皮下的纤维组织与皮肤剥离，将一侧的纤维组织瓣用纽孔缝合法缝合在对侧的疝轮组织上，再将另一侧的组织瓣用纽孔缝合法覆盖在上面。也可选用不锈钢丝网、聚乙烯纤维网、聚丙烯网、尼龙丝网等材料修补大型疝孔。方法是将金属网嵌于腹肌与腹膜之间，或将合成纤维网嵌于腹内斜肌与腹外斜肌之间(下腹壁为腹直肌与皮肤之间)，并用水平纽孔状缝合固定。

(3)缝合皮肤。修整皮肤创缘，若皮下分离的空腔较大，应先对皮下疏松结缔组织作螺旋缝合，皮肤作结节缝合。

术后护理

术后应全身应用抗菌药防止感染，保持术部清洁、干燥，防止摔跌；为减轻腹压，术后应防止过食；限制剧烈活动。

项目2　以损伤并发症为主症的牛羊病防治

一头7岁黑白花乳牛，左肩部有一伤口近十多天一直向外流出脓汁。

任务1　诊断病牛

临床检查

一般检查：测病牛体温、脉搏、呼吸数，观察其精神状态、饮食欲、皮肤黏膜等。

局部检查：视诊、触诊、探针、探诊等。

检查结果分析：

1.1 视诊时伤口相对较浅，肉芽组织呈鲜红色，表面被覆大量脓性分泌物，周围肿胀，触诊时疼痛。→炎症性溃疡

1.2 挤压时从伤口流出较多脓汁，触诊时伤口较深，可以触到伤口盲端。→窦道

任务2 治疗病牛

2.1 炎症性溃疡

切开创囊排净脓汁，用0.1%高锰酸钾溶液冲洗创腔后用浸有20%硫酸镁溶液的纱布引流。

2.2 窦道

向窦道内注入墨水，使窦道管壁着色，2 h后用手术方法将其完整摘除，缝合创面。

必备知识

一、溃疡

皮肤或黏膜上久不愈合的病理性肉芽创称为溃疡。

病因

主要由于皮肤或黏膜损伤后发生血液循环、淋巴循环障碍，物质代谢的紊乱，神经性营养紊乱，外科感染，维生素不足和内分泌的紊乱，异物、分泌物及排泄物的刺激，防腐消毒药的选择和使用不当。

症状及治疗

临床上常见的有下述几种溃疡。

1. 单纯性溃疡

肉芽表面覆有少量黏稠黄白色或灰白色的脓性分泌物，干涸后则形成痂皮，易脱落，露出蔷薇红色或紫色、表面平整、颗粒均匀的肉芽，周围皮肤及皮下组织肿胀、缺乏疼痛感，上皮形成比较缓慢。

治疗原则是保护肉芽，促进其生长和上皮形成。

在处理溃疡面时必须细致，防止粗暴。禁止使用对细胞有强烈破坏作用的防腐剂。可使用加2%～4%水杨酸的锌软膏、鱼肝油软膏等。

2. 炎症性溃疡

溃疡表面被覆大量脓性分泌物，周围肿胀，触诊疼痛。肉芽组织呈鲜红色或微黄色。

治疗时，首先应除去病因，局部禁止使用有刺激性的防腐剂。清除脓汁，涂抹无刺激性的抗菌油膏。溃疡周围可用青霉素盐酸普鲁卡因溶液封闭。如有脓汁潴留时应切开创囊排净脓汁。为了防止从溃疡面吸收毒素亦可用浸有20%硫酸镁或硫酸钠溶液的纱布覆于创面。

3. 蕈状溃疡

特征是局部出现高出于皮肤表面、大小不同、凹凸不平的蕈状突起。肉芽常呈紫红色，被覆少量脓性分泌物且容易出血。上皮生长缓慢，周围组织肿胀。

治疗时，剪除或切除赘生的肉芽后用硝酸银、氢氧化钠、高锰酸钾等药物腐蚀。

4. 褥疮性溃疡

局部受到长时间的压迫引起的，因血液循环障碍而发生的皮肤坏疽。常见于畜体的突出部位。坏死的皮肤干涸皱缩，呈棕黑色，易剥离、脱落露出肉芽，肉芽表面被覆少量黏稠黄白色的脓汁。上皮组织和瘢痕的形成都很缓慢。

治疗时，可每日涂擦3%～5%龙胆紫酒精或3%黄绿溶液。剪去干性坏死的皮肤，涂抹无刺激性的抗菌油膏。夏天应当多晒太阳，应用紫外线和红外线照射可大大缩短治愈的时间。平时应尽量预防褥疮的发生，对卧地不起病畜厚铺垫草、勤翻身。

二、窦道和瘘

窦道和瘘都是狭窄的、久不愈合的病理性管道，表面被覆肉芽组织或上皮。窦道是深部组织的脓窦向体表开口的通道，一般为盲管状，后天性发病。瘘是体腔与体表、空腔器官与体表或空腔器官之间相互交通的病理性通道，有内外两个开口。窦道和瘘病理性质相同。

病因

1. 由于创道壁长期受异物、炎性产物、分泌物或排泄物的刺激，形成病理性肉芽组织造成的。如窦道、腮腺瘘、食道瘘、瘤胃瘘、肠瘘等。

2. 先天性瘘为胚胎发育畸形的结果，如直肠阴道瘘、脐瘘、膀胱瘘等，其管壁被覆上皮组织。

症状

从窦道口或瘘的体表开口经常排出脓汁、腺体的分泌物或内脏腔性器官的内容物，开口的下方，由于长期浸渍而形成皮炎，被毛脱落。

使空腔器官之间相通的瘘，可见一个器官内流出另一器官的内容物，如直肠阴道瘘可见阴道内排出粪便。新发生的管道，管壁为肉芽组织，管口常有肉芽组织赘生，外形如火山口状，周围组织肿胀和热痛。随病程拖长，管壁的肉芽组织已形成瘢痕，坚实而平滑，管口皮肤内翻，形如漏斗状，无热痛。

治疗

1. 窦道的治疗主要是消除病因和病理性管壁，通畅引流以利愈合。

(1)对脓肿、蜂窝织炎自溃或切开后形成的窦道，可灌注10%碘仿醚、3%双氧水等以减少脓汁的形成和促进组织再生。也可用高锰酸钾粉研磨窦道壁，使之干涸结痂，待其自愈。

(2)当窦道内有异物、组织坏死块时，可用手术方法将其完整摘除。在手术前最好向窦道内注入除红色、黄色以外的防腐液，使窦道管壁着色或向窦道内插入探针以引导切开的方向。摘除后按新鲜创处理。

(3)当窦道口过小、管道弯曲，由于排脓困难而潴留脓汁时，可扩开窦道口，根据情况造反对孔或作辅助切口，导入引流物以利于脓汁的排出。

(4)窦道管壁有不良肉芽或形成瘢痕组织者，可用腐蚀剂腐蚀、用锐匙刮净或用手术方法切除窦道。

2. 瘘的治疗分为两种情况。

(1)对肠瘘、胃瘘、食道瘘、尿道瘘等排泄性瘘管必须采用手术疗法。用纱布堵塞瘘管口，扩大切开创口，剥离粘连的周围组织，找出通向空腔器官的内口，除去堵塞物，检查内口的状态，根据情况对内口进行修整手术、部分切除术或全部切除术，密闭缝合，修整周围组织，缝合。

(2)对腮腺瘘等分泌性瘘，可向管内灌注20%碘酊、10%硝酸银溶液等。或先向瘘内滴入甘油数滴，然后撒布高锰酸钾粉少许，用纱布轻轻研磨，用其烧灼作用以破坏瘘的管壁。一次不愈合者可重复应用。上述方法无效时，对腮腺瘘可先向管内用注射器高压灌注热的石蜡，亦可注入5%～10%的甲醛溶液或20%的硝酸银溶液15～20mL，后装着胶绷带。数日后当腮腺已发生坏死时进行腮腺摘除术。

项目3 以外科感染为主的牛羊病防治

一头黑白花乳牛，7岁。主诉：前几天发现奶牛的颈部有一个直径3～4 cm的局限性肿胀，也没太注意，这两天肿胀变大，精神状态欠佳，饮食欲略减少。

任务1 诊断病牛

临床检查

一般检查：测病牛体温、脉搏、呼吸数，观察其精神状态、饮食欲、皮肤黏膜等。

局部检查：视诊、触诊、穿刺等。

检查结果分析：

1.1 肿胀的界限清晰，触诊有波动感，热、痛均不明显，穿刺抽出脓汁。→脓肿

1.2 肿胀发展迅速，向周围扩散，热、痛明显，体温增高，精神沉郁，穿刺抽出脓汁及血水。→蜂窝织炎

任务2 治疗病牛

2.1 脓肿

治疗原则：初期消散炎症，促进吸收；后期促进脓肿成熟，切开排脓。

于波动最明显部位的下部切开，应用0.1%高锰酸钾溶液清洗脓腔，然后用浸0.1%雷夫奴尔溶液的纱布条引流，根据脓汁多少，每天或隔天更换1次引流物。

2.2 蜂窝织炎

治疗原则：局部治疗与全身治疗相结合，防止自体中毒和败血症的发生。

立即手术切开、扩创和引流，切口要有足够的长度及深度，可作几个平行切口或反对口。再用3%过氧化氢溶液冲洗创腔，并用纱布吸净创腔药液。最后用浸有50%硫酸镁溶液的纱布条引流，并按时更换引流物。

Rp：

25%葡萄糖注射液	1 000 mL
10%樟脑磺酸钠注射液	30 mL
0.9%氯化钠注射液	1 000 mL
青霉素G钠	160万IU×15支
复方氯化钠注射液	500 mL
5%碳酸氢钠注射液	500 mL

DS：一次静脉注射，每日2次，连用7天。

必备知识

一、外科感染概述

外科感染是指在一定条件下病原微生物侵入机体后，在其内生长、繁殖、分泌毒素，对机体造成损害的病理过程。也是有机体与致病微生物感染与抗感染斗争的结果。除可引起局部炎症以外，严重感染还能引起全身反应。绝大部分的外科感染是由外伤所引起，有明显的局部损伤的症状，常为混合感染；其他感染损伤的组织或器官常发生化脓和坏死过程，治疗后局部常形成瘢痕组织。

外科感染的分类

1. 根据病原菌感染的途径分为：

(1)外源性感染。是致病菌通过皮肤或黏膜面的伤口侵入有机体内部，随循环带至其他组织或器官内的感染过程。

(2)隐性感染。是侵入有机体内的致病菌当时未被消灭而隐藏存活于机体内，当有机体全身和局部的防卫能力降低时则发生感染。

2. 根据感染病原菌种类的多少分为：

(1)由一种病原菌引起的外科感染，称为单一感染。

(2)由多种病原菌引起的外科感染，称为混合感染。

(3)在原发性病原微生物感染后，又并发其他种病原菌的感染，称为继发性感染。

(4)被原发性病原菌反复感染，称为再感染。

3. 根据感染的病原菌种类及致病性质可分为：

(1)非特异性感染　是由条件性病原菌，如葡萄球菌、链球菌、大肠杆菌、绿脓杆菌等引起的感染，是最多发的外科感染，常引起组织化脓。如疖、痈、脓肿、蜂窝织炎等。

疖是细菌经毛囊和汗腺侵入引起的单个毛囊及其所属的皮脂腺的急性化脓性感染。若仅限于毛囊的感染称毛囊炎；同时或连续发生在患畜全身各部位的疖称为疖病。痈是由致病菌同时侵入多个相邻的毛囊、皮脂腺或汗腺所引起的急性化脓性感染。有时痈为疖病或许多个疖发展而来，实际上是疖和疖病的扩大。其发病范围已侵害皮下的深筋膜。因疖、痈较小，且多无全身症状，故在牛、羊的临床诊治中常被忽视。

(2)特异性感染　是由厌氧菌或腐败菌感染引起的外科感染。如魏氏梭菌、腐败梭菌、变形杆菌、腐败似杆菌、产芽孢杆菌等。此类感染比较少见，但危害大，严重的会引起动物死亡。多将其单列为传染病，如破伤风、腐蹄病、气肿疽等。

外科感染的发生与发展

在外科感染的发生发展的过程中，存在着两种相互制约的因素：即有机体的防卫机能和促进外科感染发生发展的基本因素。此两种过程始终贯穿着感染和抗感染、扩散和反扩散的相互作用。

由于不同动物个体的内在条件和外界因素不同而出现相异的结局，有的主要出现局部感染症状，有的则局部和全身的感染症状都很严重。外科感染发生后受致病菌毒力、局部和全身抵抗力及治疗措施等影响，可有三种结局：

1. 局限化或吸收

当动物机体的抵抗力占优势，感染被局限化，有的自行吸收。

2. 转为慢性感染或形成脓肿

当动物机体的抵抗力与致病菌的致病力处于相持状态时，感染病灶被局限化，有的形成脓肿。小的脓肿也可自行吸收，较大的脓肿在破溃或经手术切开引流后，转为恢复过程，病灶逐渐形成肉芽组织而愈合。有的形成溃疡、窦道，不易愈合。

3. 感染扩散

在致病菌毒力超过机体的抵抗力的情况下，感染不能局限，可迅速向四周扩散或经淋巴、血液循环引起严重的全身感染。

二、脓肿

在任何组织或器官中形成内有脓汁积聚，外有脓肿膜包裹的局限性脓腔称为脓肿。而在解剖学上固有的腔体内有脓汁积聚时，则称为积脓或蓄脓。

病因

1. 感染

主要病原菌是葡萄球菌、链球菌、绿脓杆菌、大肠杆菌及腐败性菌，经不完整的皮肤或黏膜进入机体，并在局部生长、繁殖，最后形成脓肿。

2. 异物进入组织

注射氯化钙、高渗盐水、新胂凡纳明及松节油等刺激性强的药物时，因操作不当而误注或漏入组织可引起无菌性脓肿。注射强刺激性药物时，漏于疏松结缔组织内也能引起发病。

3. 致病菌的转移

由于血液或淋巴液将原发性病灶的病原微生物转移到其他组织器官内而形成转移性脓肿。

症状

1. 浅在脓肿

常发生在皮下，筋膜下及肌肉间的组织内。病初出现急性炎症，患部肿胀，无明显界限，质地坚实，局部温度增高，皮肤潮红、剧痛。继则局部化脓，病灶中央软化有波动感，皮肤变薄，被毛脱落以致化脓，病灶皮肤破溃，排出脓汁，这时全身症状缓解。因牛的皮肤厚且致密，不易自行破溃，可于皮下形成局限性、坚硬的肿胀。

2. 深在脓肿

多发生在深层肌肉、肌间、骨膜下、腹膜下及内脏器官。局部症状不太明显。患部皮下组织有轻微的炎性水肿，触诊留指压痕、疼痛，病灶中央无波动感。如果不及时治疗，脓肿膜可发生坏死、破溃，脓汁溢出向深部蔓延扩散，呈现较明显的全身症状，严重时还可引起败血症。

诊断

1. 浅在的脓肿，根据症状及于肿胀最明显处穿刺抽出脓汁可确诊。

2. 对于深在的脓肿，根据病畜体温升高、白细胞数增多、X 射线检查、B 超检查、手术探察或穿刺吸出脓汁等可确诊。

治疗

治疗原则是消除感染病因、促进脓肿成熟、排除脓汁、增强机体的抗感染力和修复能力。

1. 消炎、止痛及促进炎症产物消散吸收

病初为急性炎症，采取冷疗、封闭疗法，并全身应用抗菌药物，以减少渗出及促进炎症局限化。中后期温敷或局部应用刺激剂促进炎性产物消散吸收。

2. 促进脓肿成熟

当炎症局限化但不能消散时，患部可用鱼石脂软膏、鱼石脂樟脑软膏涂抹或用超短波疗法、温热疗法等以促进脓肿的成熟。待局部出现明显的波动时，应进行手术治疗。

3. 手术疗法

脓肿成熟以后应及时施行手术治疗。依据病情可采取以下三种方法：

(1)脓肿切开法。切口应选择于波动最明显部位的下部，并应注意切口的方向和长度，必要时作辅助切口(反对孔)，以利于排出脓汁、坏死组织和异物。切开时防止损伤对侧脓肿膜，以免脓汁扩散。切开后，应用0.1%高锰酸钾溶液、3%双氧水、0.1%雷夫奴尔溶液清洗脓腔，然后用浸0.1%雷夫奴尔溶液的纱布条引流，根据脓汁多少，每天1次或隔天1次更换引流。

对牛浅表的脓肿，若不靠近重要组织，可于切开后用高锰酸钾干粉研磨脓肿膜，使之形成结痂，待其自愈。

(2)脓汁抽出法。适用于关节部不宜切开的小脓肿。用注射器将脓汁吸出，然后用生理盐水反复冲洗脓腔至由脓腔内吸出的冲洗液清亮为止，抽净脓腔内的冲洗液，最后注入高浓度、无刺激性抗菌药。

(3)脓肿摘除法。适用于脓肿膜完整的浅在小脓肿。摘除时不切开脓肿膜，在脓肿膜外分离组织，完整取出脓肿，然后按新鲜手术创处理。

三、蜂窝织炎

疏松结缔组织发生的急性弥漫性化脓性炎症，称为蜂窝织炎。多发生于皮下、筋膜下及肌肉间的疏松结缔组织内，病变扩散迅速、与正常组织无明显界限，伴有明显的全身症状。

病因

1. 非特异性外科感染时，致病菌毒力超过机体的抵抗力，使感染不能局限化，沿疏松结缔组织迅速向周围扩散所致。

2. 继发于邻近组织器官的化脓性病灶的直接扩散，或病原菌由体内化脓性感染病灶经血液、淋巴循环转移所致。

3. 注射强刺激性药物时，漏于疏松结缔组织引发本病。

症状

本病发展迅速，迅速呈现局部和全身症状。

1. 局部症状

皮下蜂窝织炎，炎性水肿明显，组织坏死和化脓，扩散迅速，经半天至一天，即由原发病灶扩散到很广的区域。初期呈捏粉样感觉，留有指压痕。以后质地变得稍坚实。多在原损伤部位出现化脓，软化、波动、皮肤变薄甚至破溃排脓。

筋膜下和肌间蜂窝织炎，初期肿胀不明显，但热、痛和机能障碍显著，全身症状严重。

2. 全身症状

患畜精神沉郁，食欲下降或废绝，体温升高到40℃以上，呼吸、脉搏增数。循环、呼吸及消化系统都有明显的症状。

浅部的蜂窝织炎破溃排脓后全身症状好转。

深部的蜂窝织炎病情严重，可继发败血症而死亡。

诊断

可根据临床症状进行诊断。局部出现弥漫性、热痛肿胀，有时可见多处皮肤破溃排脓。另外，全身症状严重。于肿胀处穿刺，可抽出混有脓性物的渗出液。

治疗

必须局部和全身并重，采取综合疗法。

1. 局部治疗

治疗原则是早期治疗，限制炎性渗出、减轻组织内压、减少组织坏死溶解、控制感染的蔓延、防止继发败血症。

病畜应安静休息，在病初1～2天内组织尚未化脓时，在病灶周围应用盐酸普鲁卡因青霉素溶液进行封闭；采取冷疗措施(参见挫伤的治疗)。当炎性渗出基本停止，不再向周围扩散时，为促进炎性渗出物的消散、吸收，可涂布鱼石脂酒精、樟脑酮或进行热敷。若早期疗法未能使渗出减轻，局部和全身症状都有明显恶化，应及时进行手术切开、扩创和引流，切口要有足够的长度及深度，可作几个平行切口或反对口以排出炎性渗出物、减轻组织内压、减少组织坏死、限制炎症的扩散。再用3%过氧化氢溶液、0.1%新洁尔灭溶液或0.1%高锰酸钾溶液冲洗创腔，并用纱布吸净创腔药液。最后用浸有中性盐高渗溶液(如50%硫酸镁溶液)的纱布条引流，并按时更换引流物。当局部肿胀明显消退，体温恢复正常时，局部创口可按化脓创处理。

2. 全身治疗

应早期采用抗菌药物疗法，防止败血症的发生。并对症给予强心、补液、纠正酸中毒。加强饲养管理，饲喂富含维生素的易消化的饲料。

四、败血症

外科感染的败血症是感染病灶内的病原菌及其毒素和组织分解的产物进入血液，引起机体全身机能紊乱或感染转移的病理过程。败血症为临床的常见病症，病情复杂，若治疗不及时或治疗不当常危及动物生命，死亡率高。依据病情常分为转移性败血症和非转移性败血症两大类。

转移性败血症：是局部化脓灶内的致病菌通过细菌栓子或被感染的血栓进入血液，随血液循环迁移到机体其他的组织器官中，在遇到有利于生长繁殖条件时形成转移性脓肿，故又称为脓血症。

非转移性败血症：大量的细菌毒素和组织分解的产物等从感染病灶进入血液，引起机体中毒称为非转移性败血症。在各种毒素作用下，中枢神经系统发生严重的中毒，新陈代射发生重度紊乱，许多器官呈退行性变化。

此外在临床上常将两种病变同时存在的混合型败血症称为脓毒败血症。

病因

1. 局部感染特别是化脓性的感染治疗不及时或处理不当，如化脓性乳腺炎、化脓性子宫内膜炎、化脓创和脓肿由于引流不及时或引流不畅、清创不彻底等。

2. 局部感染的致病菌繁殖快、毒力大，病畜抵抗力差。

3. 不合理的治疗，如急性乳腺炎采用热疗法或者在乳房上进行穿刺以及在乳房上进行药物注射。

4. 免疫机能低下的病畜，还可并发于内源性感染尤其是肠源性感染，肠道细菌及内毒素进入血液循环，导致本病发生。

5. 在使用广谱抗菌素治疗全身化脓性感染的过程中，也有继发真菌性或其他细菌感染而引起的败血症的，俗称二重感染。

症状

1. 非转移性败血症

病势急剧，高热稽留直到死前；恶寒战栗，四肢发凉，脉搏细数，动物常躺卧，起立困难，运步时步态蹒跚，有时能见到中毒性腹泻。随病程发展，可出现感染性休克或神经症状。病畜食欲废绝，烦躁不安或嗜睡，皮肤和黏膜黄染，并有出血点；尿少，尿中有蛋白和管型；即使对原发性病灶细微处理后，也不能终止病程发展。

2. 转移性败血症

一般呈亚急性、慢性经过。患畜呈不定型弛张热或间歇热。转移性脓肿常发生于肺、肝、肾、脾、关节、骨髓、腹膜、乳房等处，临床症状随转移性脓肿所在器官不同而不一样。

诊断要点

综合临床症状，并同时做血液及原发性病灶脓汁的细菌分离培养，若所得细菌相同，即可确诊为败血症。

治疗

原则为尽早采取综合性治疗措施。先缓解症状，再处理局部病灶、控制全身感染。

1. 对症治疗

急性败血症应先缓解症状，争取治疗时间。一般按照不明毒物中毒的急救措施进行处理。如当急性心衰时可先泻血，再补液、应用强心剂，肾机能紊乱时可应用乌洛托品，继发腹泻时静注氯化钙。

2. 处理局部感染病灶

对局部感染病灶做彻底的外科处理，清除所有的坏死组织，切开创囊、流注性脓肿和脓窦，摘除异物，排除脓汁，用高渗盐溶液彻底冲洗败血病灶，通畅引流。然后局部按化脓创进行处理。

3. 全身疗法

在处理局部的同时，根据病畜的具体情况可以大剂量地使用抗菌药等进行全身治疗，一些危重病例最好配合肾上腺皮质激素疗法。另外，应积极补液或输血，合理应用碳酸氢钠、维生素和葡萄糖等补充血容量、纠正机体电解质代谢紊乱、提高机体抵抗力及解毒能力。

护理

给予易消化的、富含维生素的饲料和充足清洁的饮水，卧地不起时多铺垫草，勤翻身，防止褥疮的发生。

五、放线菌病

放线菌病是多种动物和人的一种多菌性的非接触性慢性化脓性肉芽肿性传染病。以牛最为多见，其特征是头、颈、下颌和舌发生放线菌肿。

病原

本病的病原有牛放线菌和林氏放线杆菌。

流行病学

牛、猪、羊、马、鹿等均可感染发病，人也可感染。动物中以牛最易感染，尤其是2～5岁牛。牛放线菌和林氏放线杆菌寄生于动物口腔和上呼吸道中，也存在于污染的土壤、饲料和饮水中。当黏膜或皮肤上有破损，便可自行发生感染。牛、羊多因采食带刺饲草，刺破口腔黏膜而感染。本病广泛分布于世界各地，散在发生。

症状

1. 牛放线菌病

病牛常见下颌骨肿大，肿胀部位呈蘑菇状，界限明显。肿胀进展缓慢，6～18个月才出现一个小而坚实的硬块，初期有压痛，后期无痛感；若两侧下颌骨受侵害，牛的下颌部增大。病牛呼吸、吞咽和咀嚼均感困难，消瘦甚快，有时皮肤化脓破溃，脓汁流出，形成瘘管，长久不愈。剖检见放线菌肿中有乳黄色脓肿块，有的因广泛坏死和骨质增生引起蜂窝状病变。受害下颌骨变得粗大，肿胀进展缓慢。

2. 林氏放线杆菌病

主要表现受害部位如头、颈、颌、舌等软组织发生硬结，硬结破裂后可形成瘘管，不断排出脓汁。侵害舌部时，早期在舌黏膜和肌层可出现蘑菇状生长物，粟粒大小至榛子大小，后期因结缔组织弥漫性增生，坚硬如木板状，故称"木舌病"。乳房患病时，呈弥漫性肿大或局部性硬结。

绵羊和山羊主要发生在嘴唇、头部和身体前半部的皮肤，皮肤增厚，可发生多数小脓肿。病羊不能采食，消瘦，衰弱，常发生肺炎。

诊断

本病的症状和病变比较特殊，不易与其他传染病混淆，故据症状及病变较易诊断。确诊可采取少许脓汁用水稀释，找出硫黄样颗粒，在水中洗净，置于载玻片上，加一滴15%氢氧化钠溶液，覆以盖玻片用力挤压，镜检，见特异性菌芝。革兰氏染色后可鉴别是何种放线菌。

治疗

1. 局部治疗

硬结采用外科手术切除，如有瘘管一同切除，创腔填塞细盐或10%碘酊纱布，1～2天更换一次。伤口周围注射10%碘仿醚或2%鲁戈(Lugol)氏液。也可采用烧烙法治疗。

2. 全身疗法

内服碘化钾，成年牛每天5～10 g，犊牛每天2～4 g，连用2～4周。重者可静注10%碘化钠，牛每次50～100 mL，隔日1次，连用3～5次。用药过程中，可能出现碘中毒现象(黏膜、皮肤出现疹块、流泪、脱毛、消瘦和食欲不振)，应暂停用药5～6天。同时全身应用抗生素或抗菌药物。

六、破伤风

破伤风又称为强直症或锁口风，是由破伤风梭菌引起的一种人畜共患的急性创伤性中毒性传染病。特征是骨骼肌持续性痉挛和对外界刺激的反射兴奋性增高。

病原

破伤风梭菌，又称强直梭菌。

流行特点

本病多为散发，无明显季节性。破伤风梭菌广泛存在于自然界，各种家畜均有易感性。与破伤风有关的最常见的感染部位是新生犊牛的脐带感染、去角伤、阉割伤、鼻环伤、橡皮带断尾、蹄底脓肿、耳号伤、慢性窦感染和身体任何部位深的坏死伤、难产继发的外阴或阴道的坏死性损伤及新近产犊母牛严重的子宫炎。有些病例见不到伤口，这可能因为患病动物在潜伏期创伤已经愈合，或经损伤的胃肠道黏膜、子宫内感染而发病。

症状

潜伏期一般为1～2周，短者1天，长者达40天。

牛：临床病例不多见。主要表现为骨胳肌强直性痉挛及反射兴奋性增高，但与单蹄兽比较，反射兴奋性增高不明显。病初咀嚼缓慢，运步强拘，不易发现。随病程发展，病畜开口困难，吞咽障碍，反刍停止，伴有瘤胃臌气。重症的则牙关紧闭，不能采食和饮水，流涎。两耳竖立，眼睑半闭、瞬膜外露，鼻孔开张如喇叭状。头颈伸直，凹背弓腰，腹围卷缩，尾根高举，四肢开张如木马状。关节屈曲困难，易跌倒。反射兴奋性增高，遇到音响或光线等刺激时，表现惊恐，肌肉痉挛加重，全身战栗，大汗淋漓，往往不能站立。病畜体温正常，意识清醒。一般病死率较低。

羊：多由剪毛引起的。病羊全身肌肉强直，角弓反张，伴有轻度瘤胃臌气及腹泻。母羊多发生于产死胎或胎衣停滞之后，羔羊多因脐带感染引起的。其病死率极高，几乎可达100%。

诊断

根据病畜特殊的症状，如骨骼肌持续性痉挛，反射兴奋性增高，体温正常，神志清醒，并有创伤病史，可以初步诊断。确诊通过微生物学检查来培养菌落和革兰氏染色证明该菌的存在。

对于症状不明显的应注意与急性肌肉风湿症、脑炎等鉴别。急性肌肉风湿症无创伤史，体温稍高，应激性不高，局部肌肉肿胀、疼痛，水杨酸制剂可治疗。脑炎病畜也无创伤史，各种反射机能减退或消失，视力障碍，昏迷不醒并有麻痹症状。

治疗

发病后应采取消除病原、中和毒素、解痉镇静、维护心脏机能及加强护理等综合性治疗措施。

1. 特异性疗法

可在早期使用破伤风抗毒素以中和毒素。牛、羊用量90万～120万IU，幼畜用量略减。

2. 创伤处理

对创口要进行清创，创伤深、创口小的要进行扩创，彻底清除创内脓汁、坏死组织、异物等，然后用3%双氧水或0.1%高锰酸钾消毒，再用2%～5%碘酊涂擦，之后撒布碘仿磺胺粉。创口周围用青霉素、链霉素分点注射。

3. 对症治疗

当病畜兴奋不安可静脉或肌肉注射镇静药盐酸氯丙嗪，解除痉挛时，可静脉注射25%

硫酸镁 100～120 mL。解除酸中毒可静脉注射 5%碳酸氢钠。体温升高或有继发感染可肌肉注射青霉素、硫酸链霉素。胃肠机能紊乱可内服健胃药或人工盐。同时进行强心补液，维护心脏机能。

4. 中药治疗

(1)千金散：天麻 25 g，乌蛇 30 g，蔓荆子 30 g，羌活 30 g，独活 30 g，防风 30 g，升麻 30 g，阿胶 30 g，何首乌 30 g，沙参 30 g，天南星 30 g，白僵蚕 20 g，蝉蜕 20 g，藿香 20 g，川芎 20 g，桑螵蛸 20 g，全蝎 20 g，旋覆花 20 g，细辛 15 g，生姜 30 g。用法：水煎取汁，化入阿胶，候温一次灌服。适用于中期，祛风镇惊。

(2)加减防风散：防风 30 g，羌活 30 g，天麻 30 g，天南星 30 g，红花 35 g，姜半夏 25 g，川芎 20 g，炒僵蚕 40 g，蝉蜕 50 g，细辛 20 g，姜白芷 30 g，全蝎 30 g。服法：水煎 2 次，将药液混在一起，凉后加黄酒或蜂蜜混匀轻轻用胃管灌服，隔天 1 剂，连服 3 剂。黄酒 250 mL 为引，只用 1 次，第 2 剂起，改用蜂蜜 500 g。

5. 加强护理

将病畜置于光线较暗的厩舍内，避免各种刺激。不能站立的用吊带吊起。发生褥疮时，局部涂擦碘酊或龙胆紫，防止继发感染。给予充足的饮水和易消化的饲料。不能采食者，用胃管投给流食。

预防

1. 定期用破伤风类毒素进行免疫接种，在发病较多的地区，每年定期注射 1 次，成年牛用 1 mL。注射后 21 天产生免疫力，免疫期 1 年；幼牛出生后 5～6 周注射 0.5 mL。

2. 平时注意饲养管理和环境卫生，防止牛羊受伤。

材料设备动物清单

学习情境 9	以损伤及损伤并发症为主症的牛羊病防治						
项目	序号	名称	作用	数量	型号	使用前	使用后
所用材料设备	1	保定栏	保定动物	6 个			
	2	听诊器	听诊	6 个			
	3	体温计	测定体温	6 个			
	4	秤	称羊	1 个			
	5	注射器	给药	6 个			
	6	点滴管	给药	6 个			
	7	消毒棉球	消毒	若干			
	8	常规手术器械	手术治疗	2 套			
所用动物	9	牛	诊治	6 头			
	10	羊	诊治	6 只			
班级			第　组	组长签字		教师签字	

计 划 单

<table>
<tr><td>学习情境 9</td><td colspan="3">以损伤及损伤并发症为主症的牛羊病防治</td><td>学 时</td><td colspan="2">14</td></tr>
<tr><td>计划方式</td><td colspan="6">小组讨论、同学间互相合作共同制订计划</td></tr>
<tr><td>序 号</td><td colspan="4">实施步骤</td><td>使用资源</td><td>备 注</td></tr>
<tr><td></td><td colspan="4"></td><td></td><td></td></tr>
<tr><td></td><td colspan="4"></td><td></td><td></td></tr>
<tr><td></td><td colspan="4"></td><td></td><td></td></tr>
<tr><td></td><td colspan="4"></td><td></td><td></td></tr>
<tr><td></td><td colspan="4"></td><td></td><td></td></tr>
<tr><td></td><td colspan="4"></td><td></td><td></td></tr>
<tr><td></td><td colspan="4"></td><td></td><td></td></tr>
<tr><td></td><td colspan="4"></td><td></td><td></td></tr>
<tr><td></td><td colspan="4"></td><td></td><td></td></tr>
<tr><td></td><td colspan="4"></td><td></td><td></td></tr>
<tr><td>制订计划说明</td><td colspan="6"></td></tr>
<tr><td rowspan="3">计划评价</td><td>班 级</td><td></td><td>第 组</td><td>组长签字</td><td colspan="2"></td></tr>
<tr><td>教师签字</td><td colspan="2"></td><td>日 期</td><td colspan="2"></td></tr>
<tr><td colspan="6">评语：</td></tr>
</table>

决策实施单

<table>
<tr><td colspan="2">学习情境 9</td><td colspan="6">以损伤及损伤并发症为主症的牛羊病防治</td></tr>
<tr><td colspan="8">计划书讨论</td></tr>
<tr><td rowspan="6">计划
对比</td><td>组　号</td><td>工作流程
的正确性</td><td>知识运用
的科学性</td><td>步骤的
完整性</td><td>方案的
可行性</td><td>人员安排
的合理性</td><td>综合
评价</td></tr>
<tr><td>1</td><td></td><td></td><td></td><td></td><td></td><td></td></tr>
<tr><td>2</td><td></td><td></td><td></td><td></td><td></td><td></td></tr>
<tr><td>3</td><td></td><td></td><td></td><td></td><td></td><td></td></tr>
<tr><td>4</td><td></td><td></td><td></td><td></td><td></td><td></td></tr>
<tr><td>5</td><td></td><td></td><td></td><td></td><td></td><td></td></tr>
<tr><td colspan="8">制订实施方案</td></tr>
</table>

<table>
<tr><td>序　号</td><td colspan="4">实施步骤</td><td>使用资源</td></tr>
<tr><td>1</td><td colspan="4"></td><td></td></tr>
<tr><td>2</td><td colspan="4"></td><td></td></tr>
<tr><td>3</td><td colspan="4"></td><td></td></tr>
<tr><td>4</td><td colspan="4"></td><td></td></tr>
<tr><td>5</td><td colspan="4"></td><td></td></tr>
<tr><td colspan="6">实施说明：</td></tr>
<tr><td>班　级</td><td></td><td>第　组</td><td>组长签字</td><td colspan="2"></td></tr>
<tr><td>教师签字</td><td colspan="2"></td><td>日　期</td><td colspan="2"></td></tr>
<tr><td>决策评价</td><td colspan="5">评语：</td></tr>
</table>

作 业 单

<table>
<tr><td>学习情境 9</td><td colspan="6">以损伤及损伤并发症为主症的牛羊病防治</td></tr>
<tr><td>作业完
成方式</td><td colspan="6">课余时间独立完成。</td></tr>
<tr><td>作业题 1</td><td colspan="6">分析案例三，给出诊断结果及治疗方案。</td></tr>
<tr><td>作业解答</td><td colspan="6"></td></tr>
<tr><td>作业题 2</td><td colspan="6">分析案例四，给出诊断结果及治疗方案。</td></tr>
<tr><td>作业解答</td><td colspan="6"></td></tr>
<tr><td>作业题 3</td><td colspan="6">叙述挫伤、血肿、淋巴外渗、疝病的鉴别诊断要点。</td></tr>
<tr><td>作业解答</td><td colspan="6"></td></tr>
<tr><td rowspan="4">作业评价</td><td>班 级</td><td></td><td>第 组</td><td>组长签字</td><td colspan="2"></td></tr>
<tr><td>学 号</td><td></td><td>姓 名</td><td colspan="3"></td></tr>
<tr><td>教师签字</td><td></td><td>教师评分</td><td></td><td>日 期</td><td></td></tr>
<tr><td colspan="6">评语：</td></tr>
</table>

效果检查单

<table>
<tr><td>学习情境 9</td><td colspan="5">以损伤及损伤并发症为主症的牛羊病防治</td></tr>
<tr><td>检查方式</td><td colspan="5">以小组为单位，采用学生自检与教师检查相结合，成绩各占总分(100 分)的 50%。</td></tr>
<tr><td>序号</td><td colspan="2">检查项目</td><td>检查标准</td><td>学生自检</td><td>教师检查</td></tr>
<tr><td>1</td><td colspan="2">临床检查</td><td>对局限性肿胀正确地进行视诊、触诊，对检查结果分析正确。</td><td></td><td></td></tr>
<tr><td>2</td><td colspan="2">穿刺</td><td>正确地对局限性肿胀进行无菌穿刺检查，依穿刺结果对疾病正确判断。</td><td></td><td></td></tr>
<tr><td>3</td><td colspan="2">治疗</td><td>对诊断的疾病能提出合理的治疗措施，治疗中用药正确、操作规范。</td><td></td><td></td></tr>
<tr><td rowspan="3">检查评价</td><td>班　级</td><td></td><td>第　组</td><td>组长签字</td><td></td></tr>
<tr><td>教师签字</td><td colspan="2"></td><td>日　期</td><td></td></tr>
<tr><td colspan="5">评语：</td></tr>
</table>

评价反馈单

学习情境 9	以损伤及损伤并发症为主症的牛羊病防治				
评价类别	项目	子项目	个人评价	组内评价	教师评价
专业能力（60%）	资讯（10%）	获取信息（5%）			
		引导问题回答（5%）			
	计划（5%）	计划可执行度（3%）			
		用具材料准备（2%）			
	实施（20%）	各项操作正确（8%）			
		完成的各项操作效果好（6%）			
		完成操作中注意安全（4%）			
		操作方法的创意性（2%）			
	检查（5%）	全面性、准确性（3%）			
		生产中出现问题的处理（2%）			
	结果（10%）	使用工具的规范性（4%）			
		操作过程规范性（4%）			
		工具和设备使用管理（2%）			
	作业（10%）	结果质量			
社会能力（20%）	团队合作（10%）	小组成员合作良好（5%）			
		对小组的贡献（5%）			
	敬业、吃苦精神（10%）	学习纪律性（4%）			
		爱岗敬业和吃苦耐劳精神（6%）			
方法能力（20%）	计划能力（10%）	选择计划合理			
	决策能力（10%）	计划选择正确			

意见反馈

请写出你对本学习情境教学的建议和意见

评价评语	班级		姓名		学号		总评	
	教师签字		第　组	组长签字			日期	
	评语：							